高等职业院校信息技术应用"十三五"规划教材

U0650814

# 计算机基础项目化教程
## （第2版）（微课版）

宁赛飞 王稳波 ■ 主　编

周香庆 杨红 ■ 副主编

人民邮电出版社

北　京

**图书在版编目（CIP）数据**

计算机基础项目化教程：微课版 / 宁赛飞，王稳波
主编. -- 2版. -- 北京：人民邮电出版社，2019.9（2021.8重印）
高等职业院校信息技术应用"十三五"规划教材
ISBN 978-7-115-51565-0

Ⅰ. ①计… Ⅱ. ①宁… ②王… Ⅲ. ①电子计算机－
高等职业教育－教材 Ⅳ. ①TP3

中国版本图书馆CIP数据核字(2019)第144270号

## 内 容 提 要

本书以 Office 2010 的应用为重点，系统介绍了计算机基本操作、Word 2010 排版、Excel 2010 数据处理、PowerPoint 2010 演示文稿制作、Access 数据库应用、计算机网络应用等相关知识。

本书采用项目任务式教学方式组织教学内容，项目设计着重于对读者实际应用能力的培养，任务安排以知识点为主线。全书内容由浅入深、循序渐进，任务讲解清晰、图文并茂。为了让读者能够及时检查自己的学习效果，每个项目后面都附有丰富的操作练习，并配备源文件和效果文件，方便读者练习和检查。

本书既适合作为高职高专院校各专业计算机基础课程的教材，也可以作为办公人员学习 Office 办公软件的自学教材。

◆ 主　　编　宁赛飞　王稳波
　　副 主 编　周香庆　杨　红
　　责任编辑　桑　珊
　　责任印制　马振武

◆ 人民邮电出版社出版发行　　北京市丰台区成寿寺路 11 号
　　邮编　100164　电子邮件　315@ptpress.com.cn
　　网址　http://www.ptpress.com.cn
　　北京市艺辉印刷有限公司印刷

◆ 开本：787×1092　1/16
　　印张：17　　　　　　　　　　2019 年 9 月第 2 版
　　字数：475 千字　　　　　　　2021 年 8 月北京第 4 次印刷

定价：55.00 元

读者服务热线：(010)81055256　印装质量热线：(010)81055316
反盗版热线：(010)81055315
广告经营许可证：京东市监广登字 20170147 号

# 第2版前言 FOREWORD

随着社会的发展和进步，迅速发展的计算机应用技术使计算机应用领域不断扩大，计算机已成为各行各业的基本工具。掌握计算机基本应用，是 21 世纪人才必须具备的基本素质。计算机基础的教学，也成为普通高校的公共基础必修课。

大部分高职高专院校的"计算机基础"课程是一个教学学期、周课时 4 节，要求计算机基础的教学以 Office 2010 为重点，兼顾计算机基本操作、互联网基本应用的相关知识。根据此要求，我们编写了本书。

根据高职高专学生的特点，本书采用项目任务式教学方式组织全书内容。项目的设计以知识点为主线，由浅入深、循序渐进，重要的知识反复强化，类似的知识集中学习，以期达到最佳的教学效果。

本书共分 15 个项目。项目一介绍了计算机基本操作知识，旨在培养学生的计算机基本操作能力。项目二~项目七介绍了 Word 2010 的基本应用，按照从文字到图、表，再到图文混排、批量生成文档、制作简历、排版长文档，循序渐进地介绍了 Word 的排版技巧，旨在培养学生的动手能力。项目八~项目十二介绍了 Excel 2010 的基本应用，按照先录入数据，然后利用公式完成数据的计算，再到数据分析的主线，介绍了 Excel 强大的数据处理功能。项目十三介绍了 PowerPoint 2010 演示文稿的制作技巧。项目十四介绍了 Access 数据库的基本应用。项目十五介绍了计算机网络的基本应用。每个项目后面都配备了丰富的课后练习，既可作为学生的练习题目，又可以开拓学生的视野，使学生了解所学知识的应用场合，从而学以致用。

本书配备了教学所用的项目资源、课后练习资源、PPT 教案，供读者使用和参考，读者可登录 www.ryjiaoyu.com 免费下载。

本书的参考学时为 72 学时，建议采用理论实践一体化的教学模式，各项目的参考学时见下面的学时分配表。

学时分配表

| 课程内容 | 学时 |
| --- | --- |
| 项目一　计算机基本操作 | 4 |
| 项目二　Word 文档基本排版 | 8 |
| 项目三　Word 文档的图文混排 | 4 |
| 项目四　Word 表格编辑与美化 | 4 |
| 项目五　批量生成文档 | 2 |
| 项目六　制作求职简历 | 2 |
| 项目七　长文档的编排与审阅 | 4 |
| 项目八　Excel 基本操作与数据录入 | 4 |
| 项目九　Excel 表格设计与打印 | 4 |
| 项目十　Excel 公式与函数 | 8 |
| 项目十一　Excel 数据分析与管理 | 8 |
| 项目十二　制作 Excel 图表 | 2 |
| 项目十三　制作 PowerPoint 演示文稿 | 8 |

续表

| 课程内容 | 学时 |
| --- | --- |
| 项目十四　Access 数据库应用 | 4 |
| 项目十五　计算机网络应用 | 4 |
| 课程考评 | 2 |
| 学时总计 | 72 |

　　本书由江西信息应用职业技术学院的宁赛飞、王稳波任主编，周香庆、杨红任副主编。其中，项目一和项目三由杨红编写，项目二由周香庆编写，项目四～项目十四由宁赛飞编写，项目十五由周香庆、杨红共同编写。本书所有微课由王稳波录制。

　　由于编者水平和经验有限，书中难免有欠妥之处，请读者批评指正。

编者

2019年6月

# 目录 CONTENTS

# 项目七

# 项目八

# 项目九

# 项目一
## 计算机基本操作

项目目标

掌握计算机操作技能对当今社会不同年龄层次的人群都十分重要。为了帮助读者更好地使用各种应用软件，提高操作技能，本项目重点介绍计算机系统以及相关知识内容；直观讲解计算机硬件、操作系统的基础知识；通过 4 个不同的任务，逐步加深对计算机基本操作的讲解。

相关知识

※ 计算机系统
※ 鼠标操作
※ 键盘与指法操作
※ Windows 基本操作
※ 磁盘及文件夹、文件的管理

## 任务一 了解计算机系统的组成

一个完整的计算机系统由硬件系统和软件系统两部分组成。硬件系统是组成计算机系统的各种物理设备的总称，是计算机系统的物质基础。软件系统是为了运用、管理和维护计算机而编制的各种程序、数据和相关文档的总称。

### 一、计算机硬件系统

计算机的硬件系统由控制器、运算器、存储器、输入设备和输出设备 5 大部分组成。

#### 1. 控制器

控制器是计算机的指挥中心，负责从存储器中取出指令，并对指令进行译码；根据指令的要求，按时间的先后顺序，负责向其他各部件发出控制信号；保证各部件协调一致地工作。

计算机系统的组成

#### 2. 运算器

运算器是计算机的核心部件，它负责对信息进行加工处理。它在控制器的控制下，与内存交换信息，并进行各种算术运算和逻辑运算。

现在的计算机一般把运算器和控制器集成在一个芯片上，称为中央处理器（Central Processing Unit，CPU）。

#### 3. 存储器

存储器是计算机记忆或存放数据的部件，它负责存放程序和数据。计算机中的全部信息，包括原始

的输入数据、经过初步加工的中间数据以及最后处理完成的有用信息都存放在存储器中。

（1）存储器容量

存储器中能够存放的最大数据信息量称为存储器的容量。存储器容量的基本单位是字节（Byte，B）。字节是一个很小的单位。一般情况下，更多的是使用千字节（KB）、兆字节（MB）、吉字节（GB）、太字节（TB）、PB、EB、ZB、YB、BB、NB、DB等，它们按照进率1024（2的十次方）来换算，即：

1 KB = 1024 B

1 MB = 1024 KB

1 GB = 1024 MB

……

按存储器的作用，可将其分为主存储器（内存）和辅助存储器（外存）。

（2）主存储器（内存）

主存储器简称主存，是计算机系统的信息交流中心。主存又分为随机存储器和只读存储器。

● 随机存储器（Random Access Memory，RAM）。RAM的主要特点是既可以从中读出数据又可以写入数据。RAM是短期存储器，只要断电，其存储内容就将全部丢失。

● 只读存储器（Read Only Memory，ROM）。ROM的特点是只能读出原有内容，不能由用户再写入新内容。ROM的数据是厂家在生产芯片时，以特殊的方式固化在上面的，用户一般不能修改。ROM一般存放系统管理程序，即使断电，ROM中的数据也不会丢失，比如固化在主板上的BIOS程序。

（3）辅助存储器（外存）

辅助存储器，也叫外存储器，简称外存，它属于外部设备，是内存的扩充。内存的特点是直接与CPU交换信息，存取速度快，容量小，价格高；外存的特点是容量大，价格低，存取速度慢，它只能与内存交换信息，才能被CPU处理。内存用于存放立即要用的程序和数据；外存用于存放暂时不用的程序和数据，文件处理完后要保存的话，都是保存在外存中的。外存储器主要有硬盘、光盘、U盘等。

把信息从存储器中取出的过程称为读操作，读操作不会修改存储器的内容；把信息存入存储器的过程称为写操作，写操作会修改存储器中原有的内容。

通常，计算机硬件系统还可以分为主机和外部设备两大部分。主机主要包括主板、CPU、内存、硬盘和显卡等设备，外部设备包括鼠标、键盘、显示器、打印机和扫描仪等设备。

### 4. 输入设备

输入设备用于接收用户输入的原始程序和数据，常见的输入设备有键盘、鼠标、话筒、扫描仪等。

### 5. 输出设备

输出设备可以将计算机运算处理的结果以用户熟悉的信息形式反馈给用户。通常输出形式有数字、字符、图形、视频、声音等类型，常见的输出设备有显示器、打印机、音箱、投影仪、绘图仪等。

计算机硬件系统的组成如图1-1所示。

## 二、计算机软件系统

根据软件的用途，计算机软件系统一般分为系统软件和应用软件两大类。其中系统软件为计算机的使用提供最基本的功能，并不针对某一特定应用领域；而应用软件则恰好相反，不同的应用软件根据用户和所服务的领域提供不同的功能。

### 1. 系统软件

系统软件是指控制和协调计算机及外部设备，支持应用软件开发和运行的系统，是无须用户干预的各种程序的集合，其主要功能是调度、监控和维护计算机系统；负责管理计算机系统中各种独立的硬件，使它们可以协调工作。系统软件使得计算机使用者和其他软件能够将计算机当作一个整体而不需要顾及底层每个硬件是如何工作的。系统软件主要包括操作系统、语言处理程序、数据库管理系统等。

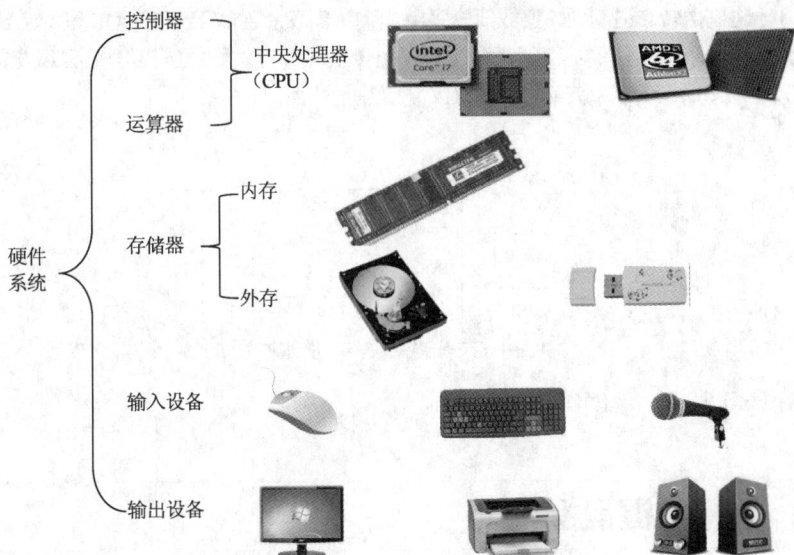

图 1-1　计算机硬件系统的组成

（1）操作系统

操作系统是计算机最重要、最基本的软件，常见的操作系统有 Windows、UNIX、Linux 等，操作系统是计算机系统的控制和管理中心，具有处理器管理、存储器管理、设备管理、文件管理、进程管理五大管理功能。

（2）语言处理程序

计算机只能识别机器语言，机器语言由一些 0 和 1 组成，因此也叫二进制代码。用机器语言编写程序，编程人员首先要熟记计算机的全部指令代码和代码的涵义；编程时，编程人员需要自己处理每条指令和每一数据的存储分配和输入/输出，还需要记住编程过程中每步所使用的工作单元处于何种状态。这是一件十分繁重的工作，因此人们发明了各种程序设计软件（如 Basic、Visual Basic、C++、Java 等）进行编程，语言处理程序就是负责将这些高级语言编写的代码（源程序）翻译成机器语言（目标程序）的软件。

（3）数据库管理系统

数据库管理系统是一种操纵和管理数据库的大型软件，用于建立、使用和维护数据库。目前，常用的数据库管理系统有 SQL Server、Oracle、MySQL 和 Visual FoxPro 等。

**2. 应用软件**

应用软件是用户为解决各种实际问题而编制的、应用于某一特定领域的程序。如微软的 Office 系列软件（Word、Excel、PowerPoint 等），就是针对办公的应用软件。

**注意**　计算机中，所有的指令和数据都是用二进制代码存储的，虽然不要求人们掌握二进制语言，但了解一下二进制数还是很有必要的。

（1）二进制数的两个基本特点是：①只有两个符号 0 和 1；②逢二进一。譬如，0～10 的整数用二进制表示分别是 0、1、10、11、100、101、110、111、1000、1001、1010。

（2）二进制数转十进制数：将各位数字乘以其权重，再进行相加即可（各位数字的权重为 2 的 $n$ 次幂）。例如：$(1101.01)_2=1×2^3+1×2^2+0×2^1+1×2^0+0×2^{-1}+1×2^{-2}=(13.25)_{10}$，注意指数 $n$ 的变化规律。

（3）十进制数转二进制数：整数部分采用"除以 2 取余数，直到商为 0，倒取余数"的规则进行；小数部分采用"乘以 2 取整数，直到小数为 0（或达到所求精度），正取整数"转换。例如，将 $(35.625)_{10}$ 转换为二进制数，如图 1-2 所示。

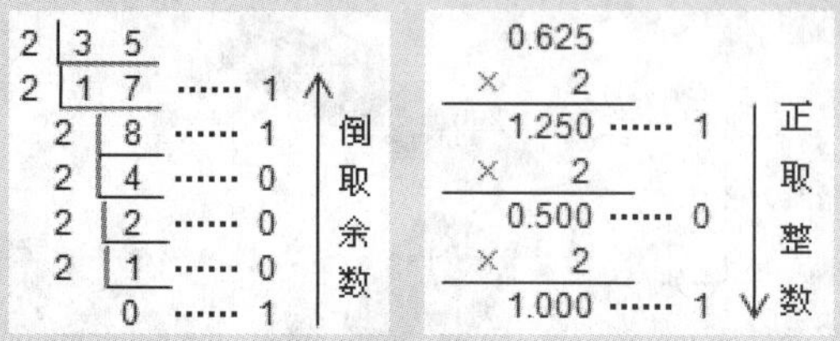

图 1-2　十进制数转二进制数

所以，$(35.625)_{10}=(100011.101)_2$。

# 任务二　鼠标与键盘操作

## 一、鼠标

### 1. 鼠标的操作方式

鼠标的基本操作有 5 种：指向、单击、双击、右键单击和拖曳，操作方法如表 1-1 所示。

表 1-1　鼠标操作方法

| 鼠标动作名称 | 操作方法及作用 |
| --- | --- |
| 指向（point） | 将鼠标指针移动到屏幕的某个位置或对象上，为下一个操作做准备 |
| 单击（click） | 迅速按下鼠标左键，常用于选定鼠标指针指向的某个对象或命令 |
| 双击（double click） | 连续快速地按两下鼠标左键，常用于启动某个选定的应用程序，或打开鼠标指针指向的某个文件 |
| 右键单击（right click），简称右击 | 按下鼠标右键，弹出快捷菜单 |
| 拖曳（drag） | 按住鼠标左键不放，同时移动鼠标，将鼠标指针指向另一位置，常用于将选定的对象从一个地方移动或复制到另一个地方 |

### 2. 鼠标指针形态与含义

常见的鼠标指针形态及含义如表 1-2 所示。

表 1-2　鼠标指针的形态及含义

| 鼠标指针 | 含义 | 鼠标指针 | 含义 |
| --- | --- | --- | --- |
| ↖ | 正常选择 | ↕ | 调整对象高度 |
| ↖? | 帮助选择 | ↔ | 调整对象宽度 |
| ↖⧗ | 后台运行 | 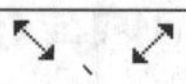 ↘、↗ | 按比例调整对象的高度和宽度 |
| ⧗ | 忙 | ✛ | 移动 |
| I | 选定文本 | ＋ | 精确定位 |

## 二、键盘

### 1. 键盘布局

整个键盘分为 5 个小区，最上面的一行是功能键区和状态指示区，下面的 5 行分别是主键盘区、编辑键区和辅助键区（数字小键盘），如图 1-3 所示。

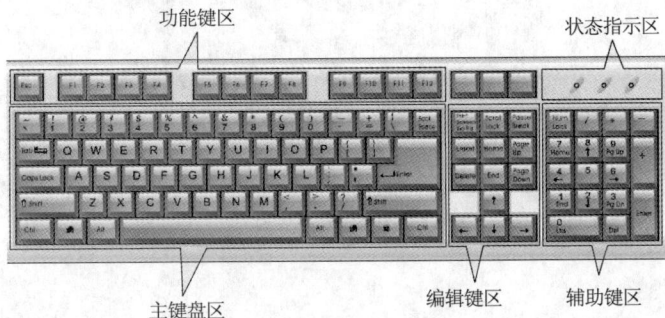

图 1-3  计算机键盘

对于初学者来说，最先要熟悉的是主键盘区的 26 个英文字母、10 个阿拉伯数字和各种符号键。除此之外，请重点记住以下键的作用。

- 【Backspace】后退键——删除光标前的一个字符。
- 【Delete】删除键——删除选定的内容；或者删除光标后的一个字符。
- 【Enter】回车键——将数据或命令送入计算机内部；或者在文档中另起一段，同时将光标移至段首。
- 【Spacebar】空格键——输入一个空格。
- 【Shift】上档键——与数字键同时按下时，将输入数字键上面的符号；与字母键同时按下时，是字母大小写临时转换键。
- 【Ctrl】【Alt】控制键——必须与其他键一起使用。
- 【Ctrl+Shift】组合键——在不同的输入法之间轮换。
- 【Ctrl+Spacebar】组合键——进行中、英文输入法的切换。
- 【Ctrl+ . 】组合键——进行中、英文标点符号的切换。
- 【Ctrl+Alt+Delete】组合键——热启动计算机系统。
- 【Caps Lock】大小写锁定键——将英文字母锁定为大写状态，再次按下时则回到小写状态。
- 【Num Lock】数字锁定键——使用右边小键盘输入数字时应按下此键，此时对应的指示灯会亮。
- 【Esc】强制退出键——强制退出当前任务。
- 【Print Screen】拷屏键——把当前整个屏幕复制到剪贴板中。
- 【Alt+Print Screen】组合键——把当前活动窗口复制到剪贴板中。

### 2. 打字姿势

开始打字之前一定要端正坐姿。如果坐姿不正确，不仅会影响打字速度，而且容易疲劳、出错。正确的坐姿应该是两脚平放，腰部挺直，两臂自然下垂，两肘贴于肋边，身体可略倾斜，离键盘的距离约为 20~30 厘米。将打字教材或文稿放在键盘的左边，或者用专用夹固定在显示器旁边。打字时眼观文稿，身体不要跟着倾斜，如图 1-4 所示。

图 1-4  打字姿势

### 3. 打字指法

准备打字时，将大拇指放在空格键上，其余八指分别放在基本键（ASDF 和 JKL;）上，十指分工、包键到指，如图 1-5 所示。

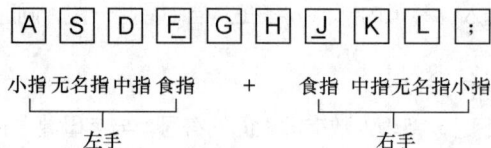

图 1-5  打字指法

每个手指除了指定的基本键外，还负责其他一些键，称为其范围键，具体分工如图 1-6 所示。

数字键盘位于键盘的最右边，也称小键盘，适合需进行大量的数字输入的用户。其操作简单，只用右手便可完成相应的操作，基本键为 4、5、6。其指法分工如图 1-7 所示。

图 1-6  打字手法分区

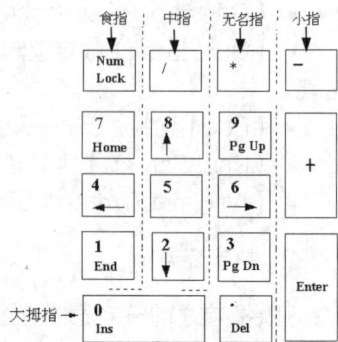

图 1-7  数字键盘指法

## 任务三　Windows 7 基本操作

### 一、Windows 7 的启动与关闭

#### 1. 系统启动

（1）打开主机的电源开关，Windows 7 开始自动启动。

（2）Windows 7 启动成功之后，一般出现的是用户登录界面（见图 1-8），单击登录的用户名图标，并输入用户密码，按【Enter】键即可登录。

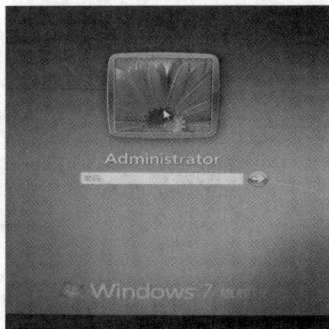

#### 2. 系统退出

（1）单击【开始】|【关机】命令（见图 1-9），Windows 7 开始注销系统。如果有更新则计算机会先自动安装更新文件，安装完成后自动关闭系统。

（2）单击【关机】按钮后面的 ▶，可启动"切换用户"等功能，如图 1-10 所示。

图 1-8　Windows 7 用户登录界面

图 1-9　关机

图 1-10　切换用户

### 二、Windows 7 的桌面

Windows 7 桌面主要由桌面图标、桌面背景和任务栏 3 部分组成。

#### 1. 桌面图标

（1）桌面图标的组成。"桌面图标"是指桌面上的小图标，包含图形、说明文字两部分，如图 1-11 所示。

（2）创建快捷方式。桌面上那些左下角带有一个小箭头的图标就是快捷方式，快捷方式是 Windows 提供的一种快速启动程序、打开文件或文件夹的方法。用户可以给经常使用的应用程序创建快捷方式，这样直接双击快捷方式即可启动该应用，方便快捷。快捷方式只是一个链接，其扩展名是 lnk，所以删除快捷方式并不意味着删除其对应的程序或文件。

在应用程序图标上右键单击，并在弹出的快捷菜单中选择【发送到】|【桌面快捷方式】，即可在桌面上创建该应用程序的快捷方式，如图 1-12 所示。

（3）回收站。回收站是 Windows 系统的一个系统文件夹，用来存放用户删除的文件，这些文件可以删除也可以还原到原来的位置。

（4）查看图标。右键单击桌面空白处，在弹出的快捷菜单中单击【查看】命令，再选择合适的查看方式即可查看图标，如图 1-13 所示。

（5）排列图标。右键单击桌面空白处，在弹出的快捷菜单中单击【排序方式】命令，再选择合适的

排序方式对图标进行排列，如图 1-14 所示。

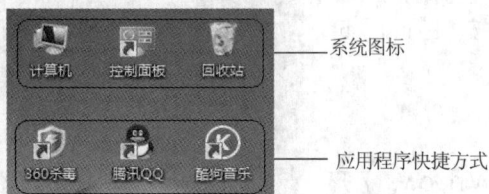

图 1-11　桌面图标

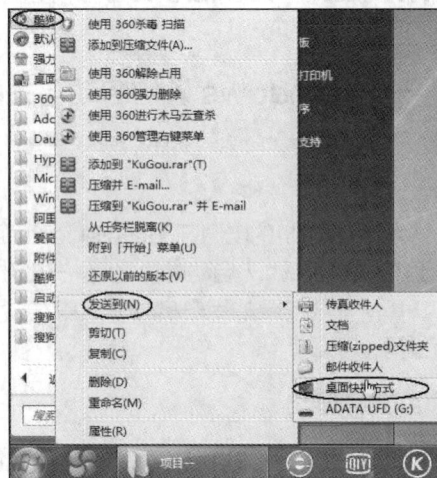

图 1-12　创建快捷方式

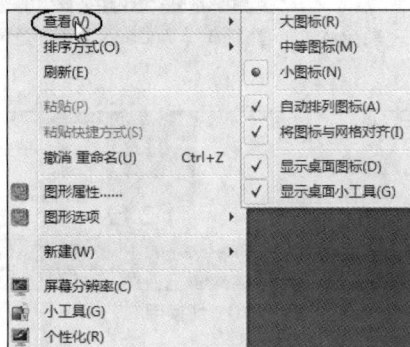

图 1-13　设置桌面图标查看方式

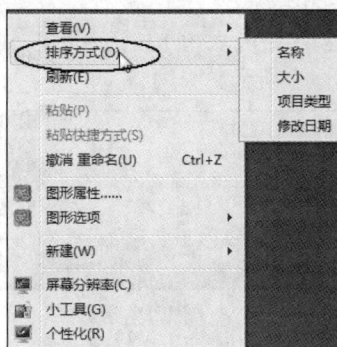

图 1-14　设置桌面图标排列方式

### 2. 桌面个性化设置

右键单击桌面空白处，并在弹出的快捷菜单中选择【个性化】命令，然后在打开的窗口里设置"桌面背景""屏幕保护程序"等个性化效果，如图 1-15 所示。

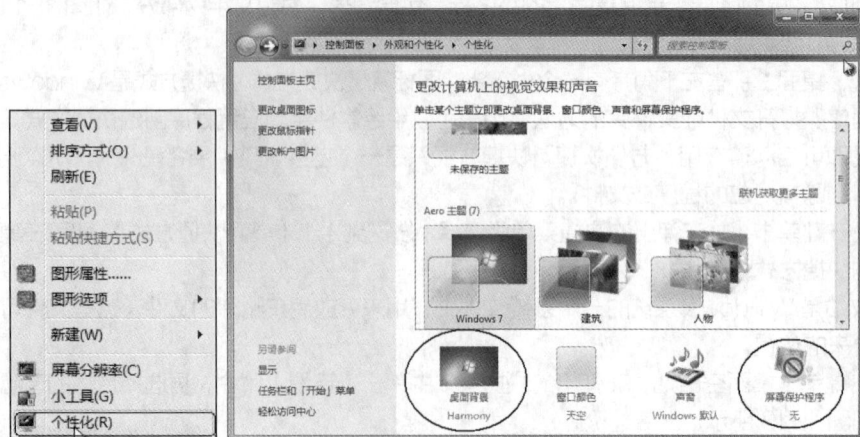

图 1-15　桌面个性化设置

桌面个性化设置

### 3. 任务栏

任务栏默认位于桌面下方。了解任务栏各个部分的作用并灵活运用任务栏,可以大大提高计算机的使用效率。Windows 7 中的任务栏由"开始"菜单按钮、快速启动工具栏、窗口按钮栏、通知区域等几部分组成,如图 1-16 所示。

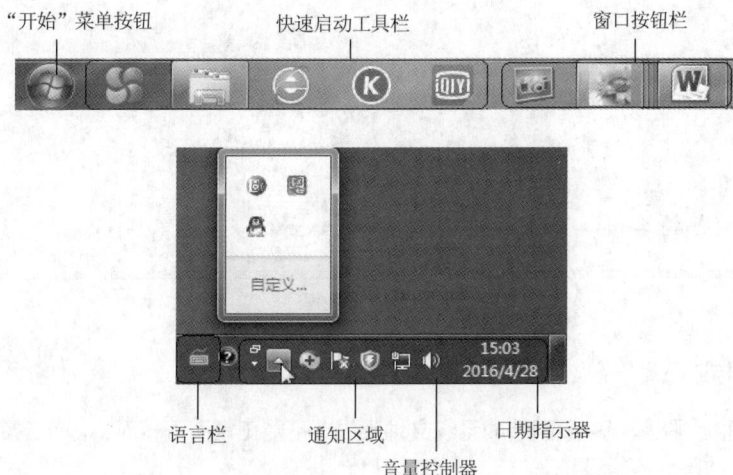

图 1-16　任务栏

## 三、控制面板

单击【开始】|【控制面板】(见图 1-17),打开控制面板。控制面板包括 8 个方面:系统和安全,网络和 Internet,硬件和声音,程序,用户账户和家庭安全,外观和个性化,时钟、语言和区域,轻松访问,如图 1-18 所示。

图 1-17　打开控制面板

图 1-18　控制面板首页

### 1. 卸载程序

在"控制面板"中,单击【程序(卸载程序)】,在打开的窗口中双击要卸载的程序(如"360 看图")

即可将其卸载，如图 1-19 所示。

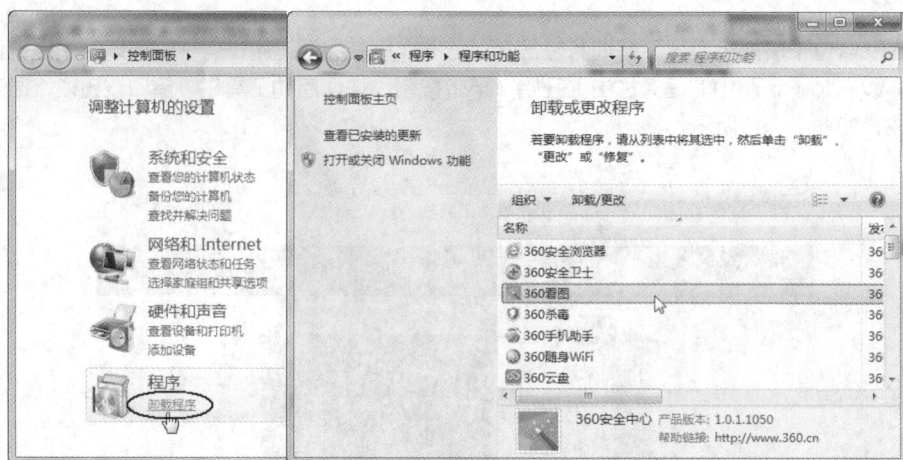

图 1-19　卸载程序

### 2. 系统备份与还原

系统备份是指为预防因某种原因造成系统文件丢失，不能正常引导，而将操作系统备份，建立操作系统副本，以用于故障后恢复系统。

（1）系统备份。在"控制面板"中，单击【系统和安全（备份您的计算机）】，在打开的窗口中单击【设置备份】，开始系统的备份，如图 1-20 所示。

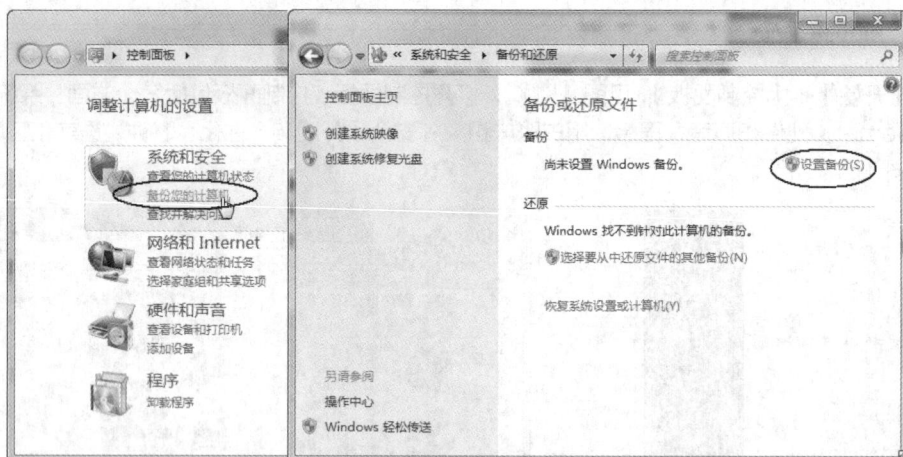

图 1-20　系统备份

（2）系统还原。备份完成后，单击【备份和还原】，即可进行数据恢复。

### 3. 添加/删除输入法到语言栏

（1）在"控制面板"中，单击【时钟、语言和区域（更改显示语言）】（见图 1-21）。

（2）在随后打开的对话框中单击【更改键盘】按钮，如图 1-22 所示。

（3）在随后打开的对话框中，选择某个已经安装在计算机中，但并未添加到语言栏中的输入法，然后单击【添加】按钮（见图 1-23），即可将该输入法添加到语言栏。

添加与删除输入法到
语言栏

图 1-21　单击【更改显示语言】

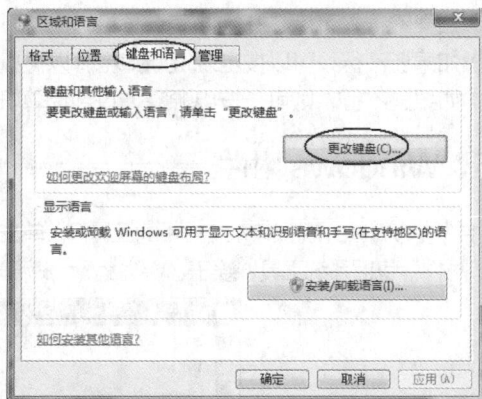

图 1-22　单击【更改键盘】

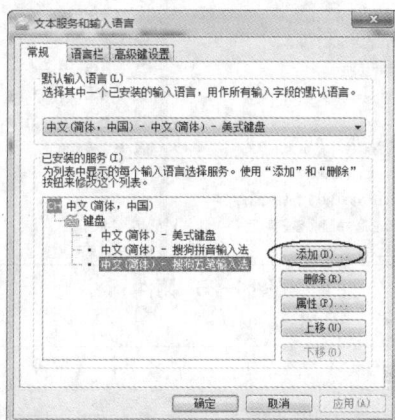

图 1-23　添加语言

## 四、任务管理器

　　通常情况下的死机，往往是某一应用程序卡死了，其他应用程序还可运行。处理方法如下。

　　（1）同时按下【Ctrl+Alt+Delete】组合键，进入图 1-24 所示界面。选择【启动任务管理器】命令，打开"Windows 任务管理器"对话框。在"Windows 任务管理器"对话框中，选择卡死的程序，再单击【结束任务】即可，如图 1-25 所示。

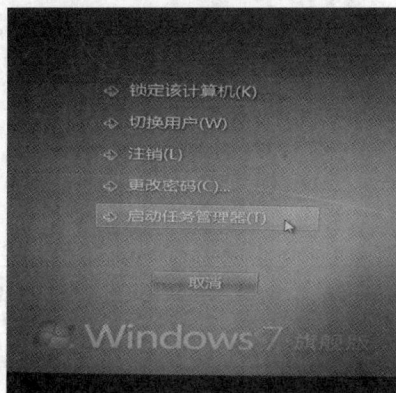

图 1-24　启动任务管理器

图 1-25　Windows 任务管理器

（2）如果不行，可用"开始"菜单关机。

（3）如果还不行，可以按电源键断掉电源以关机。

（4）如果还不行，则可长按电源键，直到计算机关闭。

## 五、Windows 附件

"附件"是 Windows 操作系统自带的工具包，单击【开始】|【所有程序】|【附件】（见图1-26），可以看到"附件"包括系统工具、娱乐、Windows 资源管理器、画图、计算器、记事本、写字板等诸多工具。

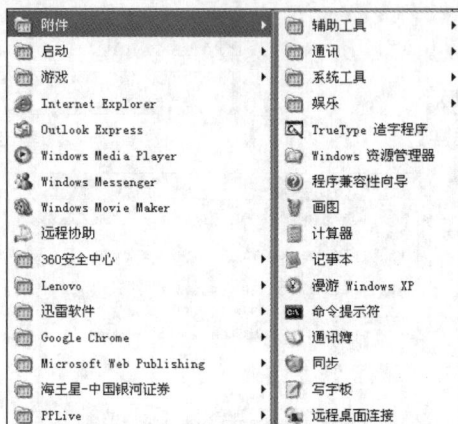

图1-26　附件

## 任务四　文件的管理

### 一、文件、文件夹、磁盘

#### 1. 文件

（1）定义：文件是具有某种相关信息的数据的集合，可以是应用程序，也可以是应用程序创建的文档。计算机中，所有的程序和数据都是以文件的形式保存的。一个文件可以是一个文档、一张图片、一首歌曲、一个视频、一个程序等，如图1-27所示。

（2）文件名与文件扩展名。每个文件必须有一个名称。文件的名称由文件名和扩展名组成，如文件"授课内容安排.docx"。文件名和扩展名用"."分隔。通常扩展名说明文件的类型，所以修改文件名时，只能修改分隔符前面的部分，不能修改扩展名。表1-3列出了一些常用扩展名的含义。

文件与文件名

图1-27　各式各样的文件图标

表1-3　常用扩展名及其含义

| 扩展名 | 文件类型 | 打开软件 |
| --- | --- | --- |
| docx | Word 文档 | Word 2010 |
| xlsx | Excel 文件 | Excel 2010 |
| pptx | PowerPoint 文件 | PowerPoint 2010 |
| txt | 文本文件 | 记事本 |

续表

| 扩展名 | 文件类型 | 打开软件 |
| :---: | :---: | :---: |
| bmp | 图像文件 | 画图软件 |
| jpg | 图片文件 | 画图、ACDSee、Photoshop |
| c | C 语言源程序 | Turbo C |
| mp3 | 音频文件 | 影音播放软件 |
| avi | 视频文件 | 影音播放软件 |
| zip | 压缩文件 | WinRAR、WinZip |
| exe | 可执行文件 | 操作系统 |

给文件命名时，要注意以下事项。

① 文件名可以包含字母、汉字、数字和部分符号，但不能包含?、*、"、/、|、\、<、>等字符。

② 文件名不区分字母的大小写。

③ 在同一存储位置，不能有文件名（包括扩展名）完全相同的文件。

### 2. 文件夹

计算机中文件种类繁多、数量庞大，为了实现对文件的有效管理，计算机采用文件夹的管理方式，将所有的文件分门别类地存放于文件夹中，如图 1-28 所示。

简单地理解，文件夹就是用于存储其他文件夹和文件的容器。

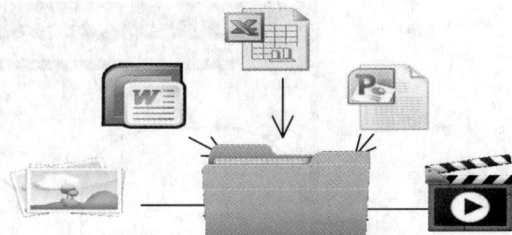

图 1-28　文件管理示意图

### 3. 磁盘

计算机中的文件和文件夹通常保存在磁盘中，硬盘是计算机最主要的磁盘。磁盘在使用之前，必须要进行相关的初始化操作，主要包括分区和格式化操作。计算机硬盘通常分成若干区，包括 C 区、D 区、E 区等。

磁盘

所以，磁盘、文件夹与文件三者之间存在着层次关系（见图 1-29）：一台计算机将硬盘分成若干个区（即本地磁盘 C、本地磁盘 D、本地磁盘 E 等）；每个磁盘下又可创建多个文件夹；文件夹又可以作为文件和子文件夹的容器；文件是存储计算机信息的能够独立存取的最小组织单位。

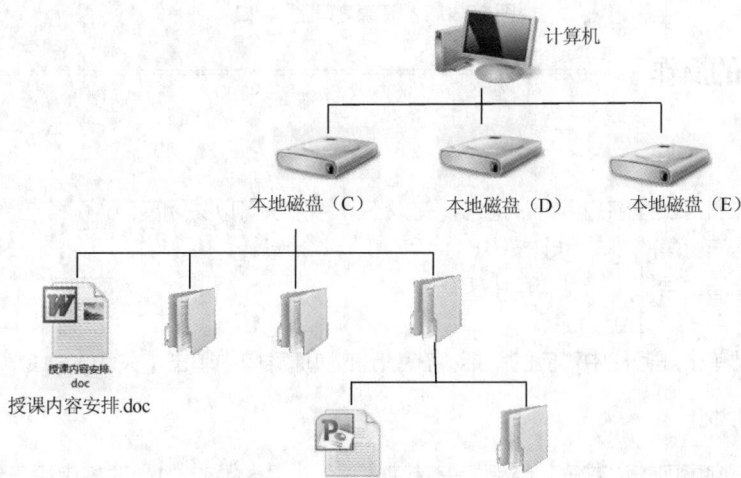

图 1-29　磁盘与文件夹树形图

（1）磁盘清理：查找并删除计算机上确定不再需要的临时文件，释放硬盘上的空间。

（2）磁盘碎片整理：重新排列碎片数据。

方法：单击【开始】|【所有程序】|【附件】|【系统工具】|【磁盘清理】或【磁盘碎片整理程序】。

## 二、资源管理器

计算机中，文件、文件夹、磁盘的管理是在资源管理器里进行的。利用资源管理器，可以便捷地浏览以及搜索文件和文件夹，并能够实现文件与文件夹的创建、复制、移动、删除和重命名等管理操作。

双击桌面上的"计算机"图标，打开"资源管理器"窗口。"资源管理器"窗口主要由标题栏、地址栏、搜索框、窗口按钮（最大化、最小化、关闭）、菜单栏、工具栏、导航窗格、主窗格、状态栏组成，如图1-30所示。

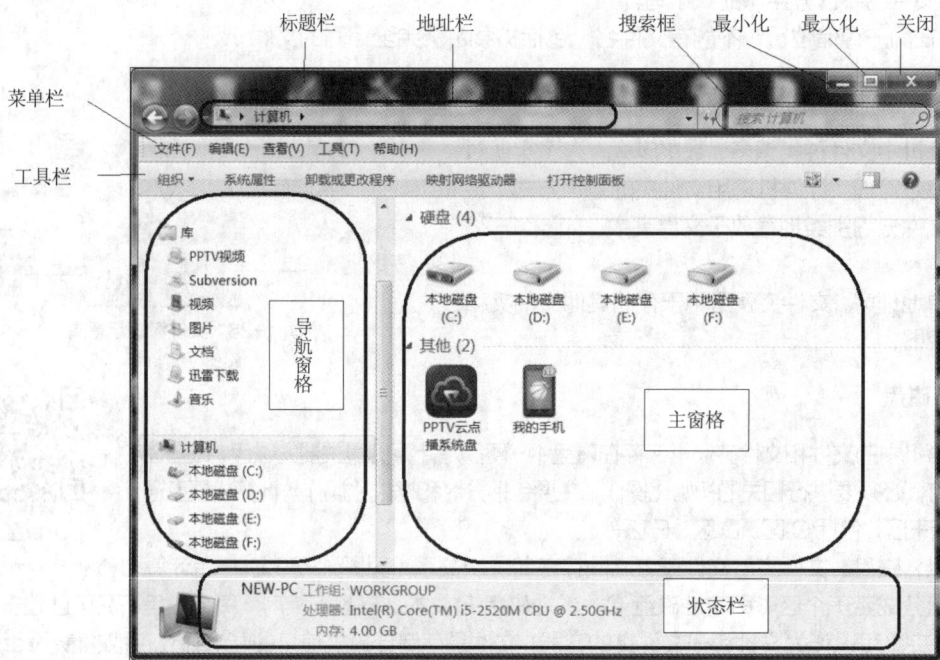

图1-30 "资源管理器"窗口

## 三、窗口的操作

### 1. 关闭窗口

关闭窗口意味着终止程序的运行。通常，有以下4种方法可以关闭窗口。

方法一：单击右上角的【关闭】按钮。

方法二：双击左上角的【控制菜单】按钮。

方法三：按【Alt+F4】组合键。

方法四：右键单击任务栏中对应的图标，在弹出的快捷菜单中单击【关闭】命令。

### 2. 改变窗口大小

将鼠标指针指向窗口的边或角，当鼠标指针变成双箭头"↔"或"↕"时拖曳窗口到适当大小即可。

### 3. 移动窗口

当窗口不是最大化状态时，将鼠标指针指向窗口的标题栏，按住鼠标左键并拖曳即可完成窗口的移动。

## 四、文件的操作

### 1. 打开文件

在 Windows 操作系统中，单击仅表示选中文件，双击可以打开文件。在文件上单击鼠标右键，然后在弹出的快捷菜单中选择【打开】命令，也可以打开一个文件或程序。

### 2. 选择文件

Windows 操作系统中，对文件或文件夹进行操作之前，首先要选中所要操作的文件或文件夹，被选中的文件或文件夹将反相显示。

（1）选择单个文件夹或文件：单击。

（2）选择一组连续排列的文件或文件夹：用鼠标从首个文件框选到末个文件，或者用鼠标单击首文件后按住【Shift】键单击末文件。

（3）选择一组不连续排列的文件或文件夹：按住【Ctrl】键逐个单击。

### 3. 删除文件

方法一：选中要删除的文件或文件夹，直接按下键盘上的【Delete】键。

方法二：选中要删除的文件或文件夹，右键单击要删除的文件或文件夹，在弹出的快捷菜单中选择【删除】命令。

方法三：用鼠标直接将要删除的文件或文件夹拖放到桌面上的"回收站"图标上。

用上述方法删除的文件会放入"回收站"中。"回收站"中的文件是可以还原的。但 U 盘上被删除的文件不会进入"回收站"，而是直接被永久删除，是不能还原的。

如果在执行删除操作时，同时按住【Shift】键，则所选定的文件或文件夹将被彻底删除，不会放到"回收站"中。

### 4. 移动文件

对于同一个磁盘下的文件，可以用拖曳的方法完成文件的移动，也可以用"先剪切，再粘贴"的方法完成文件的移动。

### 5. 复制文件

复制文件是指将选定的文件或文件夹复制一份存放到其他位置，也称文件的备份。对于同一个磁盘下的文件，可以用按住【Ctrl】键拖曳的方法完成文件的备份，也可以用"先复制，再粘贴"的方法完成备份。对于不同磁盘下的文件，直接拖曳也可以完成文件的备份。

### 6. 重命名文件

重命名文件或文件夹就是给文件或文件夹重新命名一个新的名称，使其更符合用户的要求。常用的重命名方法就是在文件图标上单击鼠标右键后选择【重命名】命令，此时旧的文件名呈反相显示，输入新的名字即可。

### 7. 新建文件夹

右键单击鼠标，选择【新建】|【文件夹】，然后输入文件夹名字即可，如图 1-31 所示。

图 1-31　新建文件夹

### 8. 搜索文件

搜索框位于"资源管理器"的右上角。先进入要搜索的目录，然后在搜索框中键入要搜索的文件名，再按【Enter】键即可进行搜索。键入文件名时，可以键入整个名称，也可以仅键入前几个字母，如图 1-32 所示。

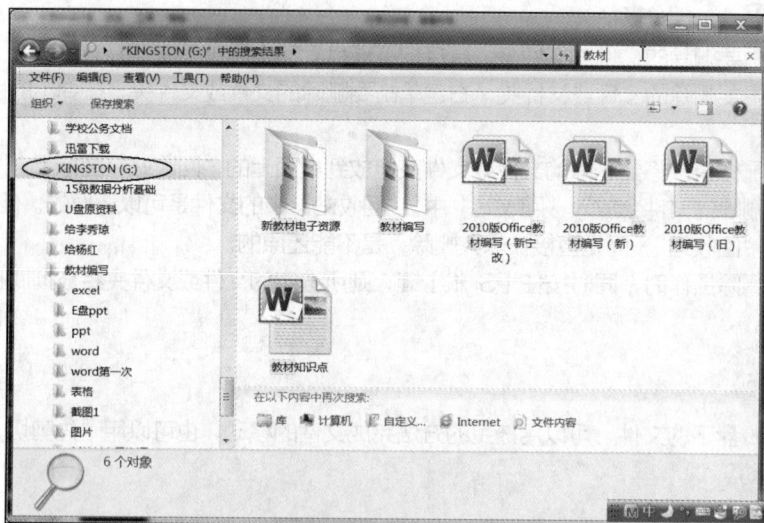

图 1-32　搜索文件

搜索文件可以使用通配符星号"*"与问号"？"，"？"代表一个未知字符，而"*"可以代表一串未知字符。例如*.jpg 表示所有的 jpg 文件。

////////// 课后练习

### 一、单选题

（1）计算机系统是由（　　）组成的。

  A. 硬件和操作系统        B. 硬件和应用软件系统

  C. 应用软件和操作系统       D. 硬件系统和软件系统

（2）计算机硬件系统中最核心的部件是（   ）。

  A. 硬盘     B. CPU     C. 输入/输出设备    D. 内存储器

（3）在计算机中，1MB 准确等于（   ）。

  A. 1000×1000 个字       B. 1000×1000 个字节

  C. 1024×1024 个字节       D. 1024×1024 个字

（4）Windows 提供的用户界面是（   ）。

  A. 交互式的问答界面       B. 交互式的图形界面

  C. 交互式的字符界面       D. 交互式的组块界面

（5）Windows 7 系统运行时，用鼠标右击某个对象经常会弹出（   ）。

  A. 下拉菜单    B. 快捷菜单    C. 窗口菜单    D.【开始】菜单

（6）计算机中，I/O 设备表示（   ）。

  A. 录音播放设备        B. 输入/输出设备

  C. 录像播放设备        D. 扫描复印设备

（7）下列设备中，属于计算机输入设备的是（   ）。

  A. 键盘     B. 打印机     C. 显示器     D. 绘图仪

（8）下列设备中，既可向计算机输入数据又能接收计算机输出数据的是（   ）。

  A. 打印机    B. 显示器    C. 磁盘存储器    D. 光笔

（9）下列几种存储器中，存取周期最短的是（   ）。

  A. 内存储器    B. 光盘存储器    C. 硬盘存储器    D. U 盘存储器

（10）一般而言，文件的类型可以根据（   ）来识别。

  A. 文件的大小    B. 文件的用途    C. 文件的扩展名    D. 文件存放的位置

（11）以下文件类型中，（   ）表示视频文件。

  A. wav     B. avi     C. jpg     D. gif

（12）Windows 文件夹采用（   ）目录结构。

  A. 树型     B. 网状     C. 线性     D. 嵌套

（13）Windows 中的文件命名规则错误的是（   ）。

  A. 文件名中可以有汉字      B. 文件名中区分大小写字母

  C. 文件名中可以有符号"–"     D. 文件的扩展名代表文件类型

（14）Windows 文件名中不允许使用（   ）。

  A. 斜杠"/"    B. 横杠"–"    C. 点"."    D. 括号"（）"

（15）文件 ABC.bmp 存放在 F 盘的 T 文件夹中的 G 子文件夹下，它的完整文件标识符是（   ）。

  A. F:\T\G\ABC       B. T:\ABC.bmp

  C. F:\T\G\ABC.bmp      D. F:\T:\ABC.bmp

（16）Windows 7 中可以通过（   ）设置计算机硬软件的配置，满足个性化的需求。

  A. 文件系统    B. 资源管理器    C. 控制面板    D. 桌面

（17）Windows 7 系统中，控制面板的功能不包括（   ）。

  A. 更改键盘或其他输入法     B. 查看设备和打印机

  C. 卸载程序        D. 查杀计算机病毒

（18）在 Windows 7 系统的资源管理器中，文件不能按（   ）来排序显示。

  A. 名称     B. 类型     C. 属性     D. 修改日期

（19）在 Windows 运行时，为强行终止某个正在持续运行且没有互动反应的应用程序，可使用

【Ctrl+Alt+Delete】组合键启动（　　　），选择指定的进程和应用程序，结束其任务。

    A. 引导程序      B. 控制面板      C. 任务管理器      D. 资源管理器

（20）在 Windows 中，若删除桌面上某个应用程序的快捷方式图标，则（　　　）。

    A. 该应用程序被删除      B. 该应用程序不能正常运行

    C. 该应用程序被放入回收站      D. 该应用程序快捷方式图标可以重建

（21）下列关于快捷方式的叙述中，不正确的是（　　　）。

    A. 快捷方式会改变程序或文档在磁盘上的存放位置

    B. 快捷方式提供了对常用程序或文档的访问捷径

    C. 快捷方式图标的左下角有一个小箭头

    D. 删除快捷方式不会对源程序或文档造成影响

（22）Windows 是一个多任务操作系统指的是（　　　）。

    A. Windows 可运行多种类型各异的应用程序

    B. Windows 可供多个用户同时使用

    C. Windows 可同时运行多个应用程序

    D. Windows 可同时管理多种资源

（23）Windows 采用了树形目录结构的文件系统，其特点不包括（　　　）。

    A. 每个逻辑盘中只有一个根目录，根目录以下可以有多个层次的文件夹

    B. 每个根目录下，各层次的文件夹名称不能相同

    C. 每个文件夹可以有多个文件，其文件名不能相同

    D. 不同文件夹中的文件可以有相同的文件名

（24）磁盘清理的主要作用是（　　　）。

    A. 将磁盘空闲碎片连成大的连续区域，提高系统效率

    B. 扫描检查磁盘，修复文件系统错误，恢复坏扇区

    C. 删除大量没有用的临时文件和程序，释放磁盘空间

    D. 重新划分磁盘分区，形成 C、D、E、F 等逻辑磁盘

（25）Windows 7 回收站中的内容只能是（　　　）。

    A. 所有外存储器上的被删除的文件和文件夹

    B. 移动硬盘上被删除的文件和文件夹

    C. 硬盘上被删除的文件和文件夹

    D. 硬盘和移动硬盘上被删除的文件和文件夹

（26）以下关于回收站的叙述中，不正确的是（　　　）。

    A. 回收站是操作系统自动建立的磁盘文件夹

    B. 回收站中的文件不能直接双击打开

    C. 用户修改回收站的属性可调整其空间大小

    D. 操作系统将自动对回收站中的文件进行分析，挖掘出有价值的信息

（27）以下不能将信息传送到剪贴板的方法是（　　　）。

    A. 用【复制】命令把选定的对象送到剪贴板

    B. 用【剪切】命令把选定的对象送到剪贴板

    C. 用【Ctrl+V】组合键把选定的对象送到剪贴板

    D. 用【Alt+PrintScreen】组合键把当前活动窗口送到剪贴板

（28）在 Windows 7 中，"写字板"和"记事本"所编辑的文档（　　　）。

    A. 均可通过剪切、复制和粘贴与其他 Windows 应用程序交换信息

    B. 只有写字板可通过剪切、复制和粘贴与其他 Windows 应用程序交换信息

C. 只有记事本可通过剪切、复制和粘贴与其他 Windows 应用程序交换信息

D. 两者均不能与其他 Windows 应用程序交换信息

（29）以下关于 Windows 7 搜索功能的叙述中，正确的是（　　　）。

A. 在搜索条件中不输入任何内容，按回车键后，可以搜索计算机上所有文件

B. 使用搜索功能可以方便用户快速查找文件

C. 可以按图像特征搜索图像

D. 输入的关键字越多，显示的内容也会更多

## 二、操作题

1. 窗口操作

（1）打开"资源管理器"窗口。

（2）打开"回收站"窗口。

（3）打开"画图"软件窗口。

（4）将"资源管理器"窗口最大化，然后还原，最后最小化。

（5）利用窗口的边、角调整"资源管理器"窗口的大小。

2. 文件操作

（1）用不同的方式显示 D 盘的文件。

（2）在 D 盘根目录新建一个以自己班级名称命名的文件夹。

（3）在上述文件夹下新建一个以自己名字命名的文件夹。

（4）搜索 C 盘上所有的 jpg 格式图片。

（5）复制 10 个搜索到的 jpg 格式图片到 D 盘中自己新建的文件夹中。

3. 控制面板应用

（1）Office 2010 的添加与删除。

（2）输入法的添加与删除。

（3）查看本地磁盘 D 的空间占用情况，并对其进行"磁盘清理"和"磁盘碎片整理"。

（4）将计算机系统日期设置为 2019-10-1。

4. 进行鼠标与键盘练习

# 项目二

## Word文档基本排版

**02**

项目目标

Word 2010 是微软公司发布的办公软件 Microsoft Office 2010 中重要的组件之一。作为文字处理软件，它是普及性较高且易掌握的一款软件。本项目要求使用 Word 2010 设计各种文档，如通知、假条、公文、协议和信件等。

相关知识

| | |
|---|---|
| ※ Word 的启动 | ※ Word 的工作界面 |
| ※ Word 文档的新建与保存 | ※ 输入文本 |
| ※ 选择文本 | ※ 字体设置 |
| ※ 段落设置 | ※ 剪贴板的应用 |
| ※ 格式刷的应用 | ※ 制表符的应用 |
| ※ 页面设置 | ※ 导航窗格 |
| ※ 插入页眉、页脚 | ※ 视图模式 |
| ※ 显示比例 | ※ 打印设置 |

## 任务一　掌握 Word 基本知识

### 一、Word 的启动

方法一：单击计算机桌面【开始】|【所有程序】|【Microsoft Office】|【Microsoft Word 2010】（见图 2-1），启动 Word 2010。

方法二：双击桌面上的 Microsoft Word 2010 快捷方式图标（见图 2-2），启动 Word 2010。

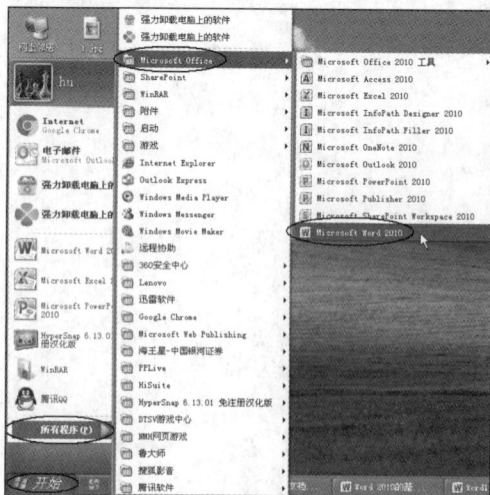

Word 基本操作

图 2-1　通过【开始】菜单启动 Word 2010

图 2-2　Word 2010 的快捷方式

## 二、Word 的界面

### 1. Word 2010 主窗口

Word 2010 主窗口从上至下分别是：标题栏、选项卡区、功能区、用户编辑区、状态栏（见图 2-3）。

图 2-3　Word 2010 界面

### 2. 标题栏与选项卡区

标题栏与选项卡区如图 2-4 所示。标题栏左边是快速访问工具栏，列出了一些常用按钮，单击快速访问工具栏右侧的下拉箭头，用户可以根据喜好添加新的按钮。

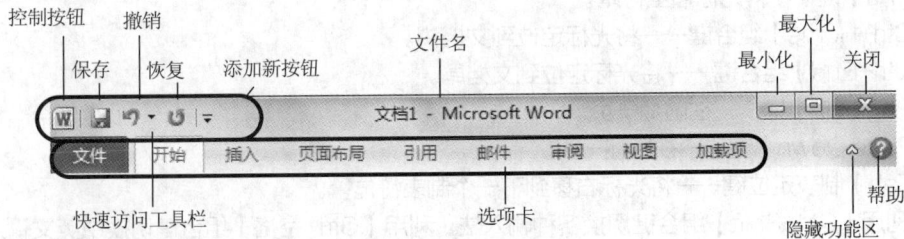

图 2-4　标题栏与选项卡区

选项卡区第一个是【文件】菜单，后面列出若干选项卡，如【开始】选项卡、【插入】选项卡等。不同的选项卡有不同的功能按钮。最重要的选项卡是【开始】选项卡，后面将较为详细地介绍【开始】选项卡中【字体】组、【段落】组、【剪贴板】组的主要功能。

### 3. 用户编辑区和状态栏

用户编辑区和状态栏如图 2-5 所示。

水平标尺

隐藏
（显示）
标尺

1.1 文本的输入
1.1.1 文本的选择

垂直滚动条

光标、插入点

语法校正　　切换插入/改写状态　　　视图比例

当前页码/
总页数

页面: 1/1　字数: 12　中文(中国)　插入　　71%

选定文本字数/文档总字数　　输入语言　　　视图按钮

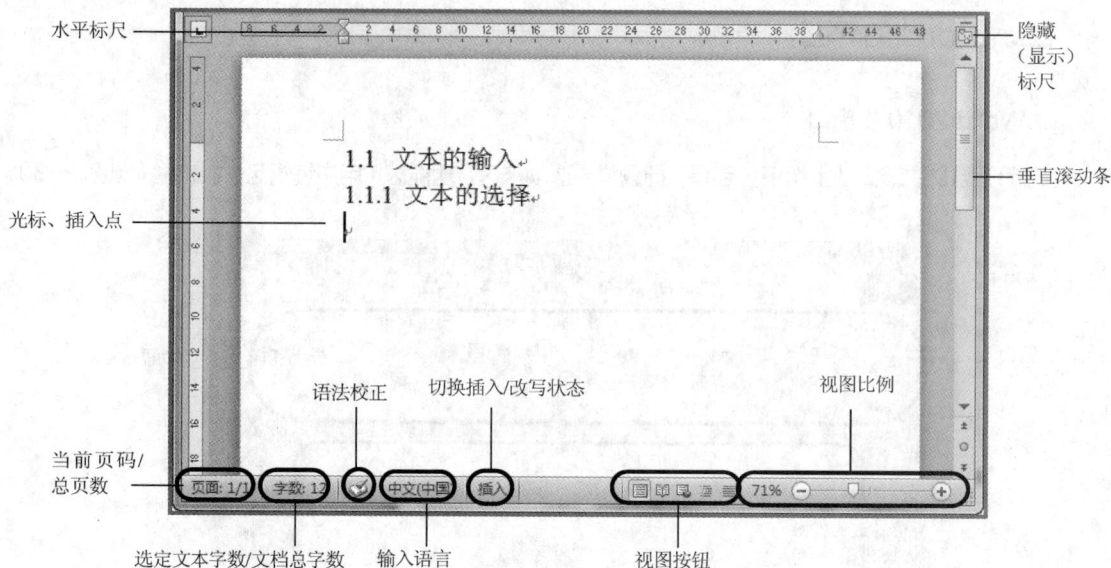

图 2-5　用户编辑区和状态栏

## 三、文本录入技巧

在文档的编辑区，可以看到一条闪烁的、粗的竖线"│"，竖线所在位置叫作"插入点"（光标），它标识着目前文字的输入位置。

（1）Word 具有即点即输的功能，即在文档的任意位置单击就可以将插入点定位到这个位置，并开始输入。除了即点即输外，还可以用键盘来移动光标的位置。

- 【← → ↑ ↓】光标移动键——向左、右、上、下移动光标。
- 【Home】键——将光标移至行首。
- 【End】键——将光标移至行尾。
- 【Ctrl+Home】组合键——将光标定位到文档头。
- 【Ctrl+End】组合键——将光标定位到文档尾。
- 【Page Up】键——往前翻一页。
- 【Page Down】键——往后翻一页。
- 【Tab】制表定位键——将光标右移到下一个制表符位置。

（2）利用【Ctrl+Shift】组合键切换各种输入法。利用【Ctrl+空格】组合键切换中英文输入法，利用【Ctrl+.】组合键切换中英文标点符号。

（3）录入文本时，"插入点"不断右移，当到达文档的右边界时，"插入点"会自动移到下一行，不需要按【Enter】键。

（4）录入文本时，如果发现输入错误，可以及时删除错误的字符。按【Backspace】键，删除插入点左侧的字符；按【Delete】键，删除插入点右侧的字符。也可以先选择要删除的文本，再"剪切"或者按【Delete】键。

（5）只有在一个段落结束时，才能按【Enter】键。每按一次【Enter】键，系统就会插入一个符号"↵"，称作"段落标记符"。如果不想显示段落标记符，可以单击【段落】组的按钮【 ⚡ 】，将其隐藏。

如果单击【 ⚡ 】不能隐藏"↵"，那一定是文档设置了始终显示段落标记。这时可以单击【文件】|【选项】命令，打开"Word 选项"对话框，单击【显示】选项卡，取消勾选段落标记（见图 2-6）。

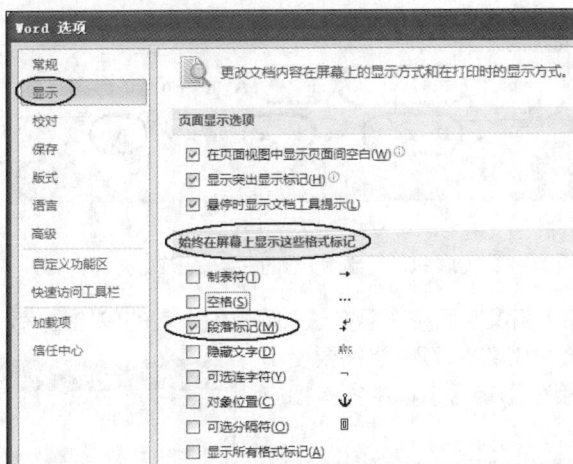

图 2-6　取消始终显示段落标记

（6）启动 Word 2010 后，默认为插入状态，即在插入点录入内容，后面的字符依次后退。按【Insert】键可实现插入状态与改写状态的切换。若切换到改写状态，则录入的内容将覆盖插入点右侧的字符。

## 四、选择文本

在对文本进行任何操作前，都要先选定该文本，这是一个基本常识。下面介绍几种常用的选择文本方法。

（1）选择较短的连续文本：用鼠标从起点单击并拖曳到终点再松开。

（2）选择较长的连续文本：先单击起点处，然后按住【Shift】键再单击结尾处。

（3）选择一行：把鼠标指针移动到某行的左边文本选择区（见图 2-7），此时鼠标指针变成一个斜向右上方的箭头"⤴"，单击鼠标左键，即可选中该行。

选择文本

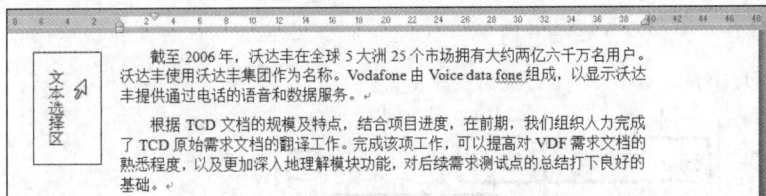

图 2-7　利用"文本选择区"选择文本

（4）选择多行：用鼠标左键在文本选择区从 $m$ 行拖曳到 $n$ 行，可选中从 $m$ 到 $n$ 的多行文本。

（5）选择段落：用鼠标在该段落的文本选择区双击。

（6）选择全文：在文本选择区三连击，或者按【Ctrl+A】组合键选取全文。

（7）选择不连续的文本：选好其中的一段文本，再按住【Ctrl】键选择其他文本。

## 五、【开始】选项卡

【开始】选项卡是最常用的选项卡，里面的功能按钮分为【字体】【段落】【剪贴板】【样式】【编辑】5 个组，各组之间有分隔线。

### 1.【字体】组

【字体】组如图 2-8 所示。

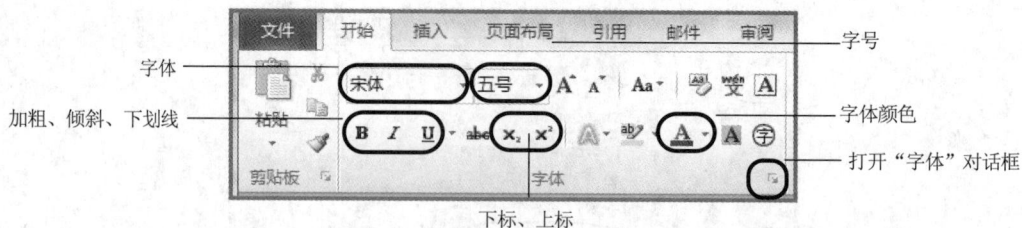

图 2-8 【字体】组的主要按钮及功能

字号大小有阿拉伯数字和汉字两种表示方法。阿拉伯数字的单位是磅，磅值越大字符越大，下拉列表框中可供选择的最大磅数为 72，当需要使用更大的磅数时，可以直接在【字号】框中输入相应的数字，如 100。

因为字号列表框上方显示的都是汉字，如"初号""五号""八号"等，所以用户一般都是选择汉字字号。实际上每一种汉字字号都对应着磅数，"初号"对应的是 42 磅，"五号"是 10.5 磅，"八号"是 5 磅，请不要把"八号"和"8 磅"混淆了。

文字格式的设置，一般在【字体】组中就可以完成，也可以通过单击【开始】选项卡【字体】组右下角的 图标，在打开的"字体"对话框中完成（见图 2-9）。

### 2.【段落】组

【段落】组如图 2-10 所示。

（1）Word 对齐方式

Word 对齐方式一共有 5 种：左对齐、居中对齐、右对齐、两端对齐和分散对齐（见图 2-11）。

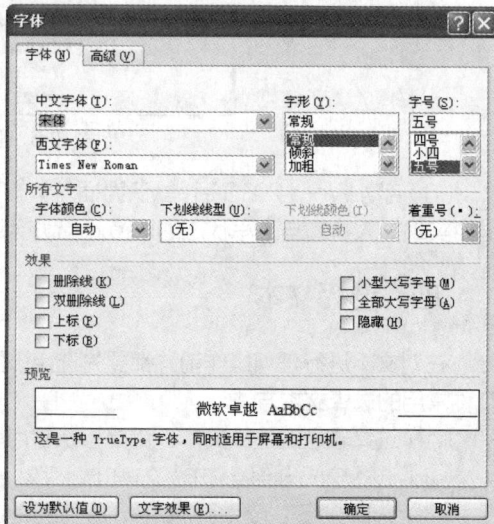

图 2-9 "字体"对话框

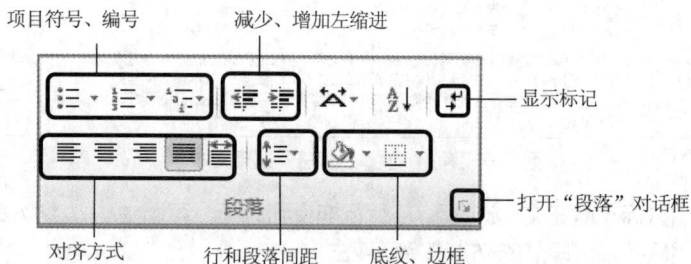

图 2-10 【段落】组的主要按钮及功能

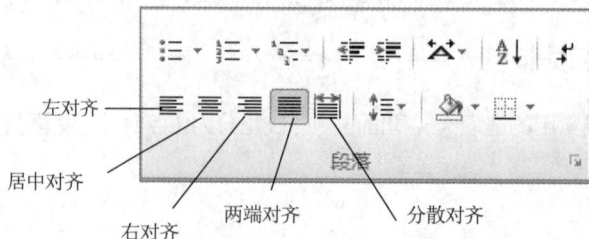

图 2-11 Word 对齐方式

一般来说，标题文字一般用居中对齐；落款一般用右对齐；正文部分用左对齐或两端对齐均可。

文档默认的对齐方式是两端对齐而非左对齐。这是因为当一行的位置放不下一个汉字或一个英文单词时，两端对齐能自动将该行的文本均匀分布在该行，从而达到左右两端都整齐划一的效果。而左对齐则没有这种自动调整功能，所以左对齐的文本可能在行的右侧留下半个汉字或半个英文单词的空白区域，造成右侧的参差不齐，如图 2-12 所示。所以，建议读者尽量少用左对齐。

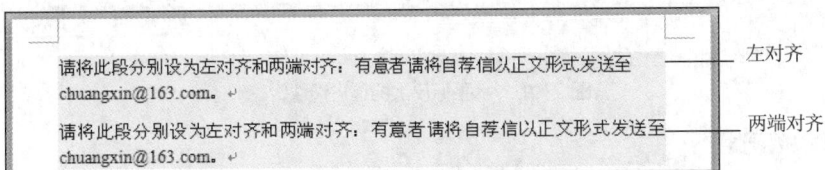

图 2-12　左对齐与两端对齐的区别

分散对齐一般用于局部的文字而不是整个段落，段落分散对齐与文字分散对齐的区别效果如图 2-13 所示。

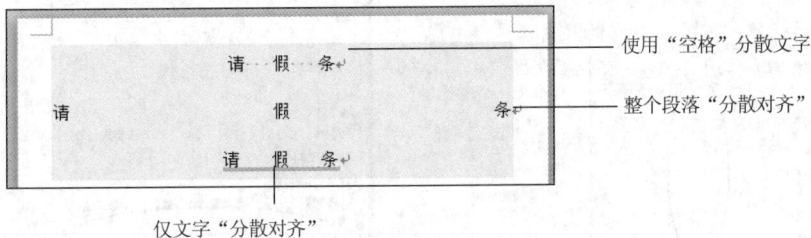

图 2-13　分散对齐

（2）段落的缩进

【段落】组上只有"减少缩进" 和"增加缩进" 两个功能按钮。所以，段落的缩进一般要利用"段落"对话框来完成。

单击【开始】选项卡【段落】组右下角的 ，打开"段落"对话框（见图 2-14）。从对话框中可知，段落的缩进有 4 种：左缩进、右缩进、首行缩进和悬挂缩进。

左缩进指的是段落左边的文字到页面左上角图标"┐"的距离，右缩进指的是段落右边文字到右上角图标"┌"的距离，"首行缩进"指的是段落的第一行到左缩进处的距离，"悬挂缩进"指的是除首行外的其他行到左缩进处的距离。"首行缩进"与"悬挂缩进"不能同时设置。

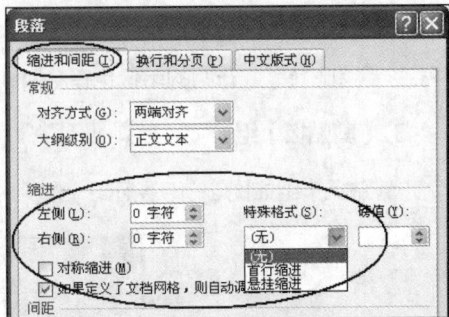

图 2-14　段落的缩进

如图 2-15 所示，第一段的左、右缩进为 0 字符，首行缩进 2 字符；第 2 段和第 3 段左缩进 2 字符，右缩进 0 字符，悬挂缩进 6 字符。

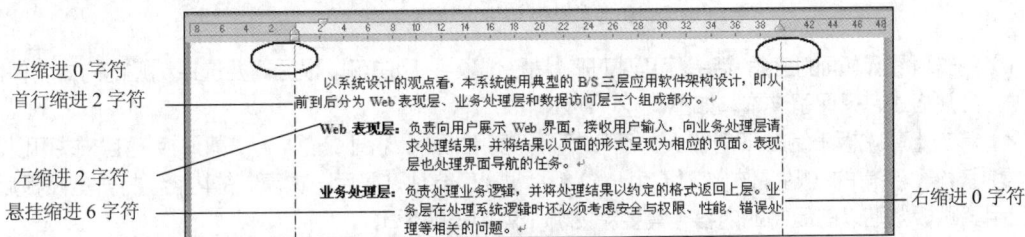

图 2-15　各种缩进效果

**25**

一般情况下，文本的左、右缩进都为0，正文则会采用首行缩进2字符，居中对齐的标题文字首行缩进通常也为0，否则就达不到居中的效果。悬挂缩进一般用在项目符号或项目编号的文字中。

设置段落缩进最快速、直观的方法是使用水平标尺，水平标尺上的各个缩进滑块如图2-16所示。用鼠标拖着相应的滑块移动，就可以完成相应的缩进设置。

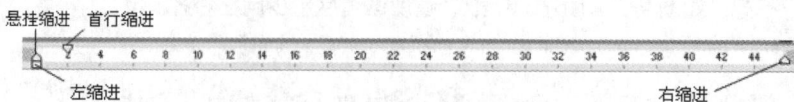

图2-16  水平标尺上的缩进滑块

（3）行距和段落间距

【段落】组的按钮 ↕≡ˇ 只能设置1倍行距、1.15倍行距、1.5倍行距、2倍行距、2.5倍行距、3倍行距（见图2-17）。所以，行和段落间距的设置一般也要利用"段落"对话框来完成（见图2-18）。

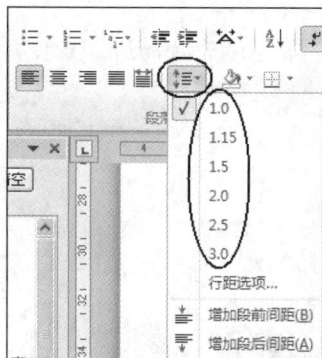

图2-17  利用 ↕≡ˇ 设置行距

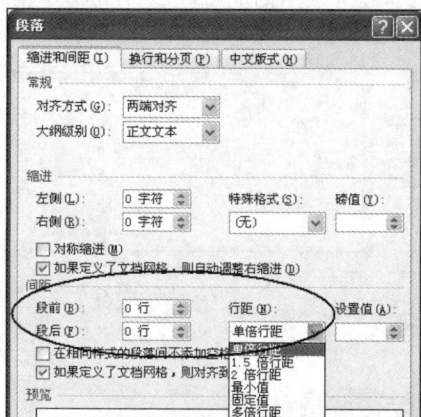

图2-18  利用"段落"对话框设置行距、段落间距

从"段落"对话框中可知，段落间距分3种：段前距、段后距、行距。段前距、段后距的单位有2种："行"和"磅"。行距的单位也有2种："磅"和"倍"，以"倍"为单位时，不要写单位。

### 3.【剪贴板】组

【剪贴板】组如图2-19所示。

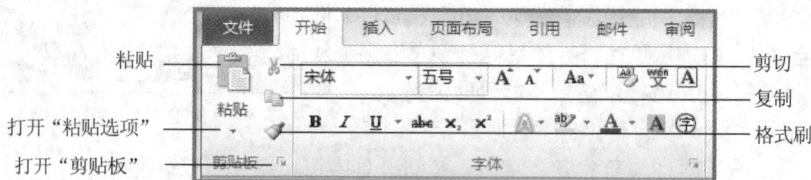

图2-19 【剪贴板】组的按钮及功能

（1）单击 图标下面的三角箭头，可以打开"粘贴选项"，用户可以根据需要选择粘贴的方式：保留源格式、合并格式、只保留文本，如图2-20所示。

（2）单击【剪贴板】组右下角的 ，可以打开"剪贴板"（见图2-21）。"剪贴板"上一共可以放24个复制对象，平常的粘贴操作（如【Ctrl+V】组合键）只能粘贴最后一次复制的内容。打开剪贴板后，可以利用剪贴板粘贴以前复制的内容（需要粘贴哪个就单击哪个）。

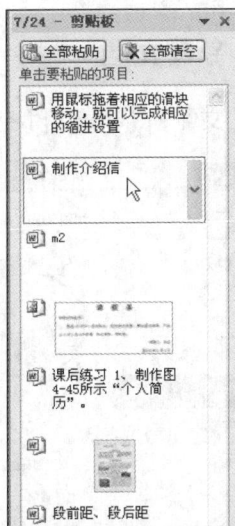

图 2-21　剪贴板

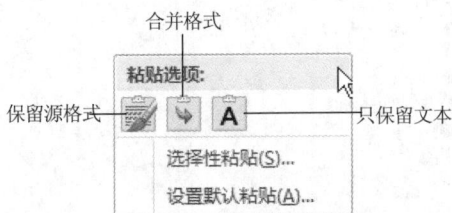

图 2-20　粘贴选项

（3）【剪贴板】组的 格式刷 按钮是用来复制段落格式的。一般的操作步骤如下。

① 选择已经设置好的段落文本。

② 单击或双击 格式刷 按钮，鼠标指针变成 。

③ 用鼠标刷过需要获得格式的文本。

> **注意**
> 如果第②步是单击 格式刷 按钮，那么刷一次后，格式刷功能自动取消，鼠标指针恢复正常；如果第②步是双击 格式刷 按钮，那么刷一次后格式刷功能仍然存在，可以继续使用；如果要取消格式刷功能，需要再单击一次 格式刷 按钮。

## 任务二　制作介绍信

制作一封介绍信，内容如图 2-22 所示。

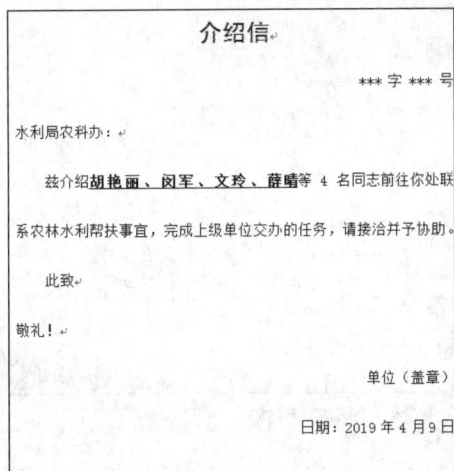

图 2-22　介绍信

制作介绍信

**27**

## 一、新建文档

单击【文件】|【新建】|【空白文档】|【创建】（见图2-23），创建一个空白文档。

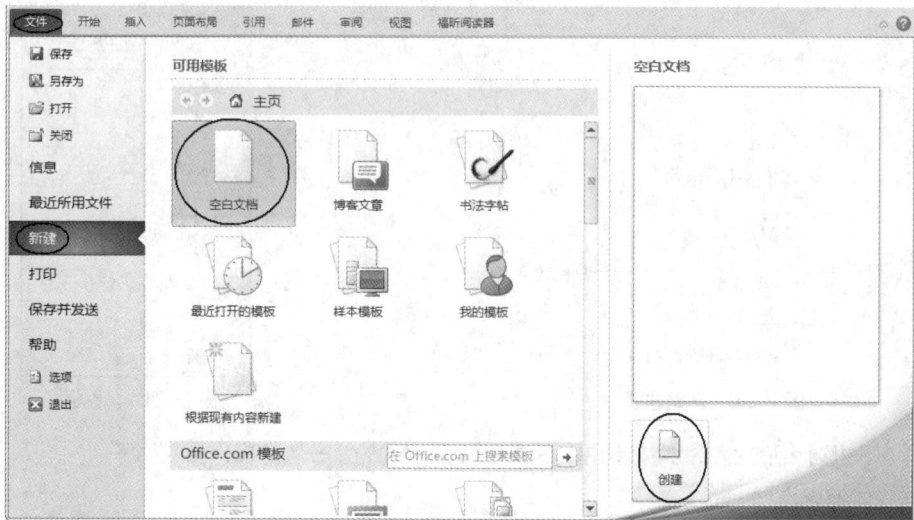

图2-23　新建空白文档

**注意**

1. 新建模板文档：单击【文件】|【新建】|【书法字帖】|【创建】（见图2-24），在打开的对话框中选择喜欢的字符（见图2-25），得到图2-26所示的字帖文档。

图2-24　创建模板文档

图 2-25 选择字符

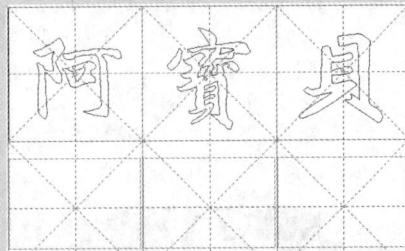

图 2-26 字帖文档

2. 如果计算机接入了互联网，还可以在线选择"Office.com 模板"（见图 2-27 ）。

图 2-27 创建在线模板文档

## 二、输入文本

在"文档编辑区"输入图 2-28 所示的文本内容。

介绍信
\*\*\* 字 \*\*\* 号
水利局农科办：
兹介绍胡艳丽、闵军、文玲、薛晴等 4 名同志前往你处联系农林水利帮扶事宜，完成上级单位交办的任务，请接洽并予协助。
此致
敬礼！
单位（盖章）
日期：2019 年 4 月 9 日

图 2-28 录入介绍信文本

### 三、"字体"设置

（1）按【Ctrl+A】组合键，选择整个文档，在【开始】选项卡中，设置字体为"仿宋"，设置"字号"为三号，如图2-29所示。

（2）在文本选择区单击标题文字"介绍信"对应行（见图2-30），选择文本"介绍信"。在【开始】选项卡中设置其为黑体、二号，在【段落】组中设置其为居中对齐，如图2-31所示。

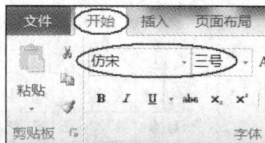

图2-29　设置字体、字号

图2-30　选择行

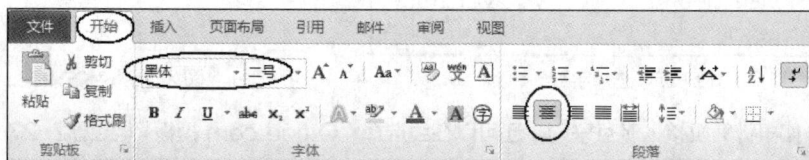

图2-31　设置字体、字号、对齐方式

（3）用拖曳鼠标的方法选择第4行的文本"胡艳丽、闵军、文玲、薛晴"（见图2-32）。单击按钮 **B** 和 **U**，将文本加粗并添加下划线。单击分散对齐按钮，打开"调整宽度"对话框，设置新文字宽度为14字符（见图2-33）。

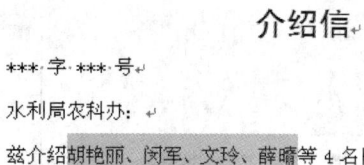

图2-32　选择文本

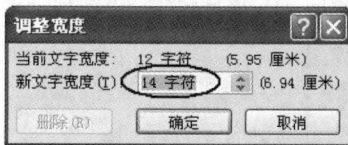

图2-33　调整分散对齐的文字宽度

### 四、"段落"设置

（1）在文本选择区双击"兹介绍……"对应的位置，选择这一段文本（见图2-34）。

（2）单击【开始】选项卡【段落】组右下角的，打开"段落"对话框，设置"首行缩进"为2字符（见图2-35）。

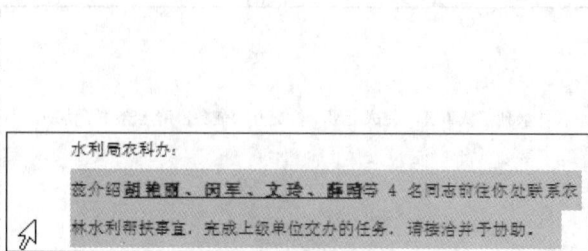

图2-34　选择整段文本

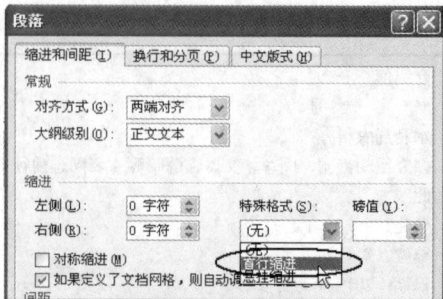

图2-35　设置首行缩进

（3）选择文本"此致"，也设置其首行缩进为 2 字符。

（4）利用【Ctrl】键，选择图 2-36 所示的不连续文本。单击【开始】|【段落】|≡，设置其对齐方式为右对齐，效果如图 2-37 所示。

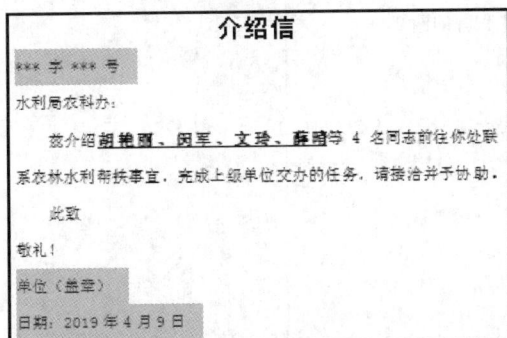

图 2-36　选择不连续文本　　　　　　　图 2-37　右对齐效果

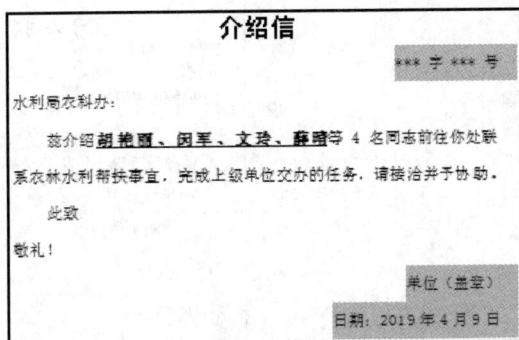

（5）在文本选择区三击鼠标左键，选择整篇文档，单击【段落】组的行距设置按钮 ‡≡▼，选择 3 倍行距，如图 2-38 所示。

## 五、保存文件

单击"快速访问工具栏"上的"保存"按钮 🖫，在弹出的"另存为"对话框中选择合适的保存位置（默认的保存位置为"我的文档"），将文件名修改为"介绍信"，保存类型为"Word 文档"，文件的扩展名为"docx"，如图 2-39 所示。

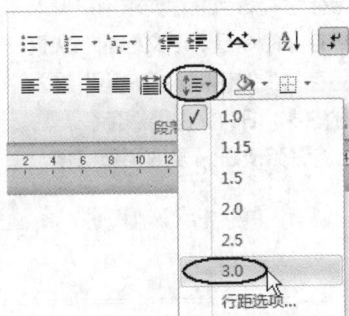

图 2-38　设置 3 倍行距　　　　　　　　图 2-39　保存文档

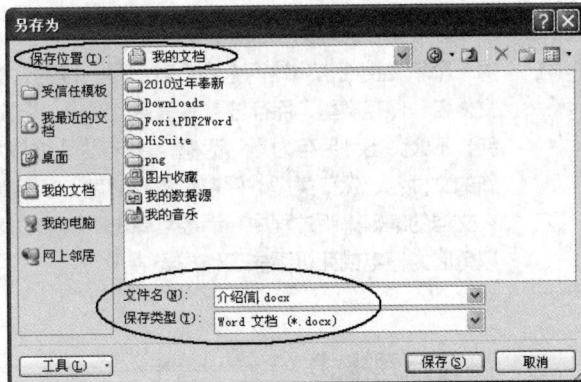

## 任务三　制作聘任通知书

制作一份聘任通知书，内容如图 2-40 所示。

### 一、Word 文档的打开与另存为

（1）双击文件"教学资源\项目二　Word 文档基本排版\聘任通知（原稿）.docx"，打开该 Word 文档。

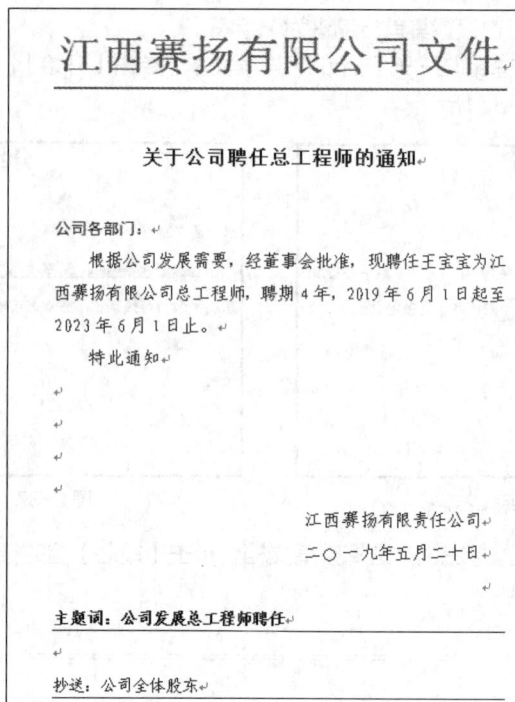

图2-40　聘任通知

（2）单击【文件】|【另存为】，将文件保存为"聘任通知.docx"。

> **注意** "保存"与"另存为"的区别如下。
>
> 对一个新文档而言，这两个命令效果是一样的，都会弹出"另存为"对话框，要求用户输入文件名、保存类型、保存位置等信息。对一个旧文档而言，【保存】命令是对旧文档的一次更新，不会弹出"另存为"对话框；【另存为】命令才会弹出"另存为"对话框，用户可以输入新的文件名、保存类型、保存位置等信息，从而得到一个新的文件，旧的文件仍然存在。
>
> 在文档的编辑排版过程中，请经常单击"快速访问工具栏"上的保存按钮 及时更新文档，以免因为停电或死机丢失工作成果。

## 二、设置标题格式

（1）选择标题文本"江西赛扬有限公司文件"，利用【开始】选项卡设置标题格式为宋体、40磅、加粗、红色、居中对齐（见图2-41）。

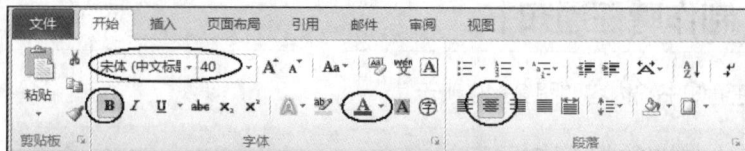

图2-41　设置标题字体格式

（2）选择标题，单击【段落】组右下角的 图标，打开"段落"对话框，设置段前距、段后距都为3行，如图2-42所示。

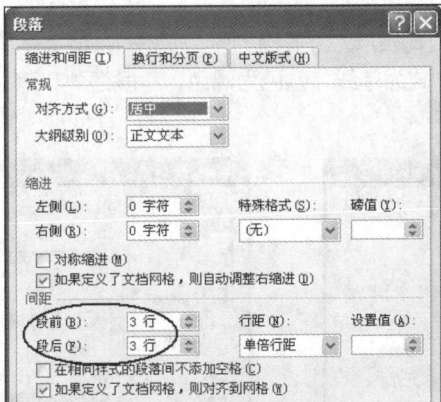

图 2-42　设置标题段落格式

## 三、设置段落边框

（1）选择标题文本"江西赛扬有限公司文件"，单击【开始】选项卡【段落】组的按钮 □·，选择【边框和底纹】命令（见图 2-43）。

（2）在"边框和底纹"对话框中，设置边框样式为单线，颜色为红色，宽度为2.25 磅，位置为底部，应用于为段落，如图 2-44 所示。

设置段落边框

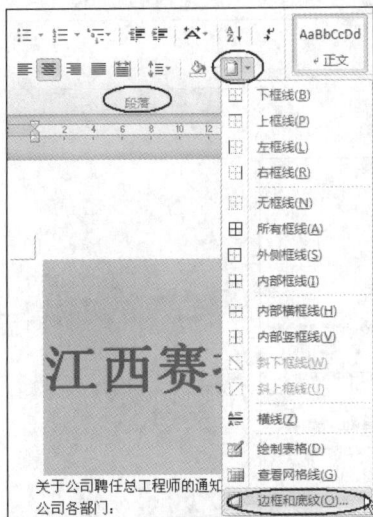

图 2-43　选择【边框和底纹】命令

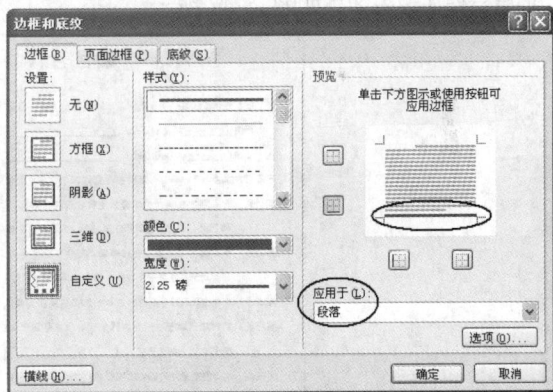

图 2-44　设置边框

## 四、设置其他文本格式

（1）选择副标题文本"关于公司聘任总工程师的通知"，利用【开始】选项卡设置为宋体、小二、加粗、居中对齐，段前段后距均为 2 行。

（2）选择标题之外的所有文本，利用【开始】选项卡设置为仿宋三号、两端对齐。打开"段落"对话框，设置缩进为"首行缩进""2 字符"。在"行距"下面选择"固定值"，在其右边输入"30 磅"（见图 2-45）。

（3）选择抬头"公司各部门："将其修改为黑体、小三、去掉首行缩进。

（4）选择落款"江西赛扬有限责任公司"和"二〇一九年五月二十日"，将其修改为右对齐、右缩进 2 字符。

（5）选择文本"主题词：公司发展　　总工程师　　聘任"，将字体加粗并去掉首行缩进。打开"边框和底纹"对话框，设置边框样式为单线，颜色为黑色，宽度为 1.0 磅，位置为底部，应用于为段落，如图 2-46 所示。

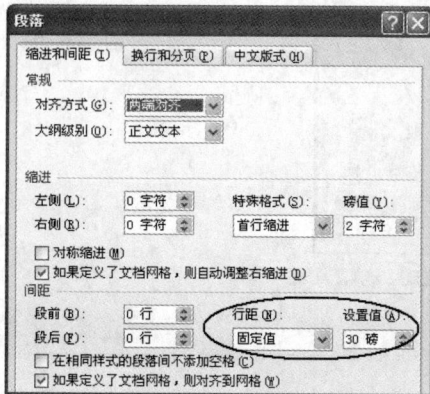

图 2-45　设置行距为"固定值""30 磅"

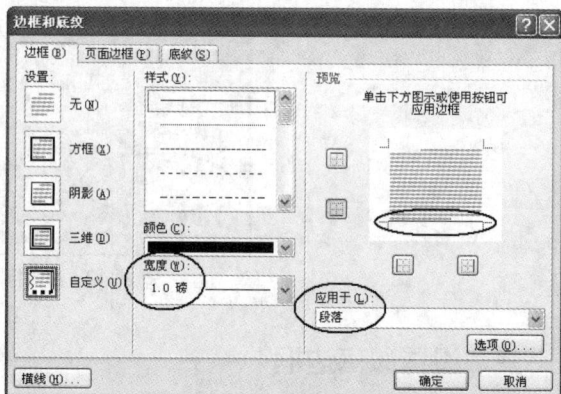

图 2-46　设置边框

（6）选择文本"抄送：公司全体股东"，去掉首行缩进，并设置与文本"主题词：公司发展　　总工程师　　聘任"同样的边框线。

（7）单击"快速访问工具栏"上的 🖫 按钮保存文档。

## 任务四　制作项目合作协议书

项目合作协议书效果如图 2-47 所示。

图 2-47　项目合作协议书

## 一、字体设置

（1）打开文件"教学资源\项目二　Word 文档基本排版\项目合作协议（原稿）.docx"，将文件另存为"项目合作协议.docx"。

（2）选中标题文本"项目合作协议书"，鼠标指针的右上方会出现一个浮动工具栏，利用浮动工具栏上的按钮将其设置为宋体、二号、居中对齐（见图2-48）。

图 2-48　利用浮动工具栏设置字体格式

（3）设置第 2 段文本（标题下一行）为居中对齐。

在第 2 段的后面按【Enter】键，产生一个空段，该段落会继承前一段的所有格式，如"居中对齐"（见图2-49）。

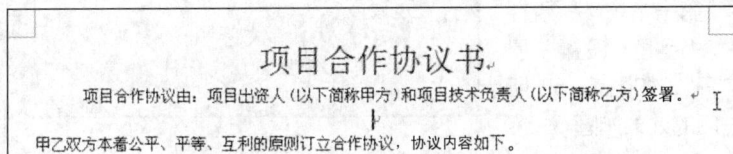

图 2-49　新段落会继承前一段落"居中对齐"的格式

（4）在这个新的段落中，先输入文本"甲方："，按若干次空格键后再输入文本"，身份证号："，再按若干次空格键后再输入文本"，电话："，最后再按若干次空格键。结果如图 2-50 所示，其中的••••••••••为空格符的标记。

图 2-50　新段落效果图

（5）选择这些空格标记，单击 **U** 按钮添加下划线，结果如图 2-51 所示。

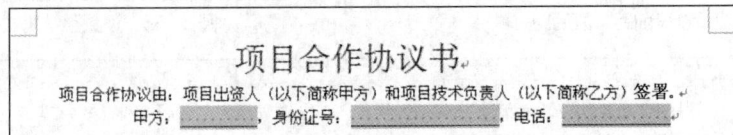

图 2-51　给空格添加下划线

（6）选择该段落，单击▤按钮将其设置为两端对齐。打开"段落"对话框，设置其首行缩进 2 个字符。

（7）选择该段落，单击【剪贴板】组的▤按钮完成"复制"操作。把插入点定位到该段的最后面，按【Enter】键，产生一个新段落。再单击【剪贴板】组的▤按钮完成粘贴，结果如图 2-52 所示。

（8）选择文档第 4 行的第一个字"甲"，利用键盘输入"乙"字。

（9）单击下面的空段，按【Delete】键删除该空段。

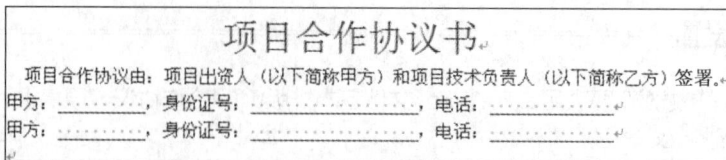

图2-52　粘贴后的效果

## 二、段落设置

（1）选择整篇文档，单击【段落】的 ↕≡▾ 按钮，将原来的 1.0 倍行距改成 1.5 倍行距，如图 2-53 所示。

（2）选中标题文本"项目合作协议书"，打开"段落"对话框，设置段前距、段后距都为 1 行，如图 2-54 所示。

（3）选择文本"第一条……"所在段，打开"段落"对话框，设置"悬挂缩进"为"4 字符"，如图 2-55 所示。设置悬挂缩进后的效果如图 2-56 所示。

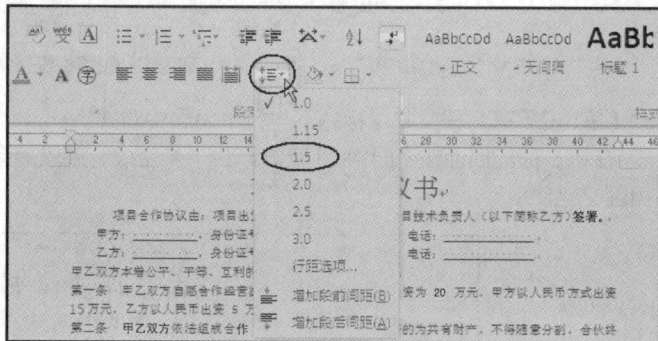

图2-53　利用 ↕≡▾ 按钮设置行距

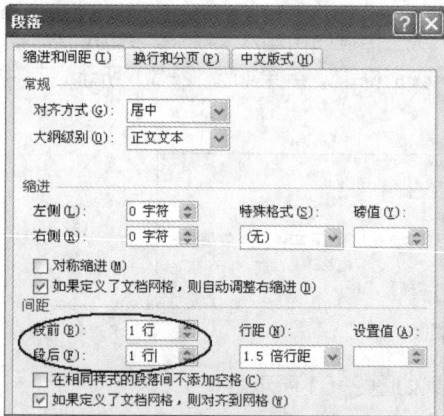

图2-54　设置段前距、段后距

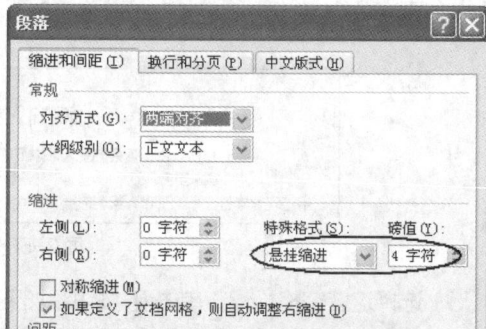

图2-55　设置悬挂缩进

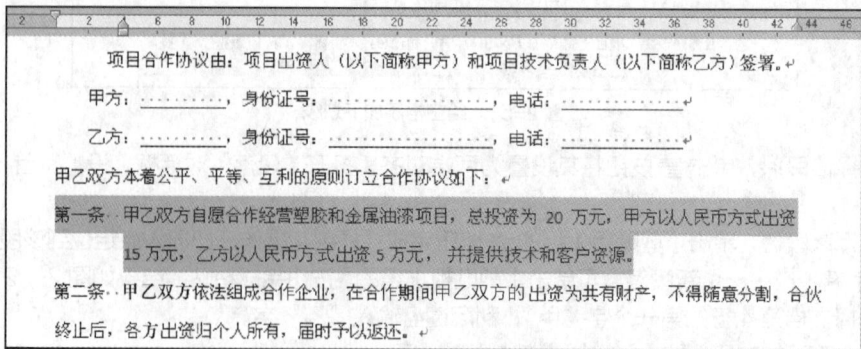

图2-56　设置悬挂缩进后的效果

## 三、格式刷

选择前面段落"第一条……",单击【剪贴板】组的 📋 格式刷 按钮,获得该段的格式,鼠标指针变成 📇 。用鼠标从"第二条……"刷到"第十条……",使这些段落均获得与前面段落一样的格式(即悬挂缩进 4 个字符),如图 2-57 所示。刷完后鼠标指针恢复正常形状。

第一条　甲乙双方自愿合作经营塑胶和金属油漆项目,总投资为 20 万元,甲方以人民币方式出资 15 万元,乙方以人民币方式出资 5 万元,并提供技术和客户资源。

第二条　甲乙双方依法组成合作企业,在合作期间甲乙双方的出资为共有财产,不得随意分割,合作终止后,各方出资归个人所有,届时予以返还。

第三条　本合作企业经营期限为三年。如果需要延长期限,需在期满前六个月办理有关手续。

第四条　双方共同经营,双方共同执行合作事务所产生的收益归双方所有,所产生的亏损或者民事责任由双方共同承担。

第五条　企业固定资产和盈余按照取得的销售净利润分配。分配比例为:甲方 50%,乙方 50%。

第六条　企业债务按照甲方 60%、乙方 40%的比例负担。任何一方对外偿还债务后,另一方应当按比例在一日内向对方清偿直接负担的债务部分。

第七条　本协议未尽事宜,双方可以补充规定,补充协议与本协议具有同等效力。

第八条　本协议一式两份,双方各一份。本协议自双方签字(或盖章)之日起生效。

第九条　本协议有效期暂定三年,自双方代表(乙方为本人)签字之日起计算,即从　　年　　月　　日至　　年　　月　　日止。

第十条　出现以下情况,可以解除协议:

图 2-57　使用格式刷后的文本效果

## 四、项目符号

选择"第十条"下面的 4 行文本,单击【段落】组的按钮 ☰ ▾,添加项目符号"◆",如图 2-58 所示。再单击【段落】组的按钮 ⊯,增加左缩进量,使其看起来层次更分明,如图 2-59 所示。

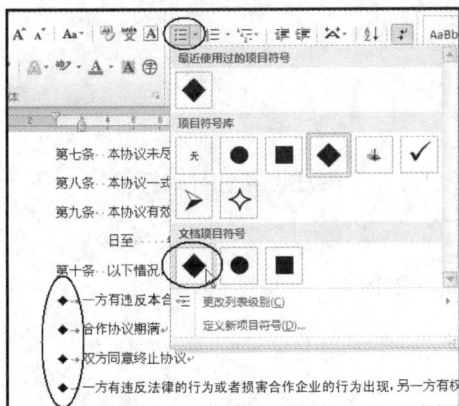

图 2-58　设置项目编号

第十条　出现以下情况,可以解除协议:

◆→一方有违反本合作协议的情形,另一方有权解除合作协议。
◆→合作协议期满。
◆→双方同意终止协议。
◆→一方有违反法律的行为或者损害合作企业的行为出现,另一方有权解除合作协议。

图 2-59　增加了左缩进后的效果

## 五、应用制表符

(1)将光标定位在倒数第 4 段文本的"乙方"前,标尺左侧显示 L 图标时,在水平标尺数字 22 处单击,产生一个左对齐制表符,如图 2-60 所示。

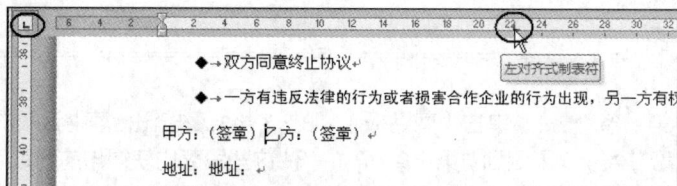

图 2-60　添加左对齐制表符

（2）然后按键盘上的【Tab】键，文本"乙方：（签章）"就会自动跳到制表符 22 处，如图 2-61 所示。

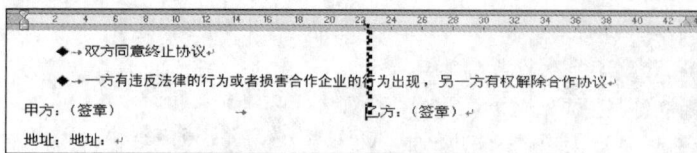

图 2-61　左对齐制表符的效果

（3）利用"格式刷"功能将该段落的格式复制给下一段"地址：地址："，然后将光标定位在两个"地址："中间，再按一下【Tab】键，结果如图 2-62 所示。

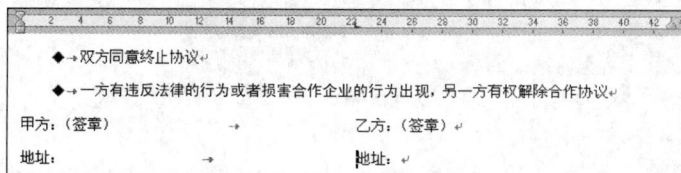

图 2-62　左对齐制表符的效果

## 六、文本的修改

（1）将"第一条"中的总投资数据由"20 万元"改成"50 万元"，甲方出资"15 万元"改成"45 万元"，乙方出资"5 万元"改成"10 万元"。

（2）删除"第九条"所有内容。

（3）将"第十条"改成"第九条"。

## 七、打印文档

单击【文件】|【打印】命令，设置打印份数为 2（见图 2-63），再单击 按钮开始打印。

图 2-63　打印设置

## 任务五　编辑小手册《劳动合同》

编辑一本小手册《劳动合同》，内容如图 2-64 所示。

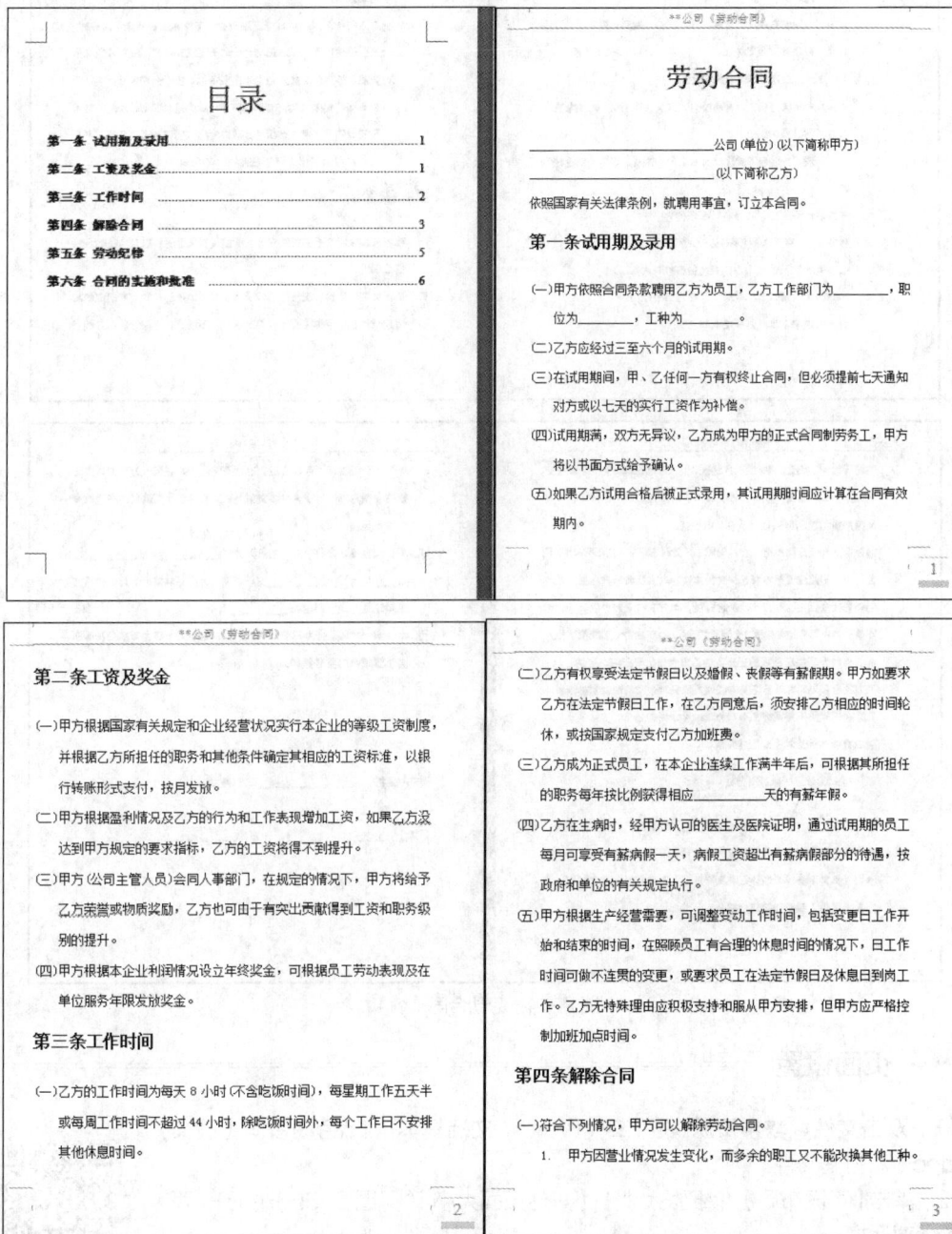

### 目录

---

**公司《劳动合同》

## 劳动合同

_____公司(单位)(以下简称甲方)

_____(以下简称乙方)

依照国家有关法律条例，就聘用事宜，订立本合同。

**第一条试用期及录用**

(一)甲方依照合同条款聘用乙方为员工，乙方工作部门为_____，职位为_____，工种为_____。

(二)乙方应经过三至六个月的试用期。

(三)在试用期间，甲、乙任何一方有权终止合同，但必须提前七天通知对方或以七天的实行工资作为补偿。

(四)试用期满，双方无异议，乙方成为甲方的正式合同制劳务工，甲方将以书面方式给予确认。

(五)如果乙方试用合格后被正式录用，其试用期期间应计算在合同有效期内。

1

---

**公司《劳动合同》

**第二条工资及奖金**

(一)甲方根据国家有关规定和企业经营状况实行本企业的等级工资制度，并根据乙方所担任的职务和其他条件确定其相应的工资标准，以银行转账形式支付，按月发放。

(二)甲方根据盈利情况及乙方的行为和工作表现增加工资，如果乙方没达到甲方规定的要求指标，乙方的工资将得不到提升。

(三)甲方(公司主管人员)会同人事部门，在规定的情况下，甲方将给予乙方荣誉或物质奖励，乙方也可由于有突出贡献得到工资和职务级别的提升。

(四)甲方根据本企业利润情况设立年终奖金，可根据员工劳动表现及在单位服务年限发放奖金。

**第三条工作时间**

(一)乙方的工作时间为每天 8 小时(不含吃饭时间)，每星期工作五天半或每周工作时间不超过 44 小时，除吃饭时间外，每个工作日不安排其他休息时间。

2

---

**公司《劳动合同》

(二)乙方有权享受法定节假日以及婚假、丧假等有薪假期。甲方如要求乙方在法定节假日工作，在乙方同意后，须安排乙方相应的时间轮休，或按国家规定支付乙方加班费。

(三)乙方成为正式员工，在本企业连续工作满半年后，可根据其所担任的职务每年按比例获得相应_____天的有薪年假。

(四)乙方在生病时，经甲方认可的医生及医院证明，通过试用期的员工每月可享受有薪病假一天，病假工资超出有薪病假部分的待遇，按政府和单位的有关规定执行。

(五)甲方根据生产经营需要，可调整变动工作时间，包括变更日工作开始和结束的时间，在照顾员工有合理的休息时间的情况下，日工作时间可做不连贯的变更，或要求员工在法定节假日及休息日到岗工作。乙方无特殊理由应积极支持和服从甲方安排，但甲方应严格控制加班加点时间。

**第四条解除合同**

(一)符合下列情况，甲方可以解除劳动合同。

1. 甲方因营业情况发生变化，而多余的职工又不能改换其他工种。

3

图 2-64　劳动合同

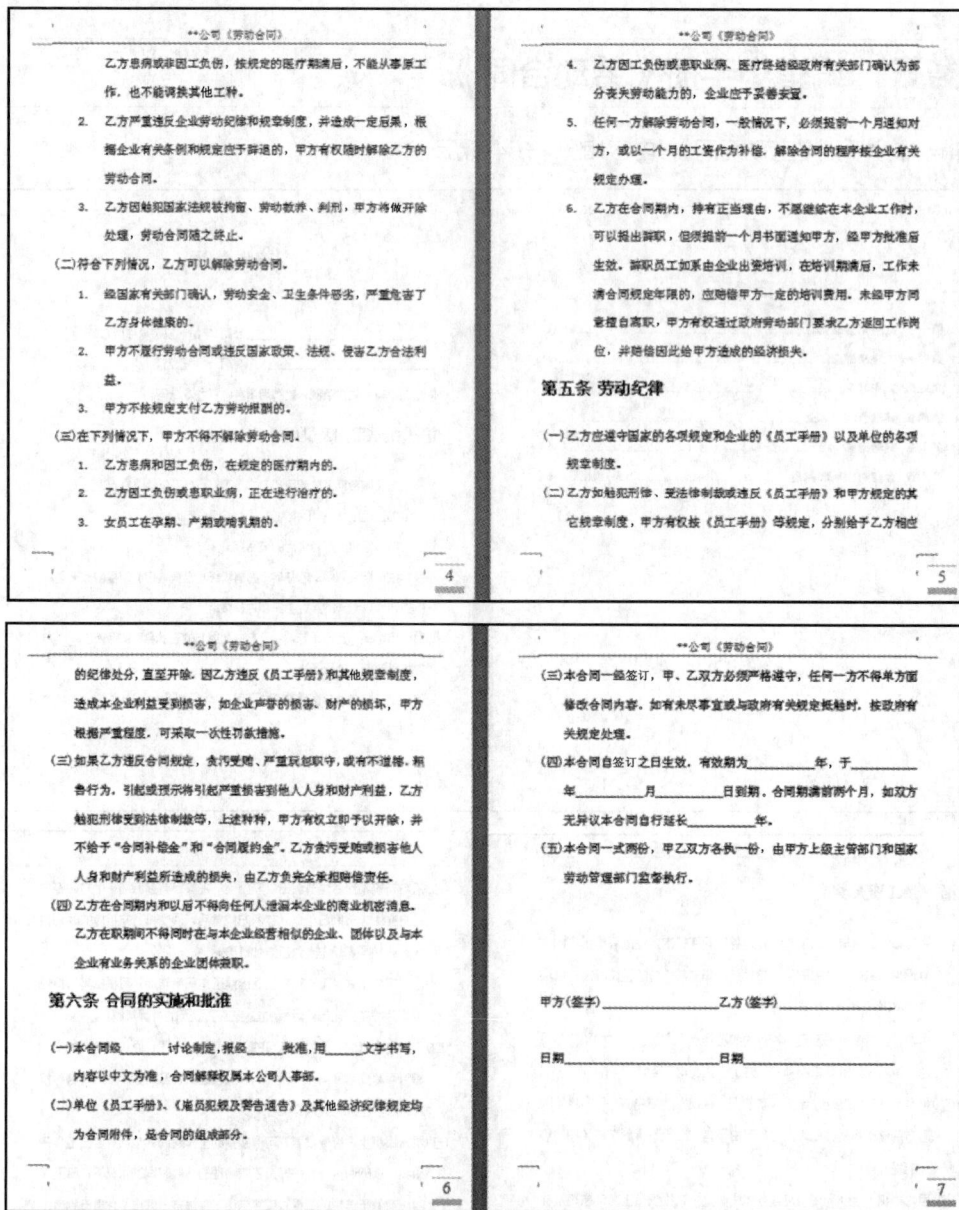

图 2-64　劳动合同（续）

## 一、页面设置

（1）双击文件"教学资源\项目二　Word　文档基本排版\劳动合同（纯文本）.docx"，打开文件。

（2）单击【页面布局】|【纸张大小】|【其他页面大小】（见图 2-65），打开"页面设置"对话框。

（3）在【纸张】选项卡，输入纸张大小为宽 14 厘米，高 18 厘米（见图 2-66）。

（4）单击【页边距】选项卡，设置页边距为上、下、左、右各 1.5 厘米（见图 2-67）。

页面设置

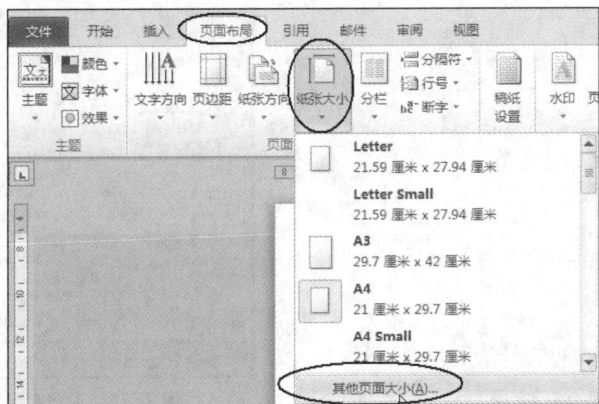

图 2-65 选择"其他页面大小"

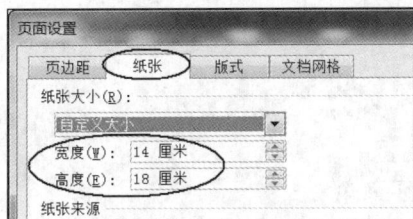

图 2-66 自定义纸张大小

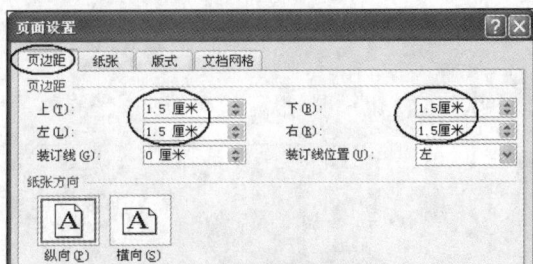

图 2-67 自定义页边距

## 二、字体、段落排版

（1）选择全部文本，设置字号为 10 磅。打开"段落"对话框，在"行距"下面选择【固定值】，在其右边输入"24 磅"（见图 2-68）。

（2）选择标题"劳动合同"，利用"浮动工具栏"设置其字体格式为宋体、二号、加粗、居中对齐（见图 2-69）。打开"段落"对话框，在"行距"下面选择【多倍行距】，在其右边输入倍数"5"（见图 2-70）。

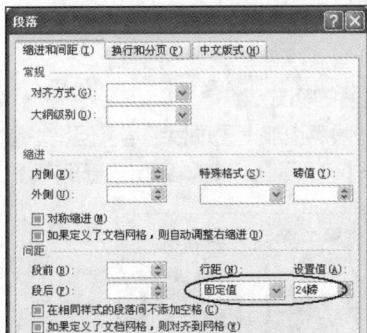

图 2-68 设置固定行距 24 磅

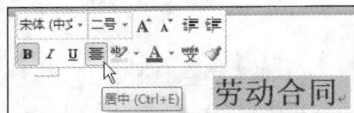

图 2-69 设置字体、字号、对齐方式

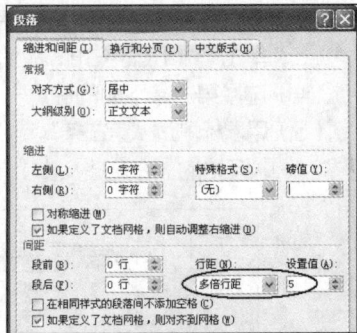

图 2-70 设置 5 倍行距

（3）选择段落"第一条 试用期及录用"，利用"浮动工具栏"设置其字体格式为宋体、13 磅、加粗（见图 2-71）。利用"段落"对话框设置其为 1 级大纲、3 倍行距（见图 2-72）。

（4）选择"第一条"到"第二条"中间所有段落，单击【开始】|【项目编号】，选择编号：（一）、（二）、（三）……（见图 2-73）。

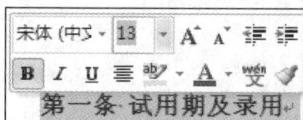

图 2-71 设置字体、字号

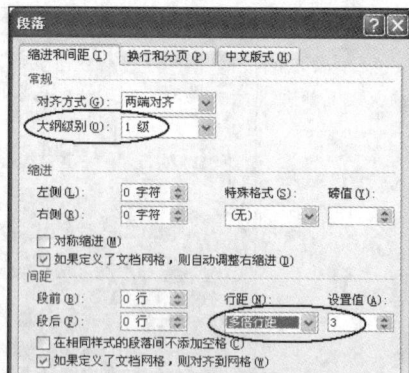

图 2-72 设置大纲级别、行距

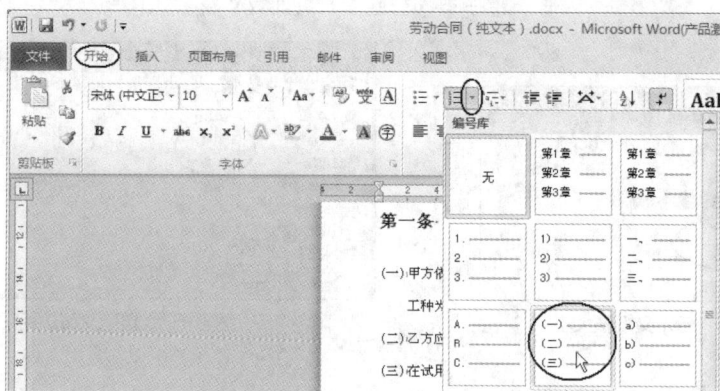

图 2-73 设置项目编号

## 三、应用格式刷

（1）选择段落"第一条 试用期及录用"，双击【剪贴板】组的按钮 格式刷，鼠标指针变成 ，此时获得该段落的格式。

（2）用鼠标刷过段落"第二条 工资及奖金""第三条 工作时间""第四条 解除合同""第五条 劳动纪律""第六条 合同的实施和批准"，那么这些段落都会获得和"第一条 试用期及录用"一样的格式效果。

（3）单击 格式刷按钮，取消"格式刷"功能。

（4）选择第一条下面的任意一段，双击 格式刷按钮，获得该段落的格式。

（5）用鼠标刷过"第二条"到"第三条"中间的文本段落，结果这些段落也加上了项目编号，但是，是从"（六）"开始的。在这些文本上单击鼠标右键，选择【重新开始于一】（见图 2-74），即可重新编号。

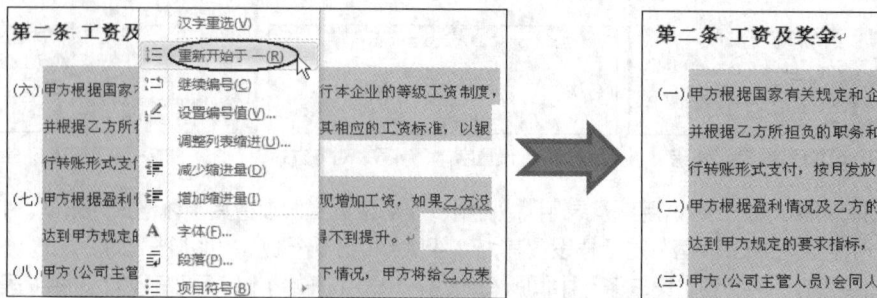

图 2-74 重新开始项目编号

（6）依此方法，给其他条款细则加上项目编号。其中，"第四条 解除合同"里面的第 2 段到第 4 段，要使用阿拉伯数字（1.2.3.…）进行编号（见图 2-75）。

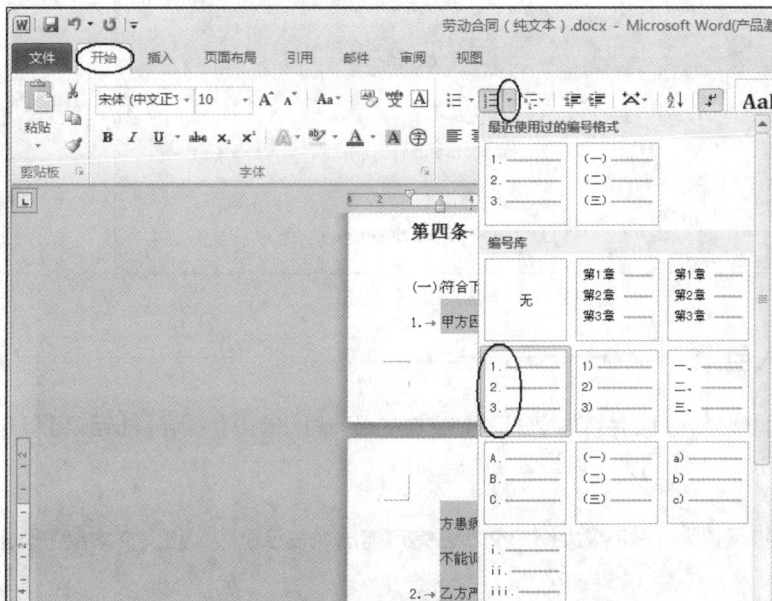

图 2-75 设置项目编号

（7）编好号后，单击 ≡ 按钮增加缩进量，使其看起来层次分明，效果如图 2-76 所示。

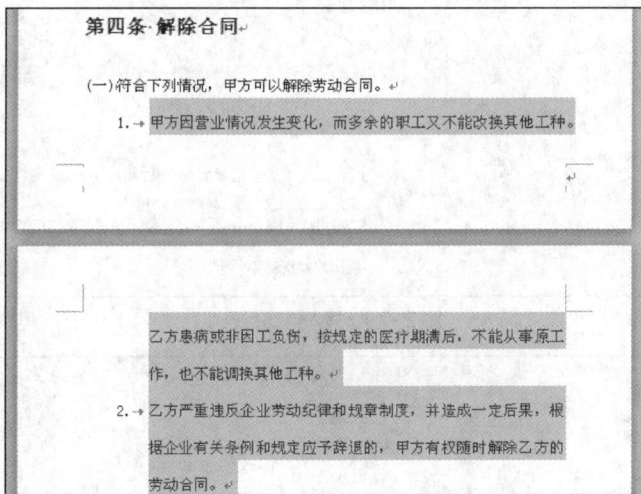

图 2-76 层次分明的项目编号

## 四、导航窗格

（1）单击【视图】选项卡，勾选【显示】组的【导航窗格】选项（见图 2-77），打开导航窗格。

（2）导航窗格中只显示被设置为 1~9 级大纲的文本，不显示正文文本。单击"导航窗格"中的标题，就可以快速定位到相应的位置，如图 2-78 所示。

导航窗格

图 2-77 勾选导航窗格

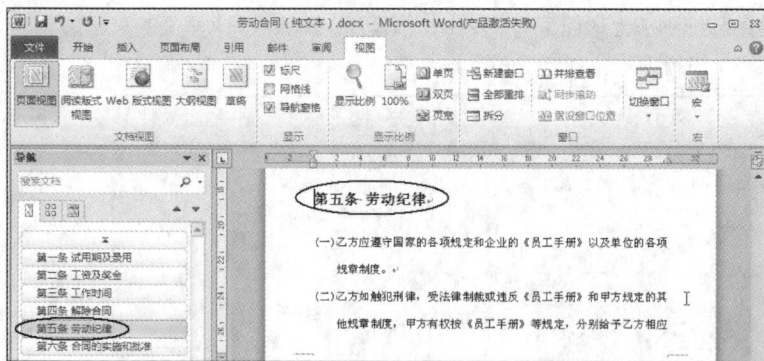

图 2-78　导航效果

插入目录

## 五、插入目录

（1）按【Ctrl+Home】组合键，光标移到文档的最前面，单击【引用】|【目录】|【自动目录1】（见图2-79），自动插入一个目录（见图2-80）。

> **注意**　只有被设置为1~9级大纲的文本才有可能出现在目录中，正文文本是不会出现在目录中的。

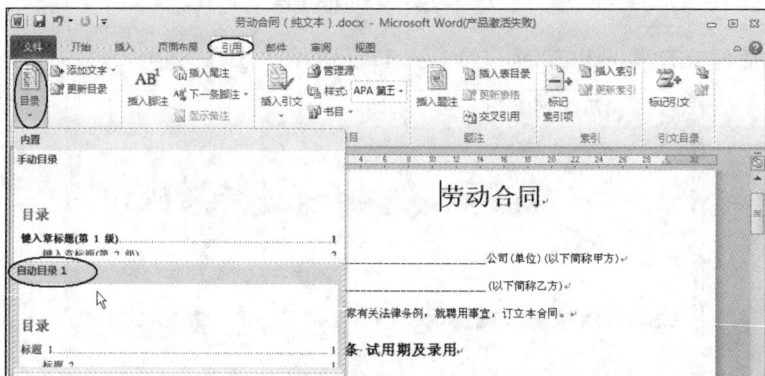

图2-79　插入自动目录1

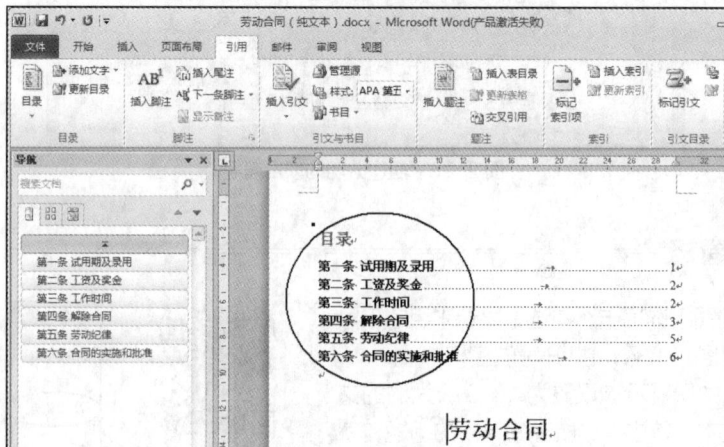

图2-80　自动生成的目录

（2）将光标定位于标题"劳动合同"前面，单击【插入】|【分页】（见图 2-81），将目录和正文分成两页。

（3）将目录的标题"目录"设置为一号、居中对齐，将下面的"第一条"到"第六条"设置为"1.5 倍行距"，结果如图 2-82 所示。

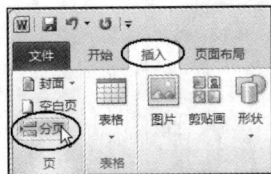

图 2-81　分页

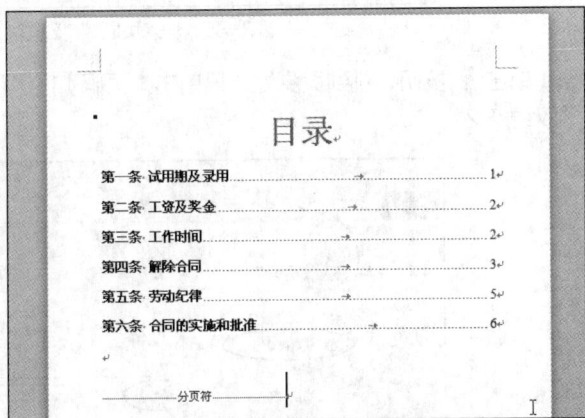

图 2-82　最终的目录效果

## 六、插入页眉、页脚

（1）单击【插入】|【页眉】|【空白】（见图 2-83），进入"页眉页脚设计"视图。

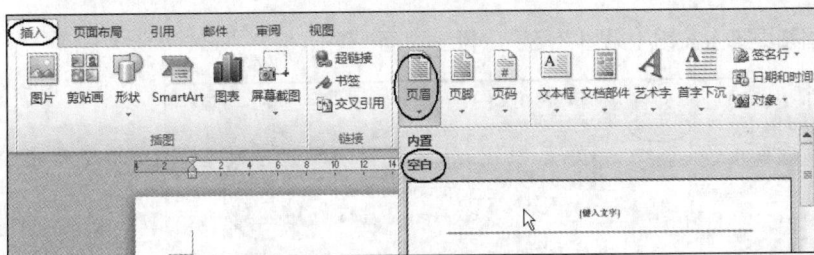

图 2-83　插入"空白"页眉

（2）勾选【首页不同】选项，设置"页眉顶端距离：1 厘米"，"页脚底端距离：1 厘米"，如图 2-84 所示。

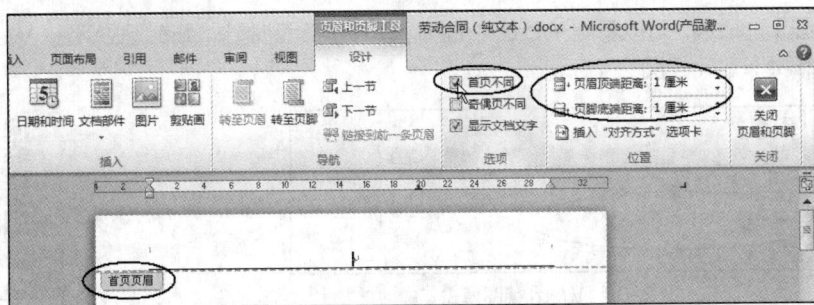

图 2-84　页眉、页脚设置

（3）因为首页不要页眉，所以单击 下一节 按钮，跳到正文页眉处。在页眉处输入文本"**公司《劳动合同》"（见图 2-85）。

图2-85　输入页眉"**公司《劳动合同》"

（4）单击 按钮，跳到页脚处，再单击【页码】|【页面底端】|【双线条2】（见图2-86），插入页码"双线条2"。

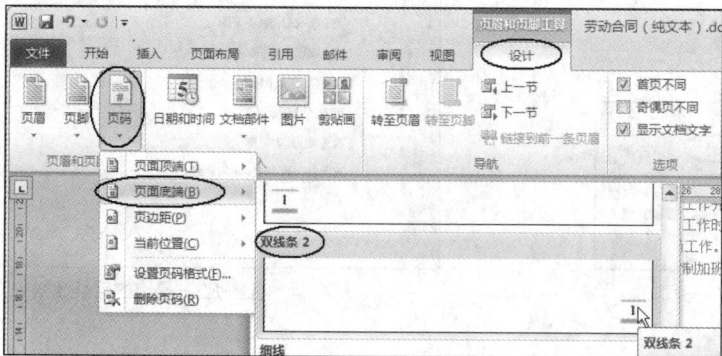

图2-86　插入页码"双线条2"

（5）单击图2-86所示窗口中的【设置页码格式】命令，打开"页码格式"对话框，设置起始页码为0。

（6）单击【关闭页眉和页脚】按钮（见图2-87），回到页面视图。

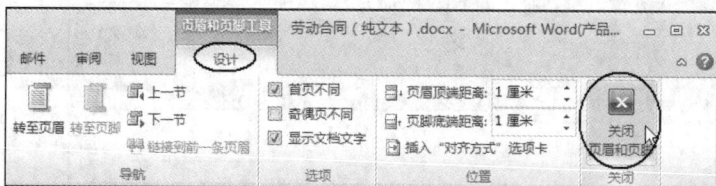

图2-87　关闭页眉和页脚

## 七、Word 视图模式

单击【视图】选项卡，可以看到 Word 中的视图模式有页面视图、阅读版式视图、Web 版式视图、大纲视图、草稿共5种（见图2-88）。

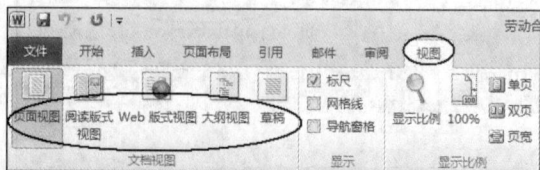

图2-88　Word 视图模式

Word 视图模式

### 1. 页面视图

页面视图是最常用的视图，可以显示与实际打印效果完全相同的效果，能够充分体现 Word"所见即所得"的特点，如图 2-89 所示。

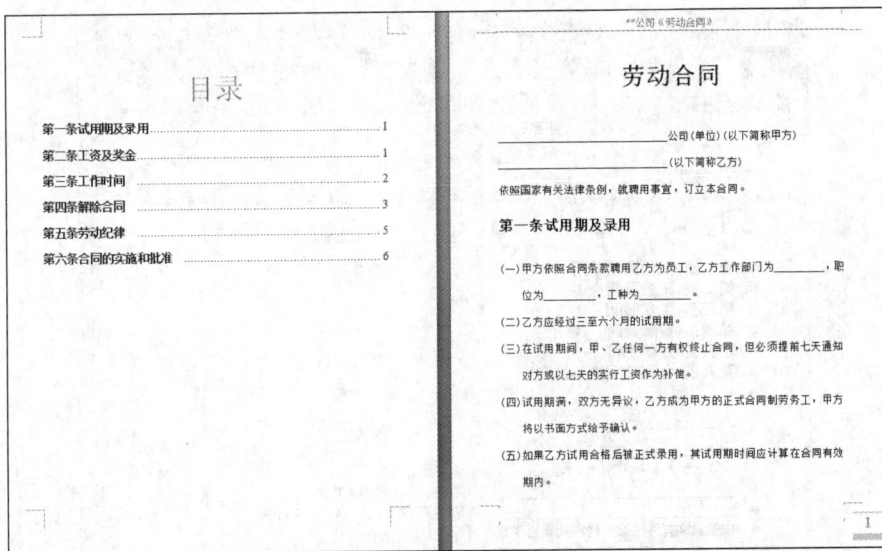

图 2-89　页面视图

## 2. 阅读版式视图

文档内容像一本书一样呈现在用户面前，便于阅读。阅读时可以根据自己的意愿增大或减小字号，如图 2-90 所示。

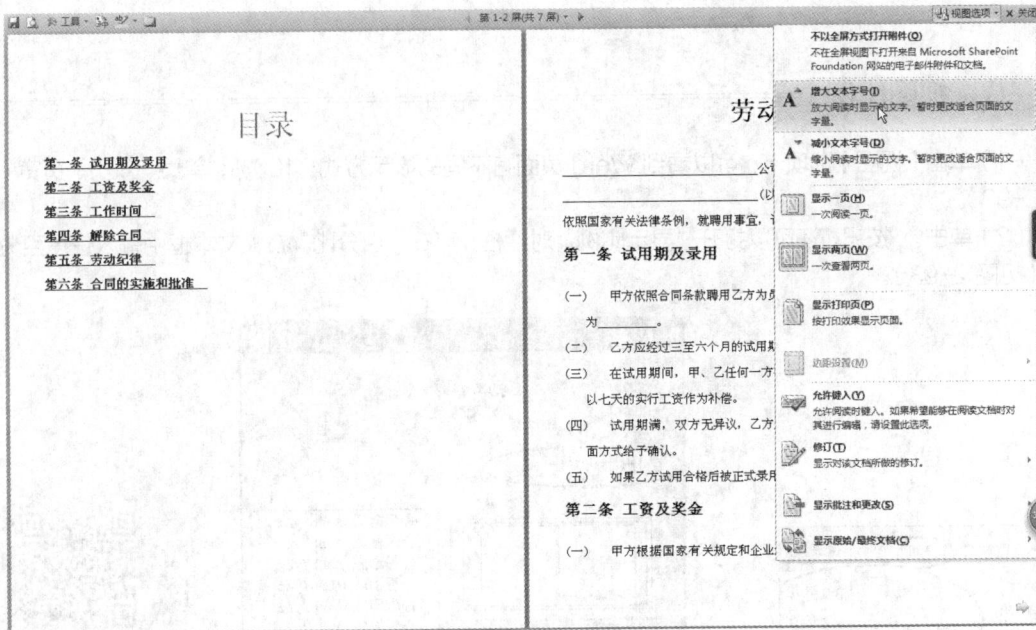

图 2-90　阅读版式视图

## 3. 大纲视图

大纲视图用于查看和修改文档的结构，可以通过折叠文档来查看主要标题，或者展开文档查看所有标题及正文内容，但在大纲视图中不显示页边距、页眉和页脚、图片和背景等，如图2-91所示。

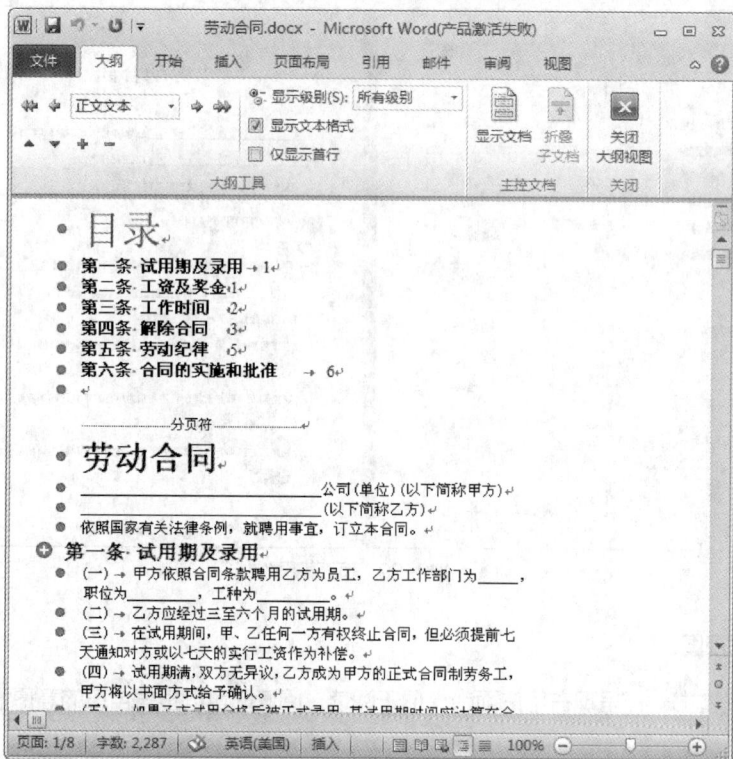

图2-91　大纲视图

## 八、视图比例

（1）单击【视图】选项卡，可以看到Word页面有不同的显示方式：100%，单页、双页、页宽（见图2-92）。

（2）单击 按钮，还可以打开"显示比例"对话框，可在"百分比"右侧文本框中输入任意百分比值（见图2-93）。

图2-92　显示方式

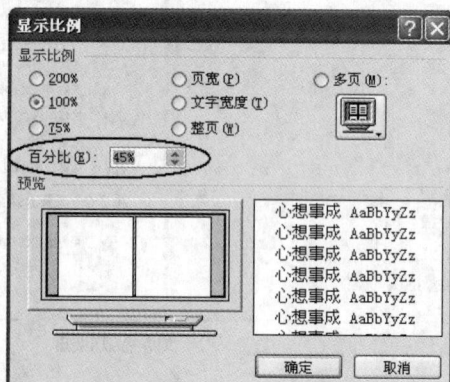

图2-93　输入显示比例

（3）单击状态栏上的相关按钮也可以修改视图模式和显示比例，如图2-94所示。

页面视图　　大纲视图　　普通视图　　　　放大比例

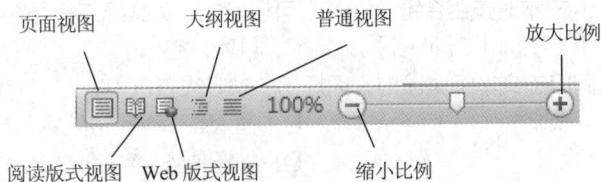

阅读版式视图　Web 版式视图　　缩小比例

图 2-94　视图按钮和视图比例

## 九、打印设置

单击【文件】|【打印】命令，设置打印份数为"100"，设置"手动双面打印""调整（1,2,3　1,2,3　1,2,3），如图 2-95 所示。

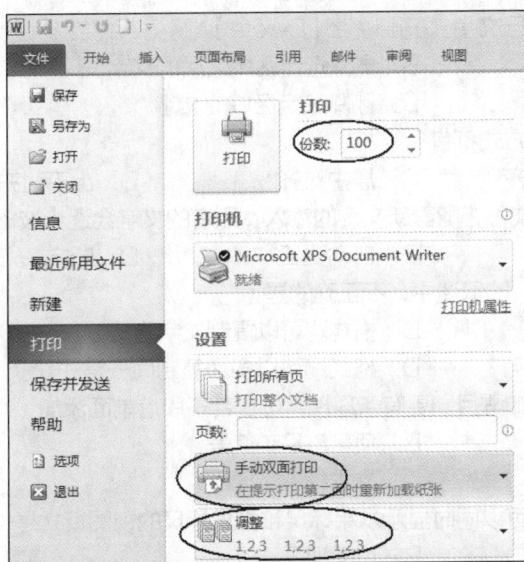

图 2-95　打印设置

## 课后练习

### 一、单选题

（1）Word 2010 默认的文件扩展名是（　　　）。

　A．doc　　　　　　　B．docx　　　　　　C．dotx　　　　　　D．docm

（2）在 Word 2010 的"字体"对话框中，不能设置的字符格式是（　　　）。

　A．更改字符颜色　　　　　　　　　B．更改字符大小

　C．给字符设置动画效果　　　　　　D．给字符添加下划线

（3）将 Word 2010 文档中部分文本内容复制到其他地方，首先进行的操作是（　　　）。

　A．粘贴　　　　　　B．复制　　　　　　C．剪切　　　　　D．选择文本

（4）默认情况下，输入文本时按组合键（　　　）可切换中、英文输入法。

　A．【Ctrl+空格】　B．【Ctrl+Shift】　C．【Alt+空格】　　D．【Shift+空格】

（5）默认情况下，输入文本时按组合键（　　　）可切换中、英文标点符号。

    A.【Shift+空格】    B.【Shift+.】    C.【Ctrl+空格】    D.【Ctrl+.】

（6）在 Word 2010 窗口的文本编辑区内，闪烁的一条竖线表示（　　　）。

    A. 鼠标指针                  B. 插入点，可在该处输入字符

    C. 拼写错误                  D. 按钮位置

（7）在 Word 2010 中，执行【粘贴】命令后（　　　）。

    A. 被选择的内容移到插入点        B. 被选择的内容移到剪贴板

    C. 剪贴板中的内容移到插入点      D. 剪贴板中的内容复制到插入点

（8）在 Word 2010 中，以下预设的汉字字号中，最大的字号为（　　　）。

    A. 初号             B. 小初号          C. 五号          D. 八号

（9）在 Word 2010 中，按回车键【Enter】将产生一个（　　　）。

    A. 分页符          B. 分节符         C. 段落标记符      D. 换行符

（10）在 Word 2010 中，若选定某一行文字，按删除键【Delete】，将（　　　）。

    A. 删除选定区域之外的文字        B. 删除选定区域之后的文字

    C. 删除选定区域之前的文字        D. 删除选定区域的文字

（11）在 Word 2010 中，段落的对齐方式不包括（　　　）。

    A. 分散对齐      B. 两端对齐      C. 居中对齐      D. 上下对齐

（12）Word 2010 中，在（　　　）模式下，随着新文字的输入，原有的文字会逐步被覆盖。

    A. 插入         B. 改写         C. 自动更正       D. 断字

（13）下列关于 Word 2010 "格式刷"的叙述中，不正确的是（　　　）。

    A. 格式刷可以复制文字          B. 格式刷可以复制义字格式

    C. 格式刷可以设置段落格式        D. 格式刷可以多次复制同一格式

（14）在 Word 2010 中，为使内容更加醒目、更有条理性，可在若干段落前面添加（　　　）。

    A. 剪贴画                  B. 项目符号和编号

    C. 艺术字                  D. 文本框

（15）在 Word 2010 的编辑状态下，可以同时显示水平标尺和垂直标尺的视图模式是（　　　）。

    A. 阅读版式视图             B. 页面视图

    C. 大纲视图                 D. Web 版式视图

（16）在 Word 2010 的编辑状态下，如果要删除一个字符，不可以采用以下操作（　　　）。

    A. 将插入点定位到该字的后面，按退格键【Backspace】

    B. 将插入点定位到该字的前面，按删除键【Delete】

    C. 选择这个字后，单击功能区的【剪切】按钮

    D. 选择这个字后，单击功能区的【复制】按钮

（17）Word 2010 中，页面左边的空白区域叫作文本选择区，利用文本选择区可以快速选择文本。以下关于选择文本的描述中，错误的是（　　　）。

    A. 在文本选择区单击鼠标左键，可以选择鼠标对着的一行文字

    B. 在文本选择区双击鼠标左键，可以选择鼠标对着的一个段落

    C. 在文本选择区三连击鼠标左键，可以选择鼠标所在的一页

    D. 在文本选择区三连击鼠标左键，可以选择整篇文档

（18）在 Word 2010 中，下面关于段落缩进的描述，错误的是（　　　）。

    A. 首行缩进针对的是段落的第一行

    B. 悬挂缩进针对的是首行之外的其余行

    C. 左缩进、右缩进是针对整个段落的每一行的

D. 一个段落可以同时设置首行缩进、悬挂缩进、左缩进、右缩进

（19）在 Word 2010 中，要将文档的某一段落与其前后两个段落间设置指定的间距，常用的解决方法是（　　）。

  A. 用按回车键的办法进行分隔

  B. 通过改变字体的大小进行设置

  C. 打开"段落"对话框，设置段落的间距（段前距、段后距）

  D. 打开"字体"对话框，设置字符间距

（20）某用户在 Word 排版时，将段落中的字号由原来的"五号"改成"二号"后，发现每行文字只显示下半截，上半截好似被遮挡似的，发生这种情况可能是因为（　　）。

  A. 计算机显示器故障

  B. 文字所在段落的行距小于单倍行距，譬如是 0.5 倍行距

  C. 文字所在段落的行距为一个较小的固定值，譬如是固定值 12 磅

  D. 文字所在段落的行距为最小值

## 二、操作题

（1）录入、编辑图 2-96 所示的"请假条"。

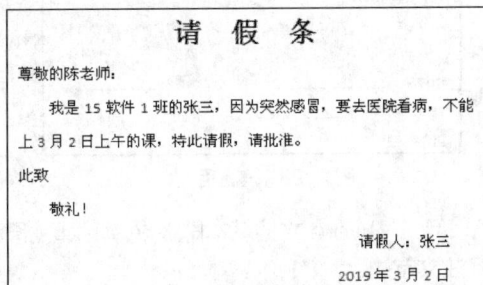

图 2-96　请假条

（2）根据素材"教学资源\项目二　Word 文档基本排版\证明（原稿）.docx"，制作图 2-97 所示的"证明书"，要求见标注文字。

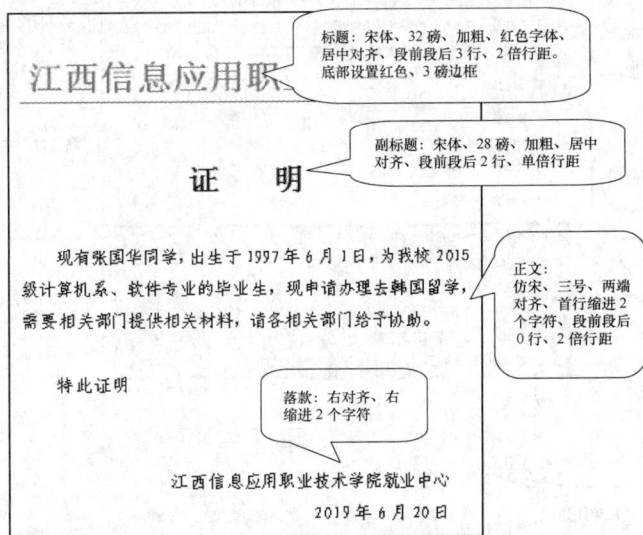

图 2-97　证明

（3）根据素材"教学资源\项目二　Word 文档基本排版\房屋租赁合同（原稿）.docx"，编辑图 2-98 所示的"房屋租赁合同"，要求见标注文字。

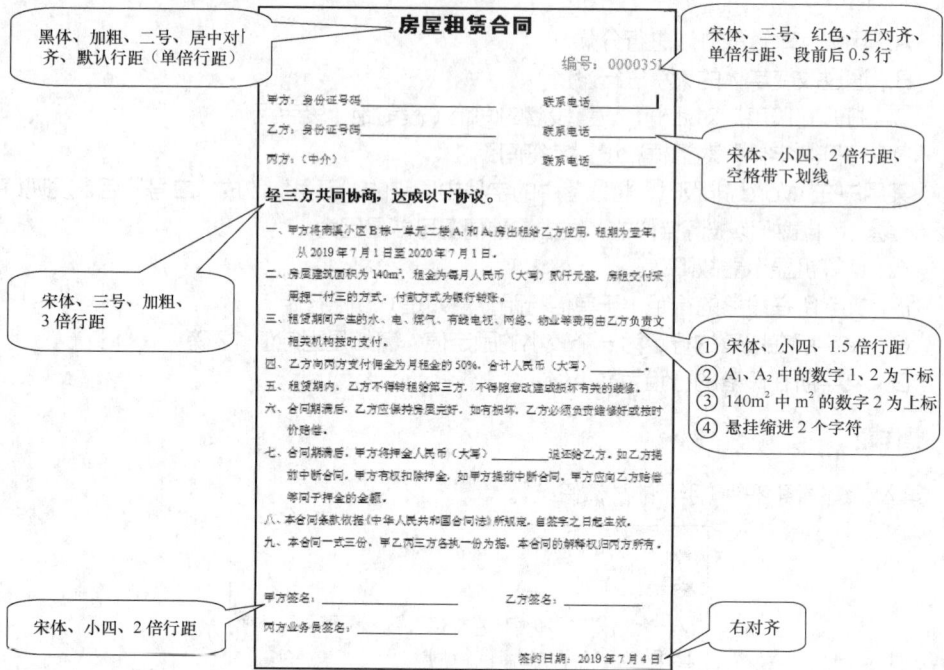

图 2-98　房屋租赁合同

（4）根据素材"教学资源\项目二　Word 文档基本排版\招聘启事（原稿）.docx"，编辑如图 2-99 所示的"招聘启事"，要求见标注文字。

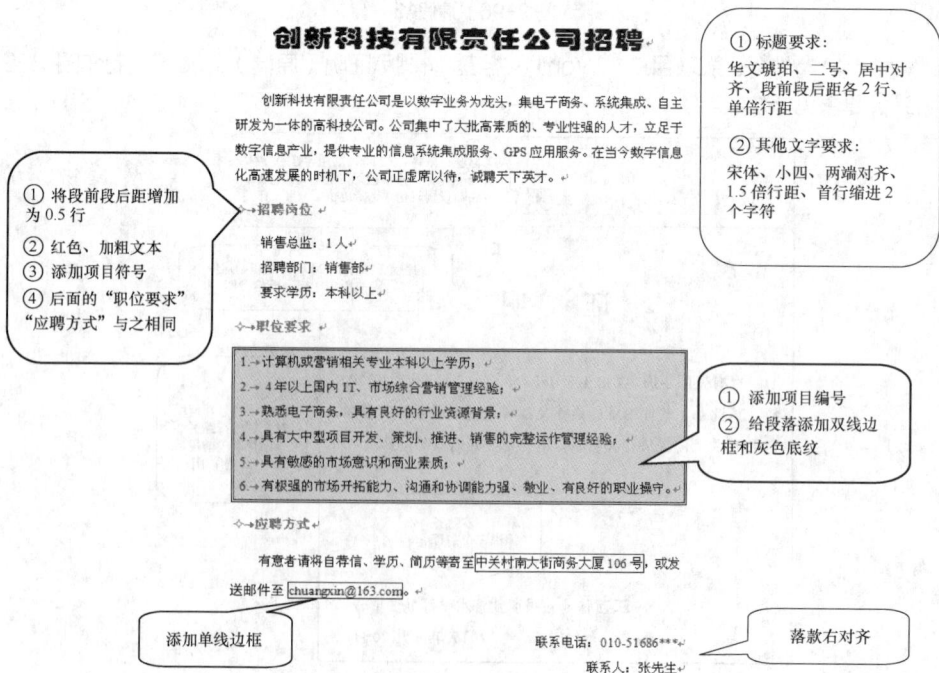

图 2-99　招聘启事

（5）根据素材"教学资源\项目二　Word 文档基本排版\小论文（原稿）.docx"，编辑如图 2-100
所示的"小论文"。

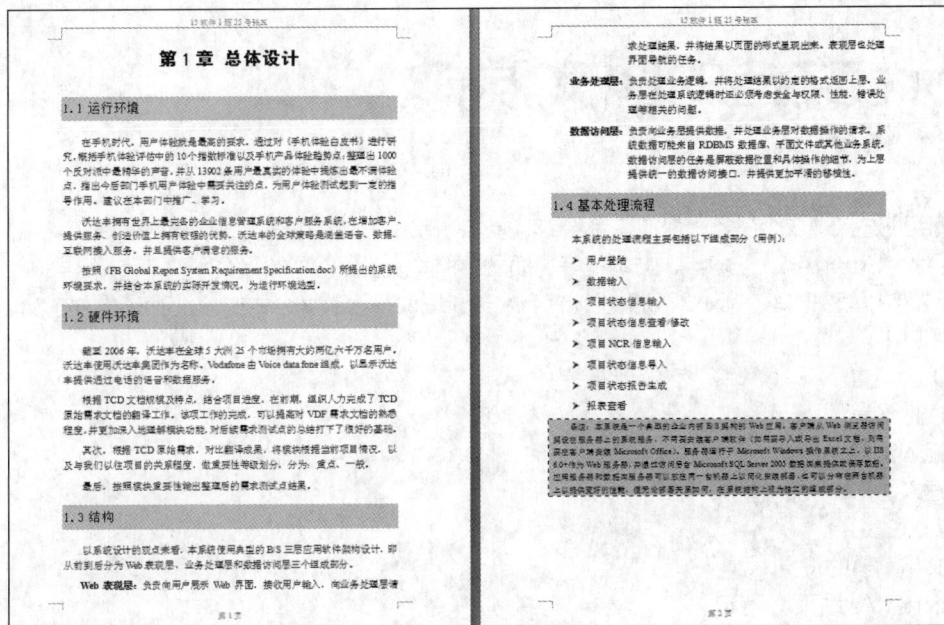

图 2-100　排版论文

要求

（1）章标题：

① 黑体、二号、加粗、居中对齐、无缩进、1 级大纲；

② 段前、段后距各 1.5 行、单倍行距。

（2）节标题：

① 宋体、三号、左对齐、无缩进、2 级大纲；

② 段前、段后距各 1 行、单倍行距；

③ 灰色底纹（应用于段落）。

（3）所有正文文本：

① 宋体、小四、两端对齐、首行缩进 2 个字符；

② 段前、段后距各 0.5 行，行距为固定值 18 磅；

③ 1.4 节的内容添加项目符号"➢"。

（4）1.3 节的内容：

① 左缩进 2 字符，悬挂缩进 6 字符；

② 冒号前面的文字加粗。

（5）备注文字：

① 宋体、五号；

② 首行缩进 2 字符，段前段后 0.5 行、单倍行距；

③ 四周虚线边框、灰色底纹。

（6）页眉、页脚：

① 页眉居中显示"班级、学号、姓名"；

② 页脚居中显示"第*页"。

# 项目三
## Word文档的图文混排

**03**

项目目标

本项目通过完成 3 个任务，帮助读者熟练掌握 Word 中图片、图形、剪贴画、形状、SmartArt、艺术字、文本框等的插入及相关设置操作，加强页面设置及文字排版操作，在版式规划上也能有所突进，同时掌握数学公式的输入及试卷的排版。

相关知识

※ 页面设置

※ 边框设置

※ 插入图片、艺术字、剪贴画

※ 插入图形、文本框

※ 对象的组合

※ 文字背景的设置

※ SmartArt 图形的使用

※ 首字下沉、分栏

※ 输入数学公式

## 任务一　制作生日贺卡

制作一张生日贺卡，内容如图 3-1 所示。

"生日贺卡"页面布局

图 3-1　"生日贺卡"文档效果

### 一、页面布局

（1）单击【开始】|【所有程序】|【Microsoft Office】|【Microsoft Word 2010】命令，启动 Word 2010。单击【文件】|【保存】命令，选择适当的保存位置，将文件保存为"生日贺卡.docx"。

（2）单击【页面布局】|【纸张大小】，选择 A5。单击【页边距】，选择"普通"。单击【纸张方向】，选择【横向】（见图 3-2）。

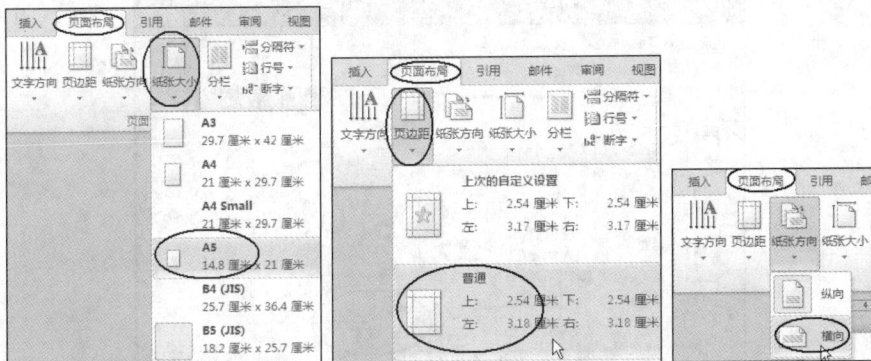

图 3-2　设置纸张大小、页边距、纸张方向

（3）单击【页面布局】|【页面颜色】|【填充效果】（见图 3-3）。

（4）在"填充效果"对话框中，单击【图片】选项卡，再单击下面的【选择图片】按钮，如图 3-4 所示。

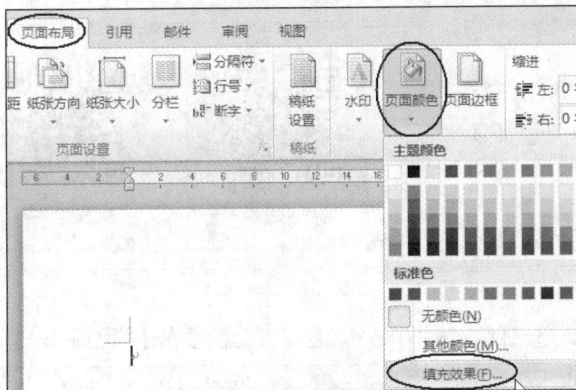

图 3-3　选择【填充效果】

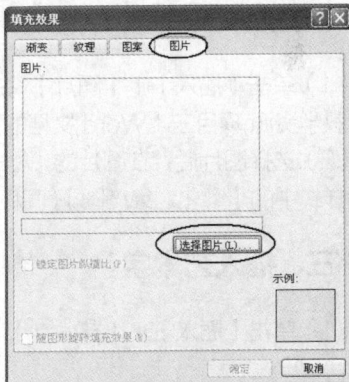

图 3-4　选择图片

（5）在"选择图片"对话框中，选择图片"教学资源\项目三　Word 文档的图文混排\生日贺卡背景.jpg"，如图 3-5 所示。

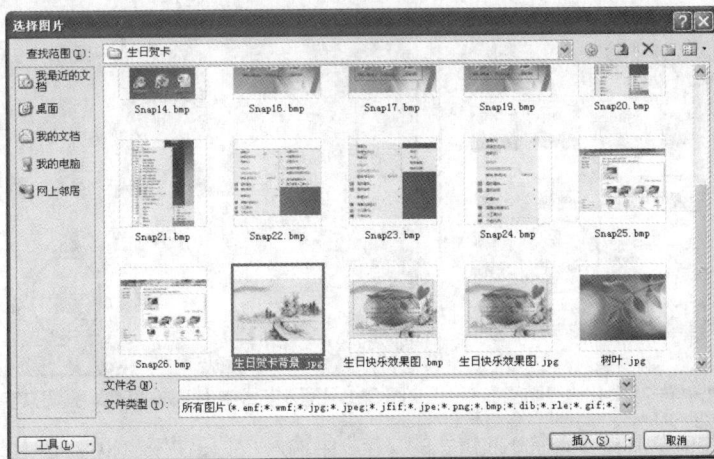

图 3-5　选择背景图片

（6）单击【页面布局】Ⅰ【页面边框】命令，在打开的"边框和底纹"对话框中，在左边选择【方框】，在样式中选择艺术型【🍢🍢🍢🍢🍢🍢】，应用于选择【整篇文档】，如图3-6所示。

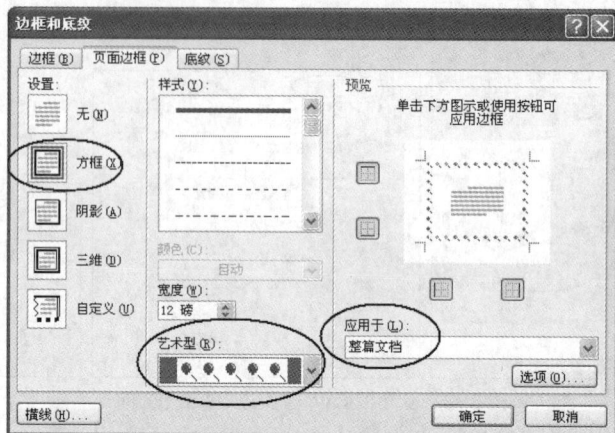

图3-6　插入艺术型边框

## 二、插入图片

（1）单击【插入】Ⅰ【图片】，在打开的对话框中选择图片"教学资源\项目三　Word文档的图文混排\树叶.jpg"。

（2）选择图片后，在图片的【格式】选项卡中，选择内置图片样式中的【柔化边缘椭圆】（见图3-7）。

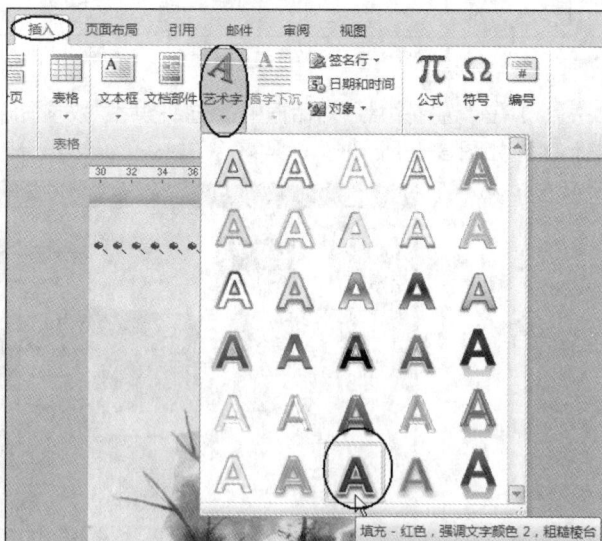

插入图片　　　　插入艺术字

## 三、插入艺术字

（1）单击【插入】Ⅰ【艺术字】，选择【填充-红色，强调文字颜色2，粗糙棱台】（见图3-8）。

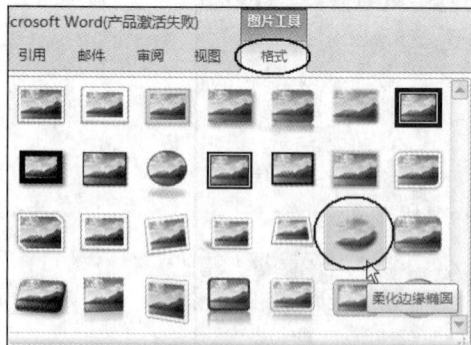

图3-7　选择内置样式【柔化边缘椭圆】　　　图3-8　插入艺术字【填充-红色，强调文字颜色2，粗糙棱台】

（2）在自动产生的文本框"请在此放置您的文字"中输入"生日快乐"（见图3-9），设置字体为"华文行楷"、字号为"小初"、加粗。

图 3-9 输入艺术字

（3）选择艺术字后，单击【格式】|【艺术字样式】|【文本效果】|【转换】命令，选择【下弯弧】，如图 3-10 所示。最后，调整艺术字到合适的位置。

图 3-10 设置艺术字效果

## 四、插入文本框

文本框其实是一种特殊的形状，利用文本框可以设计出较为特殊的文档版式。下面我们来介绍如何在"生日贺卡"文档中插入文本框与形状，具体操作如下。

（1）单击【插入】|【文本框】，选择内置的【简单文本框】（见图 3-11）。

（2）在自动产生的文本框中输入文本"夏学红同学，今天是你的生日，江西信息应用职业技术学院防雷 2 班同学，祝你生日快乐，健康幸福！"，并将文本设置为华文行楷、小二、红色，首行缩进 2 个字符。

（3）选择文本框，单击【格式】|【形状填充】，选择【无填充颜色】（见图 3-12）。

（4）选择文本框，单击【格式】|【形状轮廓】，选择【无轮廓】（见图 3-13）。

（5）调整文本框的位置和大小。

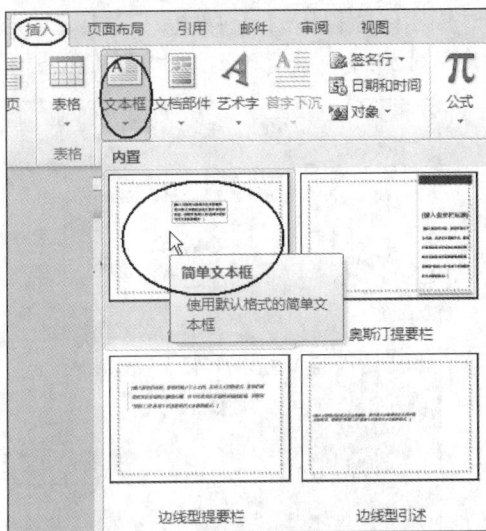

图 3-11 插入内置的简单文本框

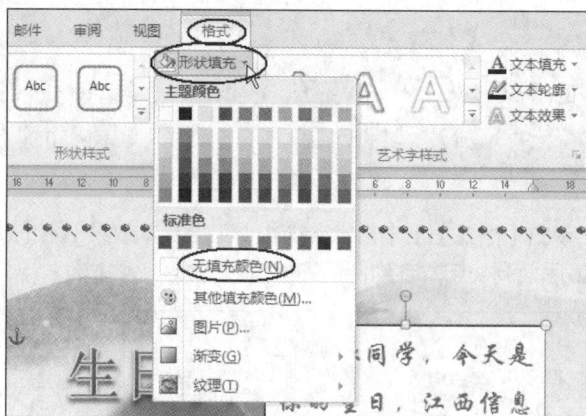

图 3-12　设置文本框无填充色

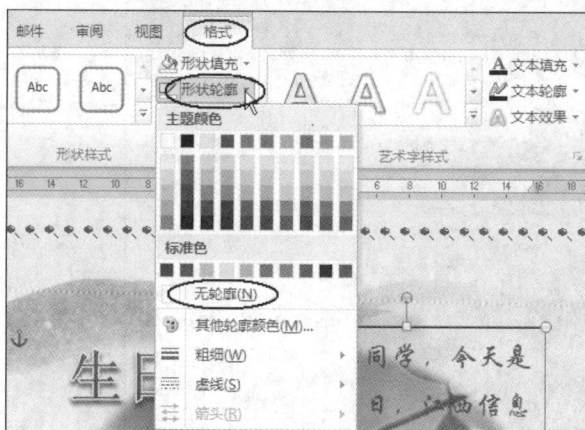

图 3-13　设置文本框无轮廓色

## 五、插入形状

（1）单击【插入】Ｉ【形状】，选择基本形状【心形】（见图 3-14）。在文档上拖曳鼠标指针"十"画出一个心形（见图 3-15）。

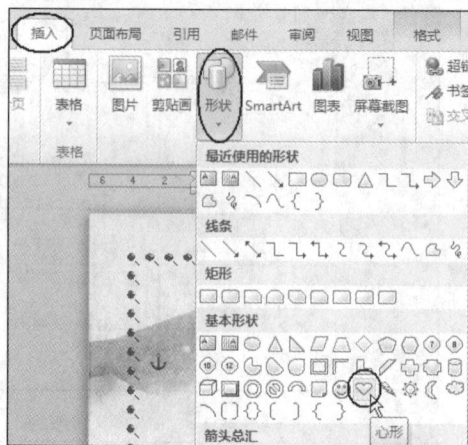

插入形状

图 3-14　选择"心形"

图 3-15　绘制"心形"

（2）在【格式】选项卡【大小】组，设置心形的大小为高4厘米，宽5厘米（见图3-16）。

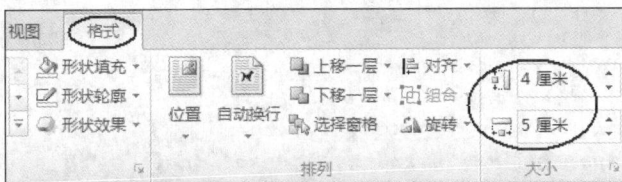

图3-16　设置形状大小

（3）选择心形，单击【格式】，选择快速形状样式：【强烈效果-红色，强调颜色 2】，如图 3-17 所示。

（4）选择心形，单击【格式】|【形状效果】|【预设】，选择【预设7】（见图3-18）。

图3-17　设置快速样式【强烈效果-红色，强调颜色2】

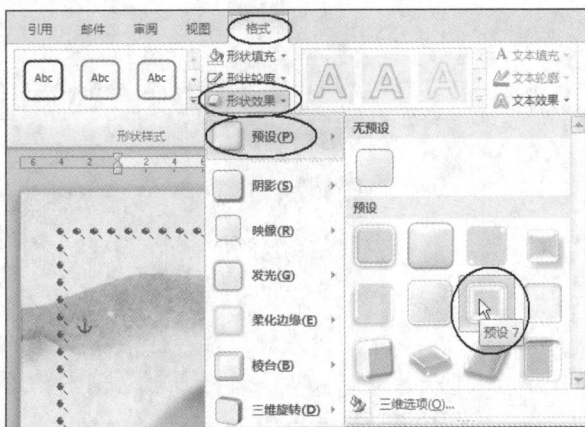

图3-18　设置快速效果【预设7】

（5）把鼠标指针移到心形上方的绿色小圆圈上，指针变成 ↻ ，此时按住鼠标左键并拖曳就可旋转图形，过程如图 3-19 所示。

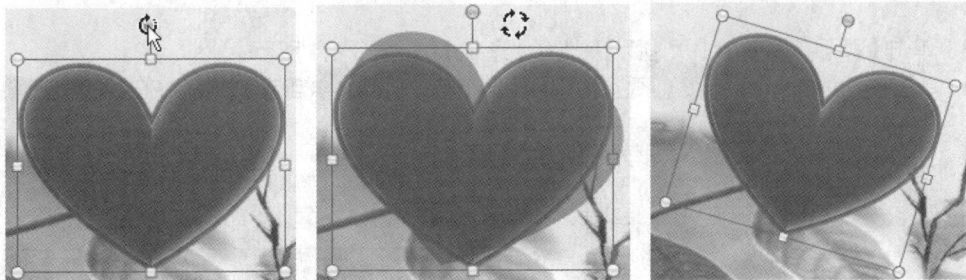

图3-19　旋转图形

## 任务二　制作食物链宣传单

制作一张食物链宣传单，内容如图3-20所示。

图 3-20　"食物链"宣传单

## 一、页面布局

（1）在 Word 窗口单击【文件】I【打开】，选择文件"教学资源\项目三　Word 文档的图文混排\食物链（原稿）.docx"。

（2）单击【文件】I【另存为】，打开"另存为"对话框，选择适当的保存位置，将文件保存为"食物链.docx"。

（3）单击【页面布局】I【页边距】，选择【适中】，如图 3-21 所示。

（4）单击【页面布局】I【页面颜色】，选择【橄榄色，强调文字颜色 3，淡色 60%】（见图 3-22）。

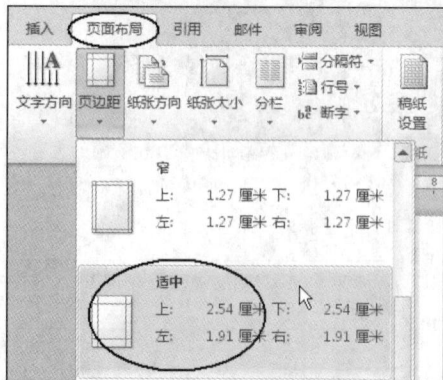

图 3-21　设置页边距

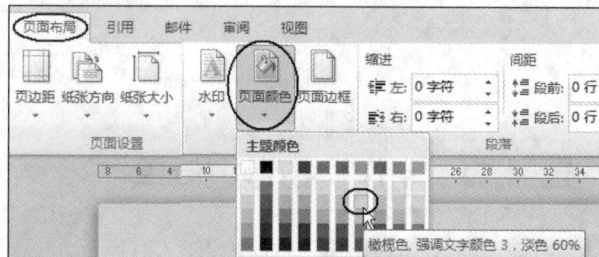

图 3-22　设置页面背景

## 二、标题制作（插入艺术字）

（1）选择标题文本"食物链"，单击【插入】Ⅰ【艺术字】，选择【填充-红色，强调文字颜色 2，粗糙棱台】，将之前的普通文本"食物链"自动转换为艺术字。

（2）单击【格式】Ⅰ【自动换行】Ⅰ【嵌入型】（见图 3-23），将艺术字由原来的"四周型环绕"改成"嵌入型"。

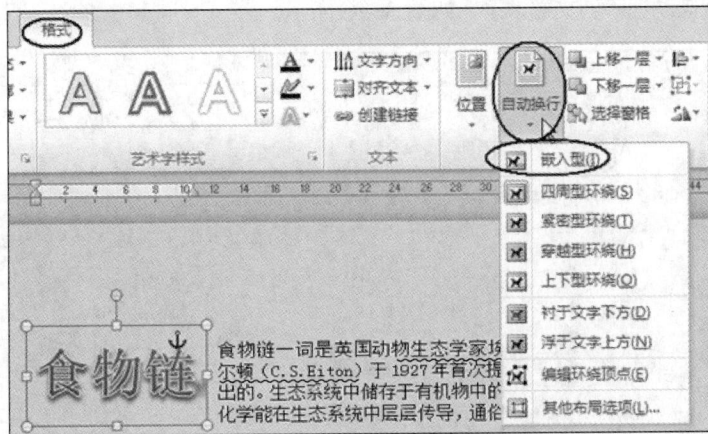

图 3-23　修改艺术字环绕方式

（3）将插入点定位到艺术字框后面，单击【开始】选项卡的居中对齐按钮，使艺术字在第一行居中排列。

（4）单击【格式】Ⅰ【艺术字样式】Ⅰ【文本效果】Ⅰ【转换】，选择【朝鲜鼓】。

## 三、文字排版

（1）将光标定位到文档的第一行第一个字前，按住【Shift】键，在文档结尾单击一下，选中全文。将文本设置为首行缩进 2 个字符、仿宋、小四、1.5 倍行距。

（2）将光标定位在第一段的任意位置，单击【插入】Ⅰ【首字下沉】Ⅰ【首字下沉选项】（见图 3-24）。

（3）在"首字下沉"对话框中，选择【下沉】，设置下沉行数为"2"（见图 3-25）。

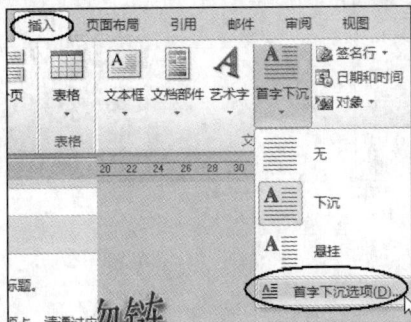

图 3-24　插入"首字下沉"　　　　　图 3-25　设置下沉的行数

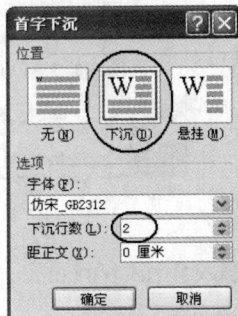

（4）将下沉后的首字设置为红色。

## 四、美化宣传单（插入剪贴画、SmartArt 图形）

### 1. 插入剪贴画

（1）单击【插入】|【剪贴画】，Word 窗口右侧将打开剪贴画搜索框，输入搜索关键字"动物"，勾选【包括 Office.com 内容】，单击【搜索】按钮，将剪贴画库中的动物图片都搜索出来，在结果中单击"老虎"，图片就自动插入到文档中了，如图 3-26 所示。

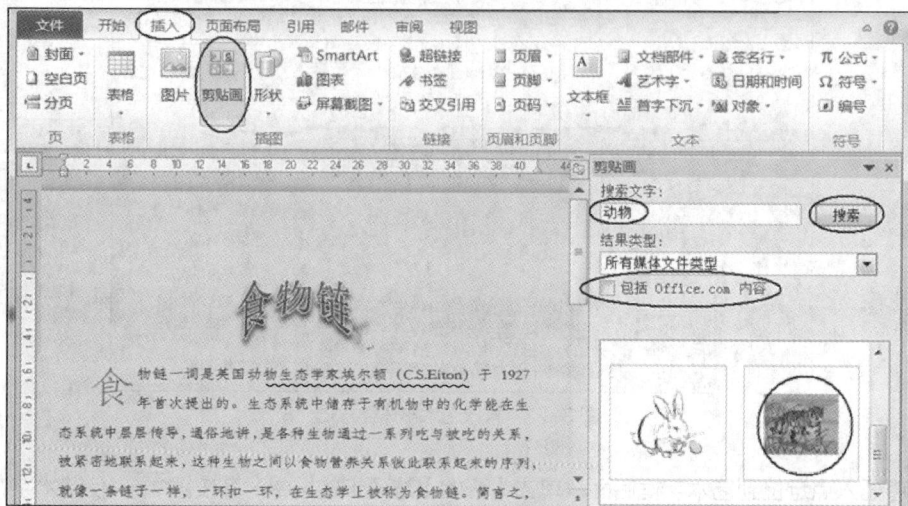

图 3-26　插入剪贴画

（2）选择图片，单击【格式】|【自动换行】|【四周型环绕】（见图 3-27），将图片由原来的"嵌入型"改成"四周型环绕"。调整图片位置到第一段的右上角位置。设置图片大小为宽 4.5cm。因为图片大小锁定了纵横比，所以在修改宽度的同时，高度也会跟着改变。

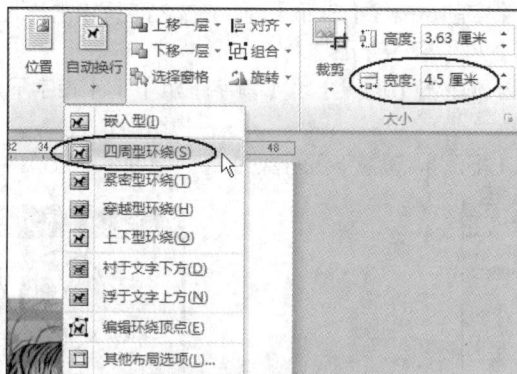

图 3-27　修改环绕方式

插入 SmartArt 图形

### 2. 插入 SmartArt 图形

（1）单击【插入】|【SmartArt】，选择"流程"图中的【随机至结果流程】（见图 3-28），得到图 3-29 所示的流程图。

（2）单击流程图中第 2 行文本框的边框部分，可以选择该文本框。选中的文本框边框上有 8 个控制点，如图 3-30 所示。

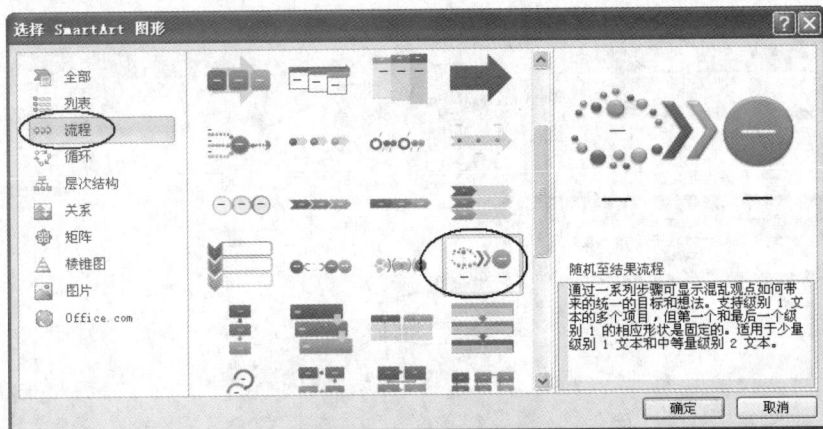

图 3-28　选择 SmartArt 图形

（3）选中文本框后，按【Delete】键可将其删除。用同样的方法删除第 2 行的第 2 个文本框，结果如图 3-31 所示。

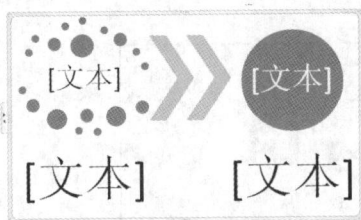

图 3-29　插入的流程图　　图 3-30　选中的文本框上的控制点　　图 3-31　修改后的流程图

（4）单击流程图左边的 按钮，打开一个文字录入框，如图 3-32 左边所示。

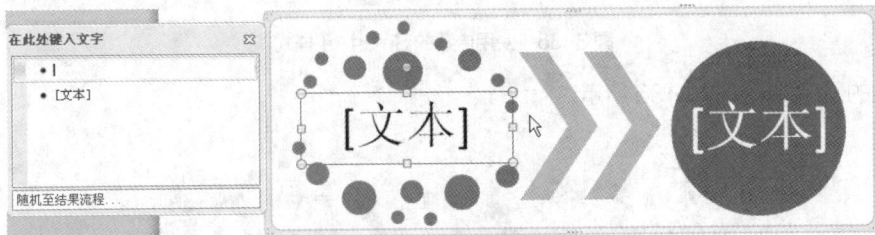

图 3-32　修改后的流程图

（5）单击第 1 个文本框，输入"青草"；回车后自动产生一个新的文本框，输入"野兔"；再回车，输入"狐狸"；再回车，输入"老虎"；在最后一个文本框中输入"食物链"，结果如图 3-33 所示。输入完成后关闭文字录入框。

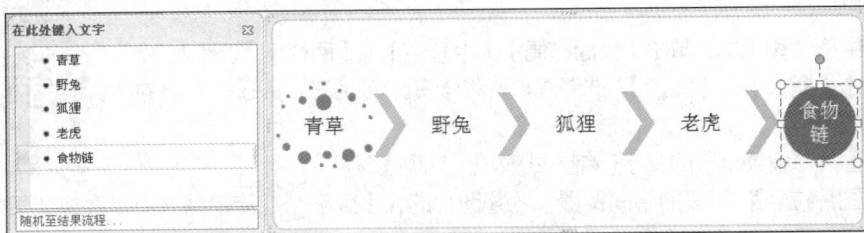

图 3-33　录入文本后的流程图

（6）选择流程图，单击【设计】|【更改颜色】，选择【彩色-强调文字颜色】（见图3-34）。

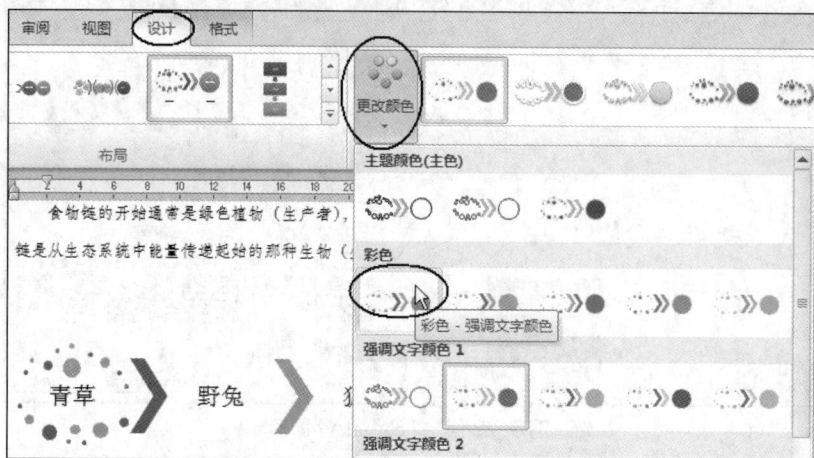

图3-34　使用内置的SmartArt颜色样式

（7）选择内置的SmartArt样式："三维"中的【优雅】，如图3-35所示。

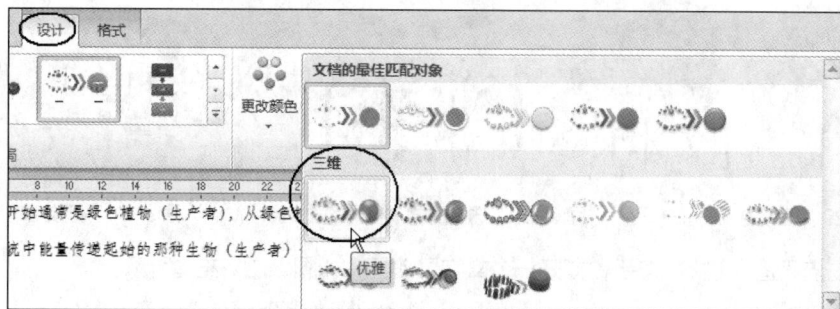

图3-35　使用内置的SmartArt样式

流程图的最终结果如图3-36所示。

图3-36　流程图的最终效果

（8）将该流程图的高度调整为3厘米左右。

### 3. 分栏

（1）选中第3段文本，单击【页面布局】|【分栏】|【两栏】（见图3-37）。

（2）单击【插入】|【图片】，选择图片"教学资源\项目三　Word文档的图文混排\食物链"。

（3）将图片"食物链"的文字环绕方式改成"四周型环绕"。

（4）将图片拉到第3段的中间位置，调整图片的大小到整个宣传单为一页，最终结果如图3-20所示。

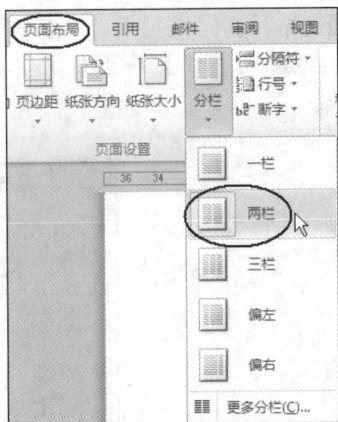

图 3-37　设置分栏

## 任务三　制作数学试卷

制作一张数学试卷，内容如图 3-38 所示。

图 3-38　"数学试卷"效果图

### 一、页面布局

（1）在 Word 窗口中，单击【文件】|【打开】，选择"教学资源\项目三　Word 文档的图文混排\数学试卷（原稿）.docx"。

（2）单击【页面布局】|【纸张大小】，选择 A3；单击【纸张方向】，选择【横向】。

（3）选择整篇文档，单击【页面布局】|【分栏】|【更多分栏】（见图3-39）。

（4）在"分栏"对话框中，在上面选择【两栏】，在下面设置间距"10字符"（见图3-40）。

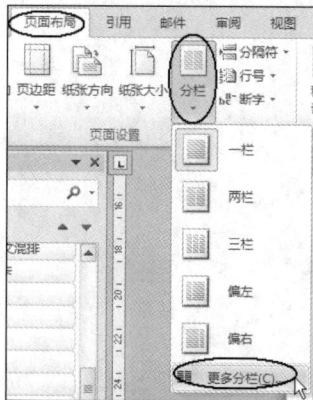

图3-39  选择【更多分栏】

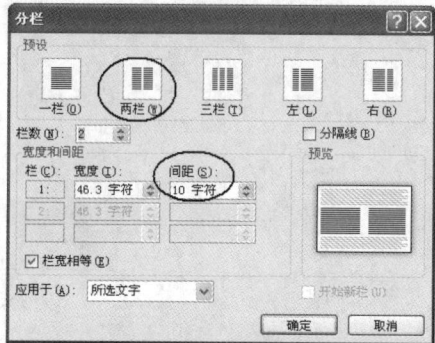

图3-40  设置分栏间距

## 二、插入公式

在填空题第5题后面输入如下试题：$6 \cdot a + \dfrac{1}{a} = 2$ ，则 $a^2 + \dfrac{1}{a^2} =$ ____ 。

（1）单击【插入】|【公式】，选择【插入新公式】命令（见图3-41），进入公式编辑状态，界面如图3-42所示。

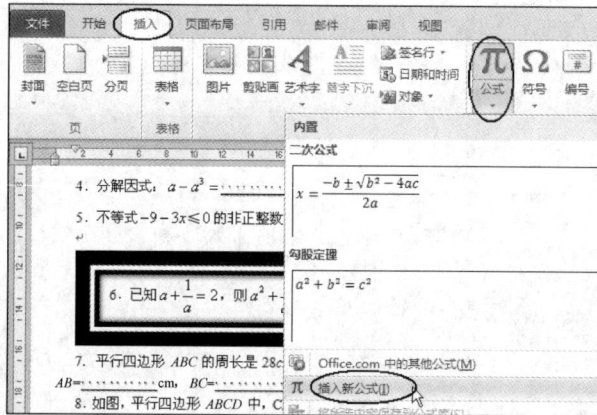

图3-41  插入新公式

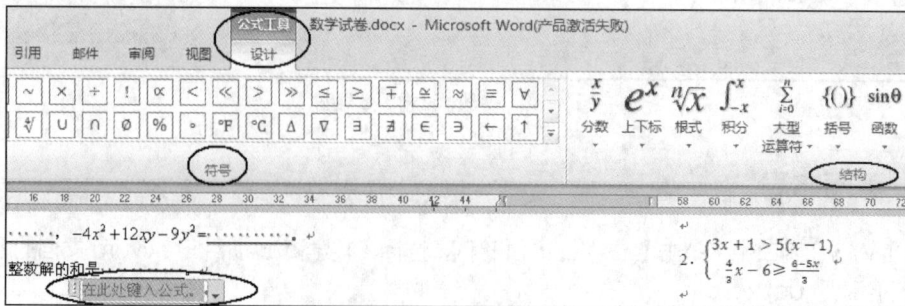

图3-42  公式编辑视图

（2）单击对象"单击此处键入公式"，通过键盘输入文本"6·a+"。

（3）再单击【结构】组的【分数】，选择【分数（竖式）】（见图3-43）。

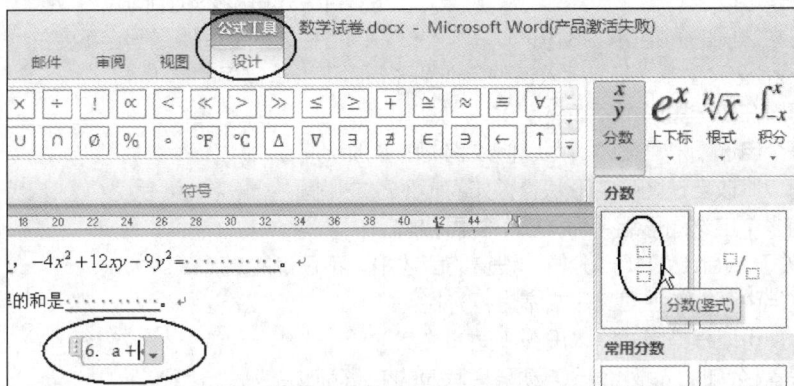

图3-43　选择结构"分数（竖式）"

（4）此时公式变成 ，分别输入分子和分母。再通过键盘输入"=2"。依此类推，选择合适的结构和字符完成公式的输入，最后的公式为 。

（5）输入完后，在公式后面单击，就会退出公式的编辑模式，回到正常状态。继续输入若干空格，并给这些空格添加下划线即可。

（6）如果要修改公式，单击公式，再单击【公式工具 设计】选项卡，即可重新编辑公式。

## 课后练习

### 一、单选题

（1）在 Word 2010 中，默认情况下，插入的"图片"是（　　　）。

　　A．浮于文字上方　　　　　　　　　　B．衬于文字下方

　　C．位于插入点附近的空白处　　　　　D．插在插入点处的文字中间（嵌入型）

（2）在 Word 2010 中，默认情况下，插入的"文本框"是（　　　）。

　　A．浮于文字上方　　　　　　　　　　B．衬于文字下方

　　C．位于插入点附近的空白处　　　　　D．插在插入点处的文字中间（嵌入型）

（3）在 Word 2010 中，默认情况下，插入的"艺术字"是（　　　）。

　　A．浮于文字上方　　　　　　　　　　B．衬于文字下方

　　C．位于插入点附近的空白处　　　　　D．插在插入点处的文字中间（嵌入型）

（4）在 Word 2010 中，可以将图片、自选图形、文本框、艺术字、SmartArt 等对象进行组合，但被组合的对象不能设置为（　　　）。

　　A．嵌入型　　　　　　　　　　　　　B．四周型

　　C．衬于文字下方　　　　　　　　　　D．浮于文字下方

（5）在 Word 2010 中，可以插入各种形状，当用户选择插入形状中的"矩形"后，按住（　　　）键可绘制正方形。

　　A．【Tab】　　　　B．【Ctrl】　　　　C．【Shift】　　　　D．【Enter】

（6）在 Word 2010 中，以下关于"首字下沉"的叙述中，正确的是（　　　）。

　　A．只能悬挂下沉　　　　　　　　　　B．可以下沉 3 行字的位置

  C．只能下沉3行         D．只能下沉1行

（7）下列关于Word 2010"分栏"功能的描述中，正确的是（    ）。

  A．最多可以设6栏       B．各栏的宽度必须相同

  C．各栏之间的间距可以不同    D．各栏之间的间距是固定不变的

（8）在Word 2010中，可以插入各种自选图形，以下说法错误的是（    ）。

  A．可以在自选图形中添加文字

  B．多个自选图形重叠时，可以修改它们的叠放次序

  C．可以修改自选图形的形状，譬如将矩形改成椭圆

  D．将多个自选图形组合后，就不能再分解了

（9）下列关于Word 2010"分栏"设置的叙述中，不正确的是（    ）。

  A．文档中不能单独对某段文本进行分栏

  B．用户可以根据版式需求设置不同的栏宽

  C．设置栏宽时，间距值会自动随栏宽值的变动而改变

  D．分栏下的【偏左】命令可将文字分成两栏，且左侧的内容比右侧的少

（10）在Word 2010中，下列关于"文档窗口"的叙述，正确的是（    ）。

  A．只能打开一个文档窗口

  B．可以同时打开多个文档窗口，被打开的窗口都是活动窗口

  C．可以同时打开多个文档窗口，但其中只有一个是活动窗口

  D．可以同时打开多个文档窗口，但在屏幕上只能见到一个文档窗口

## 二、操作题

（1）制作图3-44所示的名片。

（2）根据素材"教学资源\项目三 Word文档的图文混排\培训广告（原稿）.docx"，排版图3-45所示的广告。

提示与要求如下。

① A4纸、横向、页边距"窄"。

② 为设计方便，将视图比例缩小显示。

③ 页面背景：图片"背景图.jpg"。

④ 标题"学电脑 到江信"：宋体、初号、加粗、居中对齐。

图3-44 名片

⑤ 文本"培训内容"：宋体、小初、带圈字符（增大圈号）、底部添加波浪形边框（应用于段落）。

⑥ 文本"普及班……先进单位。"：宋体、三号、加粗、3倍行距、分3栏；里面的"普及班""高级班""全国计算机等级考试班"：添加项目符号"◇"。

⑦ 最底下3行文本：宋体、三号、2倍行距，顶部添加波浪形边框（应用于段落）。

（3）根据素材"教学资源\项目三 Word文档的图文混排\印象云南（原稿）"，制作图3-46所示板报。

提示与要求如下。

① 页面设置：纸张A4，页边距上下2厘米、左右1.5厘米，纸张方向为纵向，页眉页脚位置距边界1.5厘米。

② 设置类似页面边框、页面颜色。

③ 设置类似页眉、页脚。

④ 其他大概要求和提示见图上标注文字。

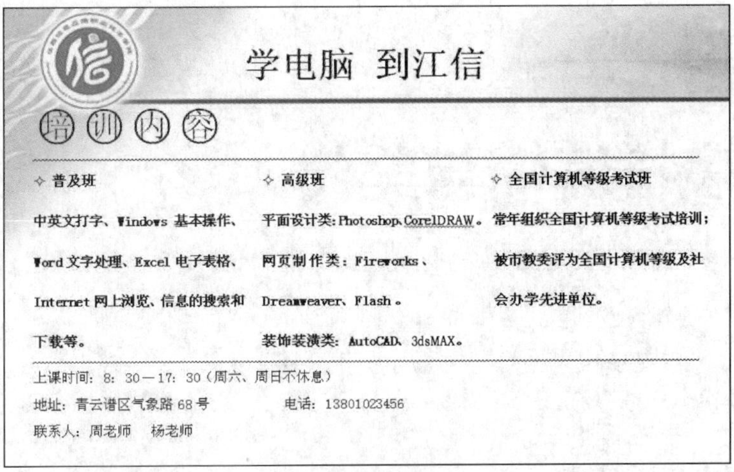

图 3-45　培训广告

图 3-46　《印象云南》效果图

# 项目四
# Word表格编辑与美化

04

项目目标

在工作中，我们经常会遇到各式各样的表格制作与编辑。本项目通过制作"人口统计表""会员申请表""成绩一览表""菜单"，让读者掌握 Word表格的制作与排版技巧。

相关知识

※ 插入表格与绘制表格
※ 合并与拆分单元格
※ 插入与删除行/列
※ 调整表格大小、行高、列宽
※ 设置单元格对齐方式、文字方向
※ 设置单元格边框、底纹
※ 文本转换表格
※ 使用公式
※ 表格样式
※ 制表符应用

## 任务一  制作人口统计表

制作一张人口统计表，内容如图 4-1 所示。

### 一、插入表格

单击【插入】|【表格】，拖曳鼠标插入一个 3×5 的表格，如图 4-2 所示。

| 表 1  2018 年年末人口数及其构成 | | |
|---|---|---|
| 分组 | 年末数（万人） | 比重（%） |
| 0~15 岁 | 24 166 | 17.6 |
| 16~59 岁 | 91 096 | 66.3 |
| 60 周岁及以上 | 22 200 | 16.1 |
| 合计 | 137 462 | 100 |

图 4-1  人口统计表

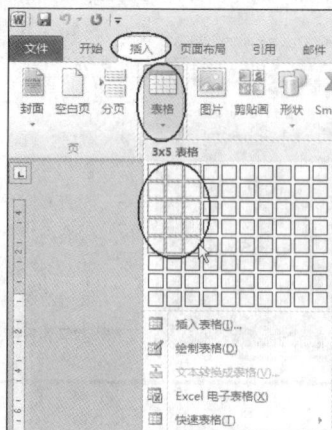

图 4-2  插入表格

制作人口统计表

## 二、合并单元格

将鼠标指针移到表格第一行的左边空白区域，指针呈空心、斜向上箭头【↗】时，单击鼠标选择第一行；再单击【布局】|【合并单元格】（见图 4-3），将第一行合并为一个单元格。

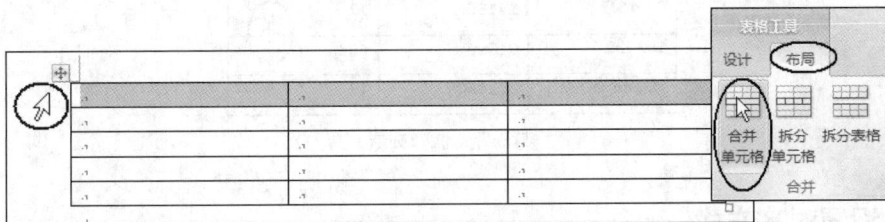

图 4-3　合并单元格

## 三、录入文本

录入文本，内容如图 4-4 所示。

| 表 1 2018 年年末人口数及其构成 | | |
|---|---|---|
| 分组 | 年末数（万人） | 比重（%） |
| 0～15 岁 | 24166 | 17.6 |
| 16～59 岁 | 91096 | 66.3 |
| 60 周岁及以上 | 22200 | 16.1 |

图 4-4　录入文本

## 四、设置字体字号

将鼠标指针移到表格左上角的⊞处，当指针变成时，单击鼠标即可选中整个表格（见图 4-5），设置其字号为"小四"。

| 表 1 2018 年年末人口数及其构成 | | |
|---|---|---|
| 分组 | 年末数（万人） | 比重（%） |
| 0～15 岁 | 24166 | 17.6 |
| 16～59 岁 | 91096 | 66.3 |
| 60 周岁及以上 | 22200 | 16.1 |

图 4-5　选择表格

## 五、调整表格大小

（1）将鼠标指针移到表格右下角的口处，当指针变成时，按下鼠标左键并拖曳，可以调整表格的大小，如图 4-6 所示。

| 表 1 2018 年年末人口数及其构成 | | |
|---|---|---|
| 分组 | 年末数（万人） | 比重（%） |
| 0～15 岁 | 24166 | 17.6 |
| 16～59 岁 | 91096 | 66.3 |
| 60 周岁及以上 | 22200 | 16.1 |

图 4-6　调整表格大小

（2）将鼠标指针移到第 3 列的右边框上，当指针变成 ←‖→ 时，按下鼠标左键并往左拖到合适的位置松手，即可调整表格的列宽，如图 4-7 所示。

| 表 1 2018 年年末人口数及其构成 | | |
|---|---|---|
| 分组 | 年末数（万人） | 比重（%） |
| 0～15 岁 | 24166 | 17.6 |
| 16～59 岁 | 91096 | 66.3 |
| 60 周岁及以上 | 22200 | 16.1 |

图 4-7　调整列宽

## 六、设置对齐方式

（1）单击表格左上角的 ⊞，选择整张表格，单击【开始】选项卡【段落】组的 ☰ 按钮（见图 4-8），将表格设置为"居中对齐"。

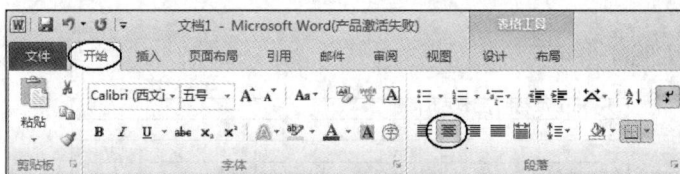

图 4-8　设置表格居中对齐

（2）选择整张表格，单击【布局】选项卡【对齐方式】组的 ☰ 按钮，将表格内所有单元格的文字设置为"居中对齐"，如图 4-9 所示。

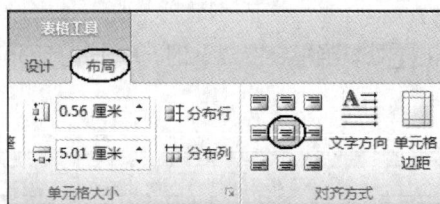

图 4-9　设置单元格文字居中对齐

（3）选择第 1 列 2 至 5 行单元格，单击 ☰ 按钮，将这些单元格内的文字设置为"左对齐"。

## 七、设置边框

（1）选择整张表格，单击【设计】|▢ 边框 ▾ 右边的下三角形，选择底部的【边框和底纹】命令，打开"边框和底纹"对话框，如图 4-10 所示。

（2）在"边框和底纹"对话框中，单击右边的左、右边框按钮，去掉左右边框。这时，左边的"设置"自动转为"自定义"，如图 4-11 所示。

（3）在"边框和底纹"对话框的中间，设置边框的"样式"为默认的单线，"颜色"为默认的自动，"宽度"改为 2.25 磅，在"预览"窗格单击上、下边框按钮，如图 4-12 所示。

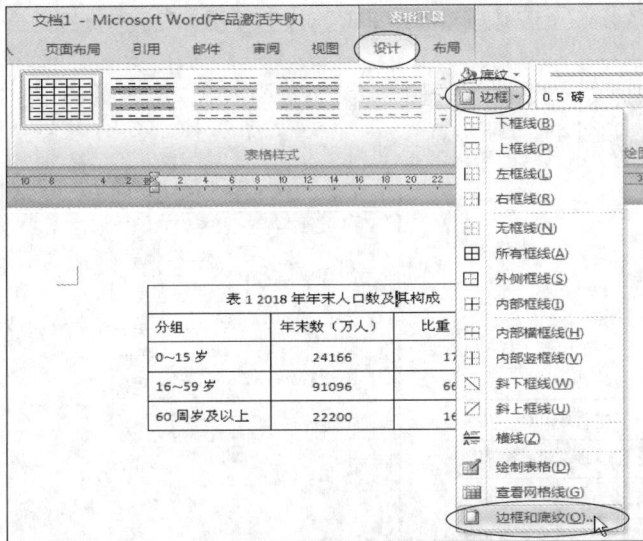

图 4-10　打开"边框和底纹"对话框

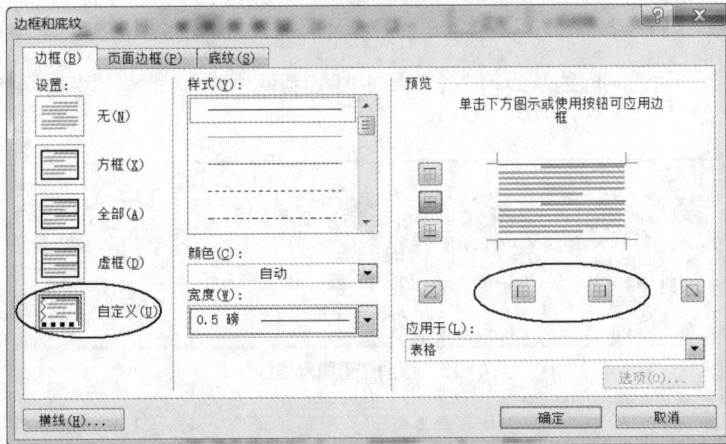

图 4-11　删除左、右边框

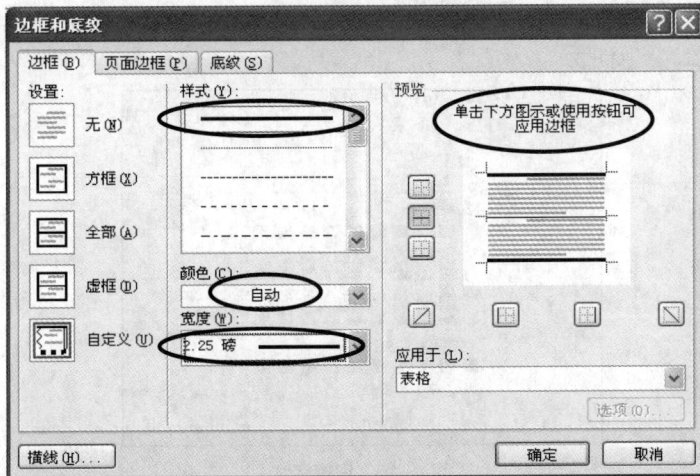

图 4-12　修改上、下边框

（4）把鼠标指针移到第 2 行左边，当指针变成 ⌐ 时，按下鼠标左键并拖曳到第 4 行，选择 2～4 行，如图 4-13 所示。

（5）打开"边框和底纹"对话框，设置边框为"双线""橙色，强调文字颜色 6，深色 25%""0.75磅"，用于上、下位置，如图 4-14 所示。

图 4-13　选择 2～4 行

图 4-14　修改边框

（6）如果还能看到两边的虚线，请单击【布局】|【查看网格线】，取消"查看网格线"的功能，如图 4-15 所示。

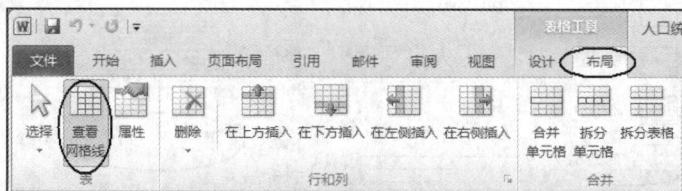

图 4-15　取消"查看网格线"

## 八、设置底纹

选择第 1 行的文字，单击【设计】|　底纹▾ 右边的下三角形，选择主题颜色【蓝色，强调文字颜色1，淡色 80%】，如图 4-16 所示。

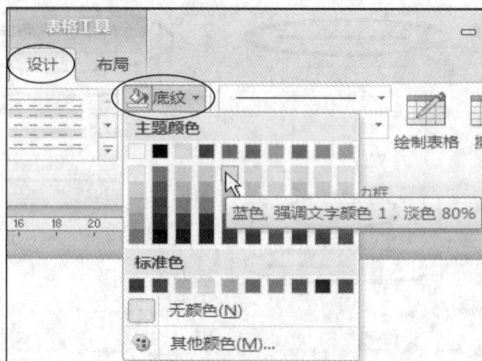

图 4-16　设置底纹

## 九、插入行/列

单击表格最后一行任意一个单元格,单击【布局】|【在下方插入】(见图 4-17),可在下方插入一行。同理,可插入新列。

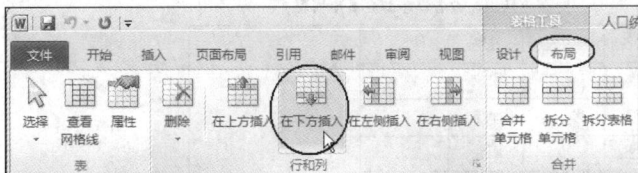

图 4-17　插入行

## 十、使用公式

(1)在添加行的第 1 个单元格输入文本"合计"。

(2)在添加行的第 2 个单元格,单击【布局】|【*fx*公式】,打开"公式"对话框,默认公式为"=SUM(ABOVE)",如图 4-18 所示。

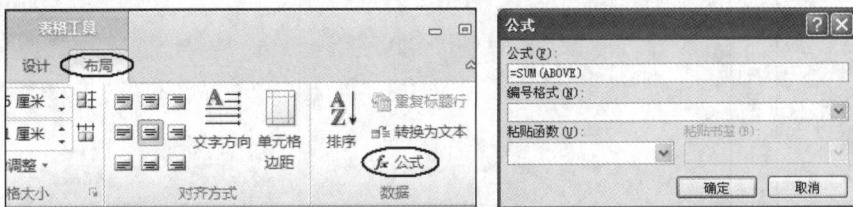

图 4-18　使用公式

(3)单击【确定】,完成人口数的求和计算。同样,在第 3 个单元格求比重之和。

(4)将第 4 行底部的双线边框改成单线、黑色、0.5 磅,最后结果如图 4-1 所示。

> **注意**　插入的表格,默认的环绕方式是"无",相当于图片的嵌入型,如果用户拖曳了表格,表格的环绕方式就会自动变成"环绕",这时的表格就比较难定位。建议这时打开"表格属性"对话框,将表格的"文字环绕"设为"无",如图 4-19 所示。

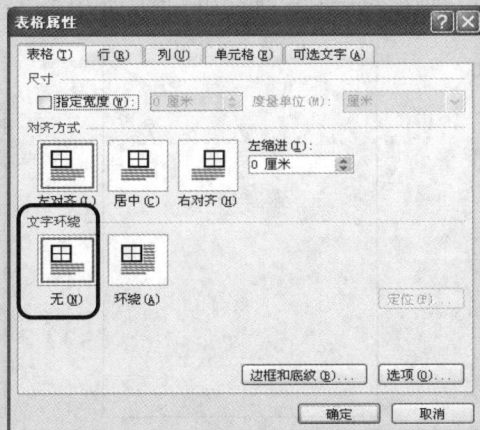

图 4-19　设置表格文字环绕方式

# 任务二　绘制会员申请表

绘制一张会员申请表，内容如图 4-20 所示。

绘制会员申请表

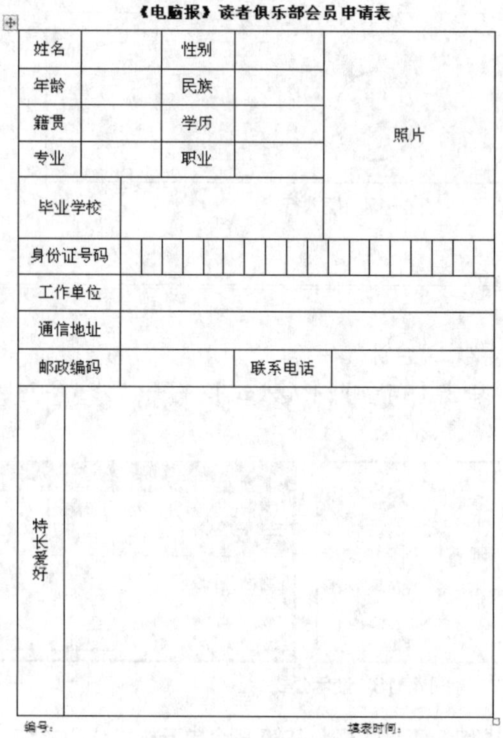

《电脑报》读者俱乐部会员申请表

| | | | | |
|---|---|---|---|---|
| 姓名 | | 性别 | | 照片 |
| 年龄 | | 民族 | | |
| 籍贯 | | 学历 | | |
| 专业 | | 职业 | | |
| 毕业学校 | | | | |
| 身份证号码 | | | | |
| 工作单位 | | | | |
| 通信地址 | | | | |
| 邮政编码 | | 联系电话 | | |
| 特长爱好 | | | | |

编号：　　　　填表时间：

图 4-20　会员申请表

## 一、绘制表格

（1）【插入】|【表格】|【绘制表格】，鼠标指针变成 ✎，按下鼠标左键并拖曳，得到表格的外框线，如图 4-21 所示。

（2）绘制内部横线和竖线（两端必须架在已有的边框上），如图 4-22 所示，结果如图 4-23 所示。

图 4-21　绘制外边框

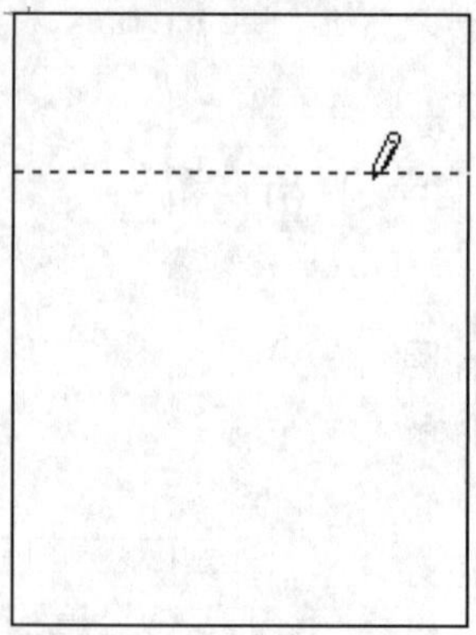

图 4-22　绘制内边框

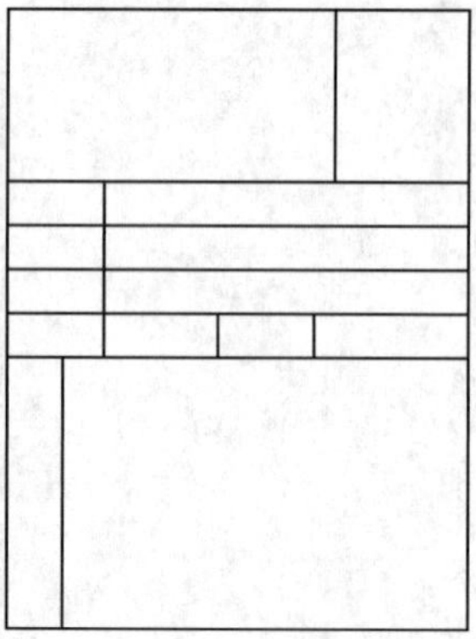

图 4-23　结果

（3）单击【设计】|【绘制表格】（见图 4-24），取消手绘功能。如果要再次启动手绘功能，可再次单击该按钮。

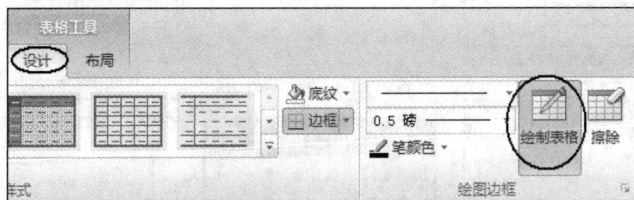

图 4-24　取消"绘制表格"

（4）单击【擦除】按钮，鼠标指针变成 ✐，把指针移到某边框位置单击，即可擦除该边框。

## 二、拆分与合并单元格

（1）选择第一个单元格，单击【布局】|【拆分单元格】，将其拆分成 4 列 5 行，如图 4-25 所示。

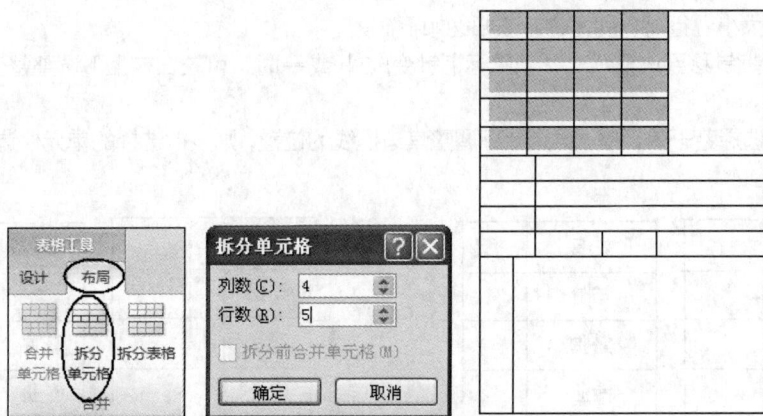

图 4-25　拆分单元格

（2）选择第 5 行的第 2~4 个单元格，单击【布局】|【合并单元格】，如图 4-26 所示。

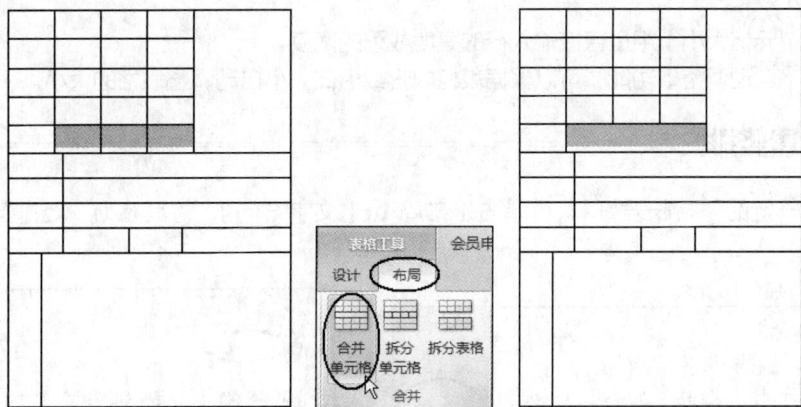

图 4-26　合并单元格

（3）选择第 6 行的第 2 个单元格，单击【布局】|【拆分单元格】，将其拆分成 18 个单元格，如图 4-27 所示。

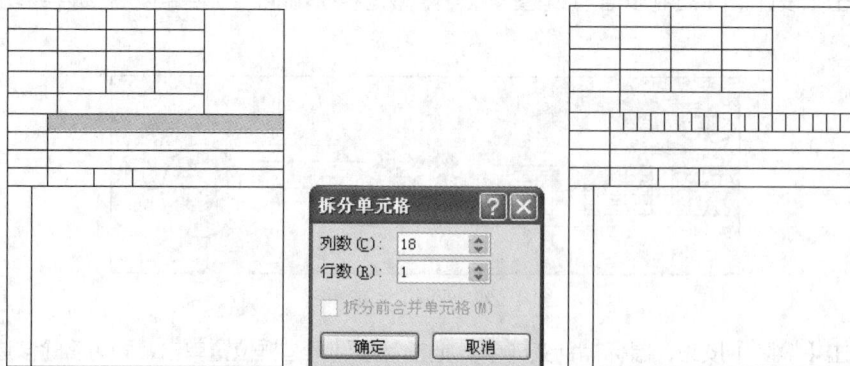

图 4-27　拆分单元格

## 三、输入文字，调整单元格大小、行高、列宽

调整单元格大小、行高、列宽的方法归纳如下。

（1）将鼠标指针移到边框线上，当鼠标指针变成 ←‖→ 或 ↕ 时，可左右或上下调整整根线条的位置，如图 4-28 所示。

（2）如果先选择若干单元格，再用鼠标调整其边框线的位置，则没被选择的单元格边框线不会移动，如图 4-29 所示。

图 4-28　调整列宽

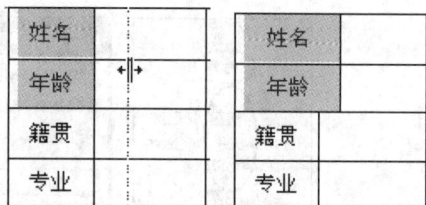

图 4-29　调整部分单元格的列宽

（3）选择若干单元格，单击【布局】|分布行 或 分布列（见图 4-30），可以平均分布行高或列宽。

（4）在【单元格大小】组里直接输入行的高度或列的宽度。

（5）利用【自动调整】功能，可以根据表格内容或窗口大小自动调整表格的大小。

## 四、设置竖排文字

单击最后一行的"特长爱好"，再单击【布局】|【文字方向】，将其改为"竖排"，如图 4-31 所示。

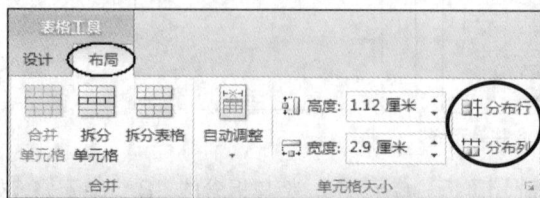

图 4-30　平均分布行高、列宽

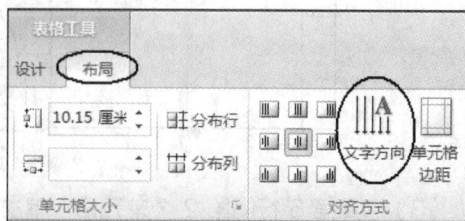

图 4-31　修改文字方向

### 五、插入标题

（1）将插入点定位在第一个单元格文本的最前面，按【Enter】键，即可在表格前面添加一个空白行，输入标题文字"《电脑报》读者俱乐部会员申请表"，并设置合适的字体、字号、对齐方式等。

（2）在表格底部输入文本"编号""填表日期"，并设置正确的显示效果。

## 任务三　编辑成绩一览表

编辑一张成绩一览表，内容如图 4-32 所示。

| 姓名 | 组网技术 | C 语言 | 网页设计 | 大学英语 | 高等数学 | 总分 |
|---|---|---|---|---|---|---|
| 蔡新兵 | 98 | 99 | 74 | 84 | 92 | 447 |
| 陈登宝 | 92 | 89 | 90 | 82 | 95 | 448 |
| 陈非洲 | 94 | 83 | 75 | 81 | 84 | 417 |
| 陈甲 | 89 | 90 | 86 | 95 | 54 | 414 |
| 程意 | 81 | 61 | 77 | 75 | 82 | 376 |

图 4-32　成绩一览表

编辑成绩一览表

### 一、文本转换为表格

（1）打开 Word 文件"教学资源\项目四　Word 表格编辑与美化\文本资料.docx"。

（2）选择所有文本，单击【插入】|【表格】|【文本转换为表格】。

（3）选择文字分隔位置为中文逗号（，），如图 4-33 所示。

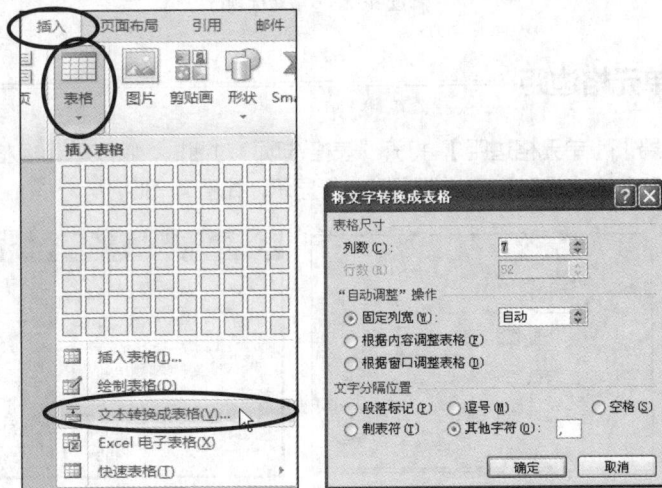

图 4-33　将文本转换为表格

### 二、使用表格样式

选择表格，在【设计】选项卡【表格样式】组选择内置样式【浅色网格-强调文字颜色 1】，如图 4-34 所示。

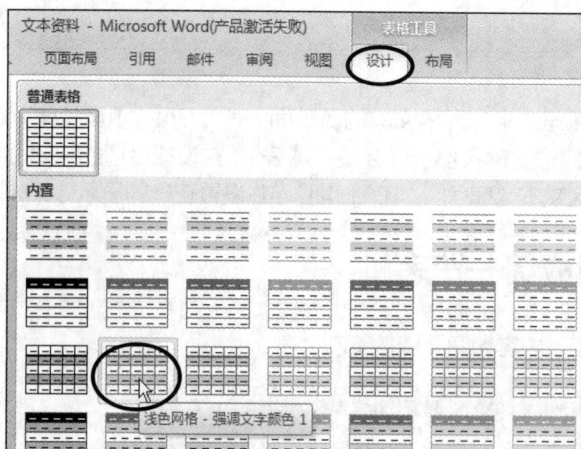

图 4-34　套用表格样式

## 三、重复标题行

单击标题行任意单元格，选择【布局】|【重复标题行】（见图 4-35），可使多页的表格重复显示标题行，便于查看数据。

图 4-35　重复标题行

## 四、修改单元格边距

（1）单击【布局】|【单元格边距】，打开"表格选项"对话框，修改单元格左、右边距为"0 厘米"，使标题行文字能在不改变字号和列宽的情况下一行显示，如图 4-36 所示。

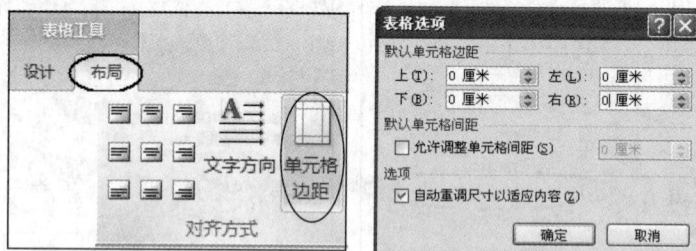

图 4-36　修改单元格边距

（2）选择整张表格，单击对齐方式组的 ▤ 按钮，使单元格内的文字居中显示。

## 五、使用公式

（1）在表格底部添加一行，并在该行的第 1 个单元格输入文本"平均分"。

（2）单击该行的第 2 个单元格，再单击【布局】|【$f_x$公式】，打开"公式"对话框，将公式改为
"=AVERAGE(ABOVE)"。

（3）单击其他单元格，再分别按【F4】键，重复计算其他科目的平均分。

## 任务四　制作菜单

### 一、利用表格制作菜单

制作一张菜单，内容如图 4-37 所示。

图 4-37　菜单（一）

（1）插入一个 4×7 的表格，设置表格内文本居中对齐 ▤。
（2）将第 1 行合并居中，输入文本"家常煲汤"（华文楷体、小一、加粗）。
（3）在第 2 行和第 5 行各单元格内分别插入一张图片。
（4）选择第 1 张图片，单击【格式】选项卡【大小】组的 ▫，如图 4-38 所示。
（5）在"布局"对话框中，取消勾选【锁定纵横比】，设置图片高度为 2.7 厘米，宽度为 3.2 厘米，
如图 4-39 所示。

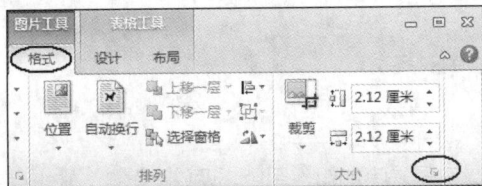

图 4-38　打开"布局"对话框

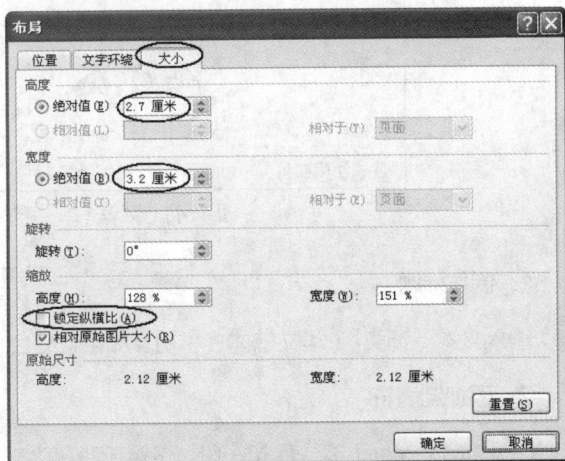

图 4-39　设置单元格大小

（6）设置其他图片的大小均为高2.7厘米，宽3.2厘米。

（7）在图片下面的单元格分别输入菜名和菜价。

（8）选择表格，设置表格为【无框线】，如图4-40所示。

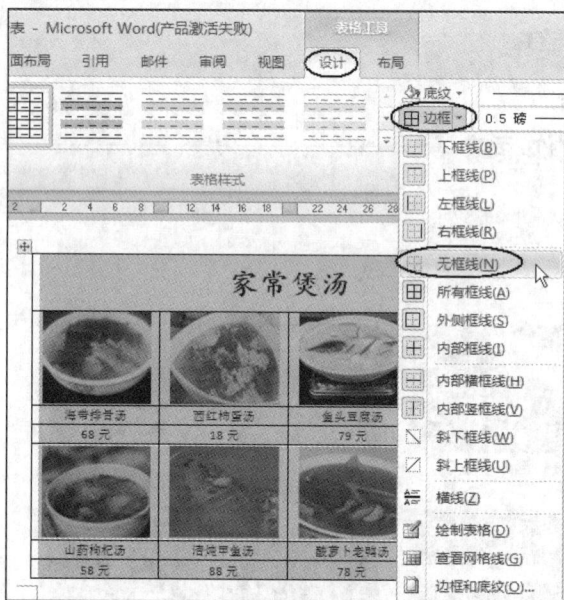

图4-40　设置表格为【无框线】

## 二、利用制表符制作菜单

制作一张菜单，内容如图4-41所示。

图4-41　菜单（二）

### 1. 制作标题

输入文本"汤类"（华文楷体、小初、加粗、红色，居中对齐）。

### 2. 添加制表符

（1）按【Enter】键，另起一段，设置新段落为宋体、三号、不加粗、黑色、两端对齐。

（2）用鼠标在水平标尺刻度16处双击（见图4-42）。

图 4-42 利用标尺添加制表位

（3）在打开的"制表位"对话框中，将制表位的对齐方式设置为右对齐、第5种前导符，并单击【设置】（见图 4-43）。

（4）在制表位位置中输入 22，并选择左对齐、无前导符（见图 4-44），再单击【设置】按钮。

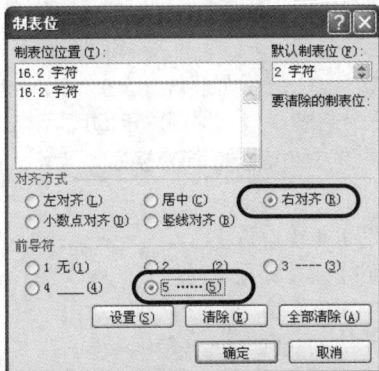

图 4-43 设置制表位对齐方式、前导符样式

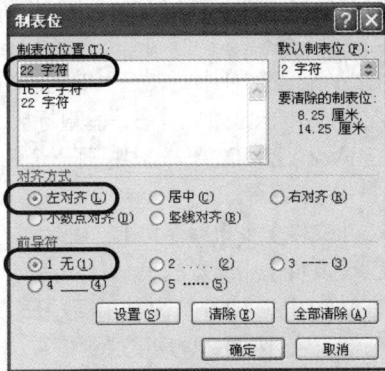

图 4-44 添加制表位

（5）在制表位位置中输入 38，将其设置为右对齐、第5种前导符，再单击【设置】按钮。

### 3. 按制表符位置输入文本

（1）输入文本"海带排骨汤"，按【Tab】键，插入点跳到 16 字符处（带前导符的右对齐制表位），输入文本"68 元"。

（2）再按【Tab】键，插入点跳到 22 字符处（不带前导符的左对齐制表位），输入文本"西红柿蛋汤"；再次按【Tab】键，插入点跳到 38 字符处（带前导符的右对齐制表位），输入文本"18 元"。

（3）按【Enter】键换行，重复步骤（1）~（2），继续输入其他汤类名称和价格。

### 4. 使用格式刷

（1）输入文本"海鲜类"，使用"格式刷"功能将文本"汤类"的格式复制给"海鲜类"。（先用鼠标选中文本"汤类"，单击"格式刷"按钮 格式刷，再用鼠标刷一下文本"海鲜类"。）

（2）如果海鲜类后面的文本格式不对，也可利用"格式刷"功能从前面复制格式。

## 课后练习

### 一、选择题

（1）在关闭 Word 2010 时，如果有编辑后未存盘的 Word 文档，则（　　）。

    A. 系统会直接关闭　　　　　　　B. 系统自动弹出是否保存的提示对话框

    C. 系统会自动将文档保存在桌面　　D. 系统会自动将文档保存在当前文件夹中

（2）在 Word 2010 中，要建立一个表格，方法是（　　）。

    A. 用【↑、↓、→、←】光标键画表格

    B. 用【Alt 键、【Ctrl】键和【↑、↓、→、←】光标键画表格

    C. 用【Shift】键和【↑、↓、→、←】光标键画表格

D．使用【插入】选项卡中的【表格】命令

（3）在 Word 2010 中，将表格中的 3 个单元格合并，则（　　　）。

A．只显示第 1 个单元格中的内容　　　　　B．3 个单元格的内容都不显示

C．3 个单元格中的内容都显示　　　　　　D．只显示最后一个单元格中的内容

（4）在 Word 2010 表格编辑中，不能进行的操作是（　　　）。

A．旋转单元格　　　B．插入单元格　　　C．删除单元格　　　D．合并单元格

（5）在 Word 2010 中，"制表位"的作用是（　　　）。

A．制作表格　　　B．光标定位　　　C．设定左缩进　　　D．设定右缩进

（6）在 Word 2010 中，表格中单元格的宽度可以利用（　　　）进行调整。

A．水平标尺　　　B．垂直标尺　　　C．若干个空格　　　D．自动套用格式

（7）在 Word 2010 中，如果打开一个名为"练习.docx"的文件，要想将它换名为"考试.docx"，可以执行（　　　）命令。

A．【文件】|【另存为】　　　　　　　　　B．【文件】|【保存】

C．【文件】|【发送】　　　　　　　　　　D．【文件】|【新建】

（8）在 Word 2010 中，文档窗口打开得越多，占用的内存会（　　　）。

A．越少，因而处理速度会更慢　　　　　　B．越少，因而处理速度会更快

C．越多，因而处理速度会更快　　　　　　D．越多，因而处理速度会更慢

（9）若 Word 2010 菜单命令右边有"…"符号，表示（　　　）。

A．该命令不能执行　　　　　　　　　　　B．单击该命令后，会弹出一个对话框

C．该命令已执行　　　　　　　　　　　　D．该命令后有级联菜单

## 二、操作题

（1）制作图 4-45 所示的"学习评价表"。

### 学生外语课程学习评价表

| 学生姓名 | | 课程 | | 学习地点 | | 学习时间 | |
|---|---|---|---|---|---|---|---|
| 学习内容 | | | | | | | |
| 学<br>习<br>评<br>价 | 口语应用 | | 课文表演 | | 单词认读 | | |
| | 优秀□ 良好□ 合格□ | | 优秀□ 良好□ 合格□ | | 优秀□ 良好□ 合格□ | | |
| | 课堂表现 | | 语音语调 | | 学习习惯 | | |
| | 优秀□ 良好□ 合格□ | | 优秀□ 良好□ 合格□ | | 优秀□ 良好□ 合格□ | | |
| | 出　勤 | | 作业完成 | | 学习态度 | | |
| | 优秀□ 良好□ 合格□ | | 优秀□ 良好□ 合格□ | | 优秀□ 良好□ 合格□ | | |
| 教<br>师<br>评<br>语 | | | | | | | |
| | 教师联系电话：　　　　　　　教师签名： | | | | | | |

图 4-45　学习评价表

（2）制作图 4-46 所示的"个人简历"。

## 个 人 简 历

| 基本信息 | | | | |
|---|---|---|---|---|
| 姓名 | | 性别 | | 相片 |
| 民族 | | 籍贯 | | |
| 出生年月 | | 政治面貌 | | |
| 专业名称 | | 学历 | | |
| 毕业时间 | | 毕业学校 | | |
| 外语水平 | | | | |
| 求职意向 | 职位性质 | | 工作地区 | |
| | 职位类别 | | 待遇要求 | |
| 主要课程 | | | | |
| 获奖情况 | | | | |
| 自我评价 | | | | |

图 4-46　个人简历

（3）编制图 4-47 所示的"业绩材料目录"。

## 业 绩 材 料 目 录

姓 名：　　　　单位：　　　　申报资格：

| 序号 | 材 料 名 称 |
|---|---|
| 代表作 1 | |
| 代表作 2 | |
| 材料 3 | |
| 材料 4 | |

图 4-47　业绩材料目录

（4）制作图4-48所示的"学院考试成绩登记表"。

## 学院考试成绩登记表

（2018—2019学年第1学期）

班级：　　　　　　　　　　　　　　　　任课教师：　　　　　人数：
课程名称：　　　　　　　　　　　　　　学分：　　　填表日期：

| 学号 | 姓名 | 平时 | 期中 | 期末 | 总评 | 备注 | 学号 | 姓名 | 平时 | 期中 | 期末 | 总评 | 备注 |
|---|---|---|---|---|---|---|---|---|---|---|---|---|---|
| | | | | | | | | | | | | | |
| | | | | | | | | | | | | | |
| | | | | | | | | | | | | | |
| | | | | | | | | | | | | | |
| | | | | | | | | | | | | | |
| | | | | | | | | | | | | | |
| | | | | | | | | | | | | | |
| | | | | | | | | | | | | | |
| | | | | | | | | | | | | | |
| | | | | | | | | | | | | | |

总评＝平时20%＋期中20%＋期末60%

| | 分数段 | 人数 | 比率 | 统计 | 人数 |
|---|---|---|---|---|---|
| 总评成绩统计 | | | | | |
| | | | | | |
| | | | | | |
| | | | | | |
| | | | | | |

教师 _____ 签字　　　　　　　　　教研室主任_____ 签字

图4-48　学院考试成绩登记表

（5）制作图4-49所示的"2014年春晚节目单"。

2014年春晚节目单

1. 小品：《扶不扶》…………………………………沈腾、马丽、杜晓宇

2. 魔术：《团圆饭》…………………………………………… YIF

3. 歌曲：《我的要求不算高》…………………………………黄渤

4. 杂技：《梦蝶》……………………………………张婉、李童

图4-49　2014年春晚节目单

# 项目五

## 批量生成文档

05

项目目标

在工作中，我们经常会碰到批量制作 Word 文档的情况，如制作缴费通知单、邀请函、通知书、准考证等，如果一份一份地编辑录入数据，费时又费力，且易出错。利用 Word 的邮件合并功能可以快速准确地得到批量文档。本项目通过批量制作信函与信封，让读者熟练掌握通过邮件合并制作批量文档的技能。

相关知识

※ 关联数据文档

※ 插入域

※ 邮件合并

## 任务一 批量制作成绩单

### 一、新建主文档

（1）单击【文件】|【新建】|【空白文档】|【新建】。

（2）将文件保存为"通知单模板"。

（3）在"通知单模板"上插入图 5-1 所示的表格与文字，设置合适的字体、字号、对齐方式、边框底纹。

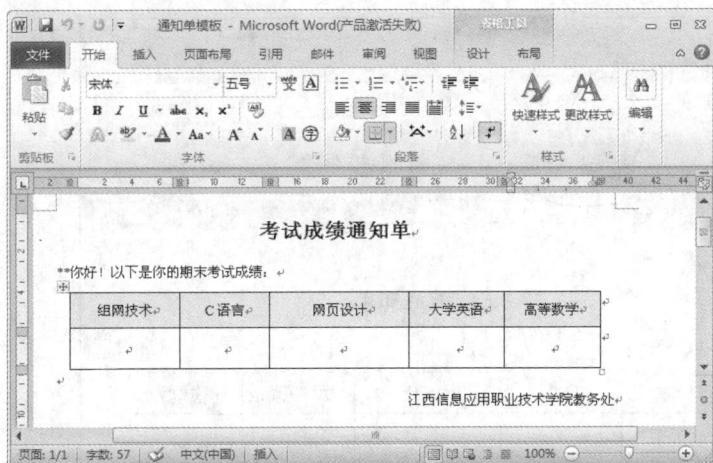

图 5-1 通知单模板

批量制作成绩单

### 二、关联数据文档

（1）单击【邮件】|【选择收件人】|【使用现有列表】（见图 5-2）。

图 5-2　使用现有列表

（2）在打开的"选取数据源"对话框中，选择"教学资源\项目五　批量生成文档\期末成绩汇总表.docx"（见图 5-3）。

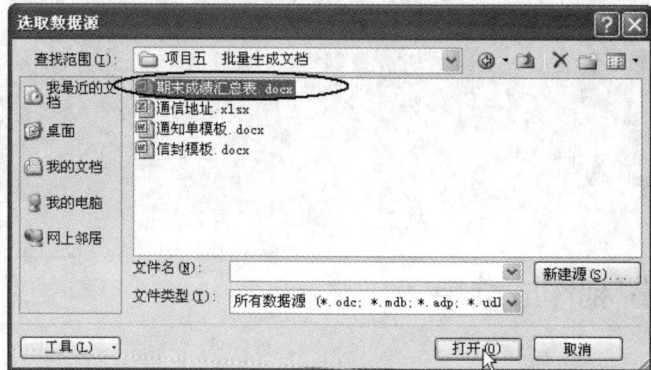

图 5-3　选择数据文件

## 三、插入域

（1）选择"你好"前面的星号，单击【邮件】|【插入合并域】|【姓名】（见图 5-4）。

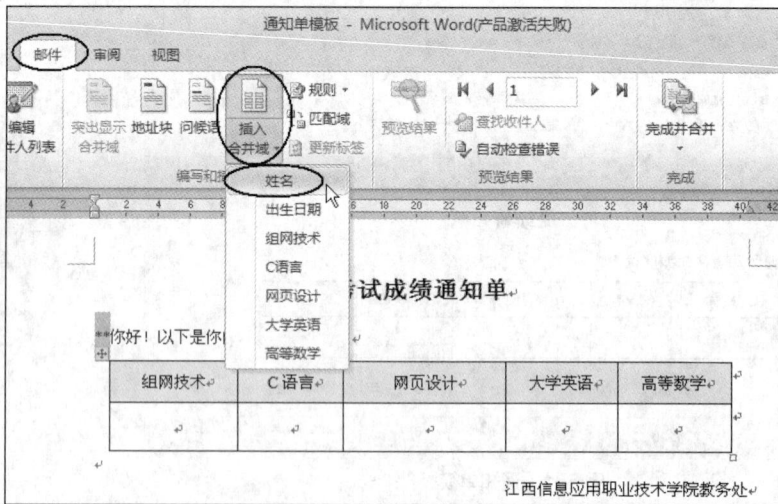

图 5-4　插入域"姓名"

（2）在表格的第 2 行内分别插入域"组网技术""C 语言""网页设计""大学英语""高等数学"，效果如图 5-5 所示。

考试成绩通知单

《姓名》 你好！以下是你的期末考试成绩：

| 组网技术 | C语言 | 网页设计 | 大学英语 | 高等数学 |
|---|---|---|---|---|
| 《组网技术》 | 《C语言》 | 《网页设计》 | 《大学英语》 | 《高等数学》 |

江西信息应用职业技术学院教务处

图 5-5　插入域后的通知单

## 四、完成合并

（1）单击【邮件】|【完成并合并】|【编辑单个文档】（见图 5-6）。

（2）在打开的"合并到新文档"对话框中，选择【全部】选项，单击【确定】按钮（见图 5-7），得到名为"信函 1"的批量文档。

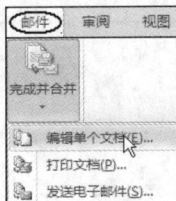

图 5-6　合并

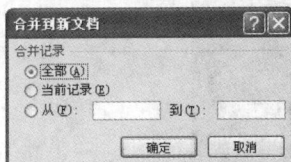

图 5-7　选择合并的记录

## 任务二　批量制作信封

### 一、创建主文档"中文信封"

（1）单击【邮件】|【创建】|【中文信封】（见图 5-8），启动信封制作向导。

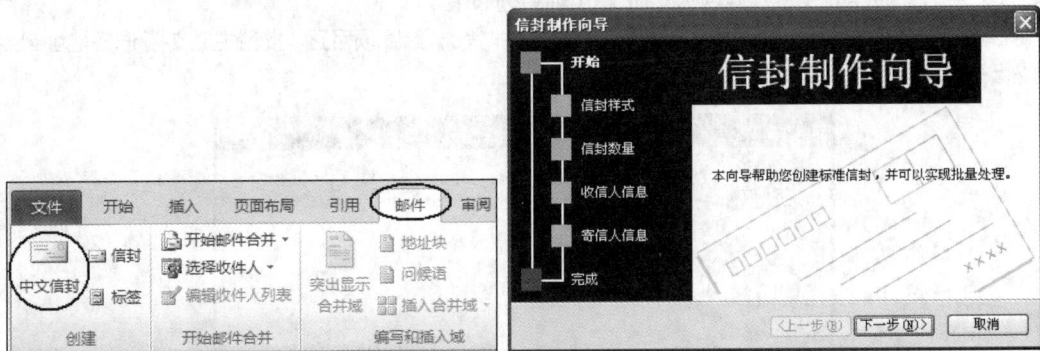

图 5-8　创建中文信封

（2）单击【下一步】后，选择信封样式【国内信封-ZL（230×120）】（见图 5-9）。

（3）选择生成信封的方式和数量【键入收信人信息，生成单个信封】（见图 5-10）。

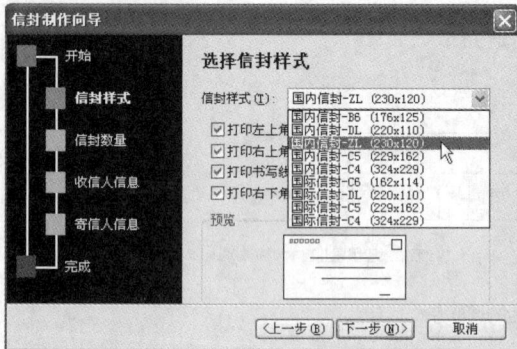

图 5-9　选择信封样式

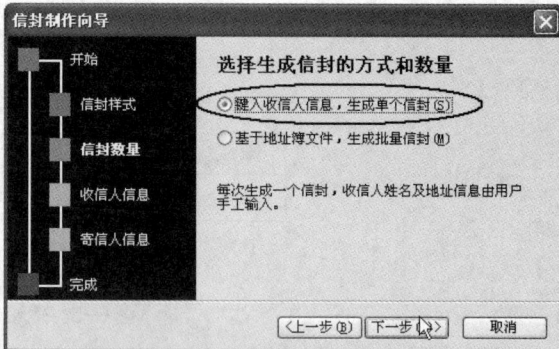

图 5-10　选择生成信封的方式和数量

（4）收信人信息为空，因为这些数据之后将会从数据表格或数据库中读取。

（5）输入寄信人信息（见图 5-11），因为寄信人信息固定，不需要从数据库中读取。

（6）完成后的效果如图 5-12 所示。

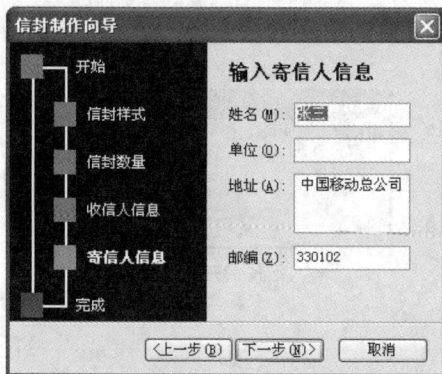

图 5-11　输入寄信人信息

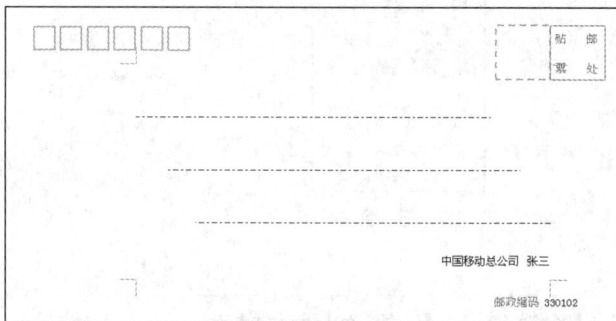

图 5-12　信封模板效果图

（7）保存文件，文件名为"信封模板"。

## 二、关联数据文档

（1）单击【邮件】|【选择收件人】|【使用现有列表】。

（2）在"选择数据源"对话框中，选择 Excel 文件"教学资源\项目五　批量生成文档\通信地址.xlsx"（见图 5-13）。

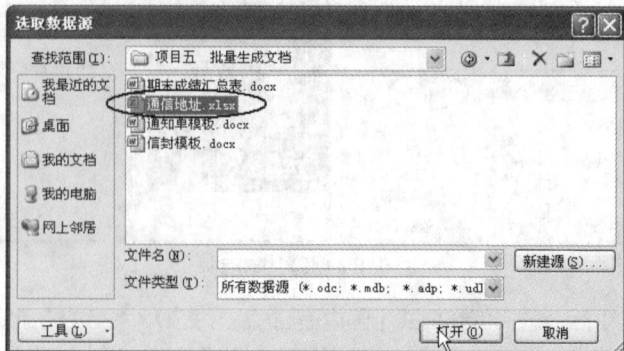

图 5-13　选择数据文件

（3）选择工作表"软件 1 班$"（见图 5-14）。

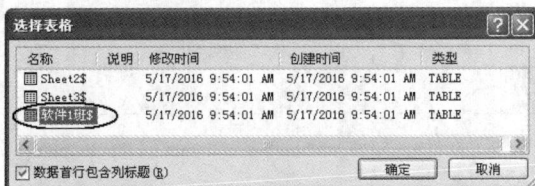

图 5-14　选择工作表

## 三、插入域

（1）单击信封左上角的文本框，再单击【邮件】|【插入合并域】|【邮编】（见图 5-15）。
（2）在信封的第 1 条横线上插入"家庭地址"，在第 2 条横线上插入"姓名"（见图 5-16）。

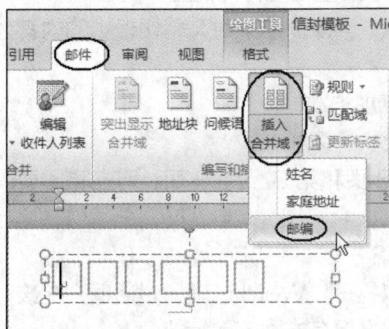

图 5-15　插入域"邮编"

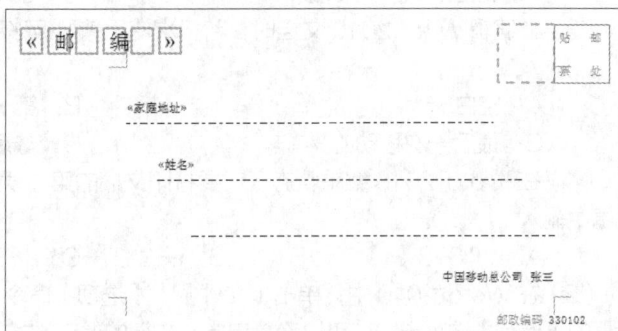

图 5-16　插入域后的信封

## 四、美化主文档

（1）选择域"家庭地址"，修改字号为"小三"。
（2）在域"姓名"后面输入文本"（收）"，并修改字号为"二号"、对齐方式为"分散对齐"，效果如图 5-17 所示。

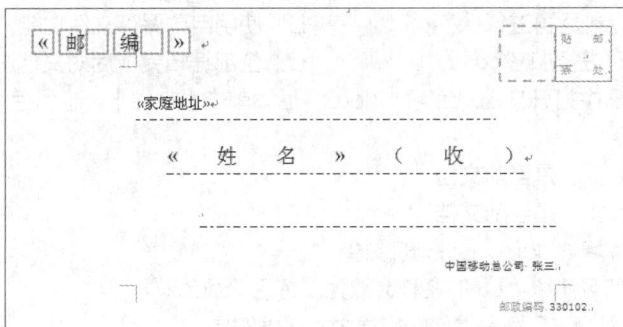

图 5-17　美化后的信封

## 五、完成合并

（1）单击【邮件】|【完成并合并】|【编辑单个文档】。

（2）在"合并到新文档"对话框中，选择【全部】，单击【确定】按钮，得到名为"信函2"的批量文档。

## 课后练习

### 一、选择题

（1）在 Word 2010 中，如果用户选中了某段文字，误按了空格键，则选中的文字将被一个空格所代替，此时可用（　　）命令还原被删除的文字。

    A. 替换　　　　　　　B. 粘贴　　　　　　　C. 撤销　　　　　　　D. 恢复

（2）在 Word 2010 中，选定一个段落的含义是（　　）。

    A. 选定段落中的全部内容　　　　　　B. 仅选定段落标记即可

    C. 将插入点移到段落中即可　　　　　　D. 选定包括段落前后空行内的整个内容

（3）在编辑 Word 2010 文档时，若多次使用剪贴板移动文本，当操作结束时，剪切板中的内容为（　　）。

    A. 空白　　　　　　　　　　　　　　B. 第一次移动的文本

    C. 最后一次移动的文本　　　　　　　D. 最后 24 次被移动的文本

（4）在 Word 2010 编辑状态下，要打印文稿的第 1 页，第 3 页和第 6、7、8 页，可在打印页码范围中输入（　　）。

    A. 1，3-8　　　　B. 1，3，6-8　　　　C. 1-3，6-8　　　　D. 1-3，6，7，8

（5）在 Word 2010 中，单击【文件】|【选项】命令，可以打开"Word 选项"对话框，在该对话框的【保存】选项卡中，可以设置自定义文档的保存方式，自定义保存方式不包括（　　）。

    A. 设置系统自动保存的时间间隔　　　　B. 设置系统自动保存的文档所放置的位置

    C. 设置文档默认的保存位置　　　　　　D. 设置文档默认的保存名称

（6）在 Word 2010 中，自动保存功能可以（　　）。

    A. 在指定的时刻自动执行保存　　　　　B. 每隔一定时间自动执行一次保存

    C. 每做一次编辑自动执行一次保存　　　D. 停止编辑后的一定时间自动执行一次保存

（7）在 Word 2010 编辑过程中，为防止突然断电或计算机宕机等突发情况，最大程度减少损失，下列做法较好的是（　　）。

    A. 全部编辑完成后再进行保存　　　　　B. 使用自动保存文件功能

    C. 对文档及时进行加密　　　　　　　　D. 全部编辑完成后对文档进行备份

（8）在 Word 2010 中打开文档"练习1.docx"后，单击【文件】|【另存为】命令，将其另存为"练习2.docx"，则（　　）。

    A. "练习 1.docx"是当前文档

    B. "练习 2.docx"是当前文档

    C. 原文件"练习 1.docx"会被删除掉

    D. 原文件"练习 1.docx"的名称会改为"练习 2.docx"

（9）下列关于 Word 2010 撤销操作的叙述中，正确的是（　　）。

    A. 只能撤销最后一次对文档的操作

    B. 可随时撤销以前所有的错误操作

    C. 不能进行撤销操作

    D. 可撤销针对该文档当前操作前有限次数的操作

（10）Word 2010 中，如果选定的文字中含有不同的字体，那么"字体"框中会显示（　　）。

A. 所选文字中第一种文体的名称

B. 显示所选文字中最后一种字体的名称

C. 显示所选文字中字数最多的那种文体的名称

D. 空白

## 二、操作题

1. 批量生成缴费通知单

（1）制作如图 5-18 所示的数据文档。

| 姓名 | 手机号码 | 欠费金额 | 限缴时间 |
|------|----------|----------|----------|
| 张三 | 13870573765 | 150.50 元 | 12 月 31 日 |
| 李四 | 15912345679 | 310.80 元 | 12 月 31 日 |
| 王二 | 18989769863 | 158 元 | 12 月 31 日 |
| 赵六 | 13570382658 | 200.60 元 | 12 月 31 日 |

图 5-18　数据文档

（2）制作如图 5-19 所示的主文档。

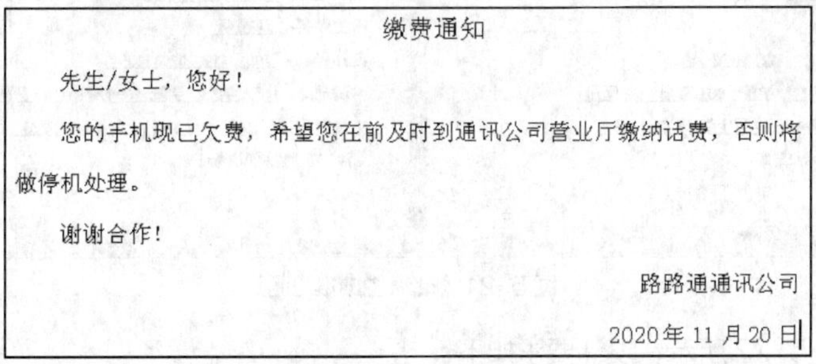

缴费通知

先生/女士，您好！

　　您的手机现已欠费，希望您在前及时到通讯公司营业厅缴纳话费，否则将做停机处理。

　　谢谢合作！

路路通通讯公司

2020 年 11 月 20 日

图 5-19　主文档

（3）利用邮件合并功能，批量制作如图 5-20 所示的缴费通知单。

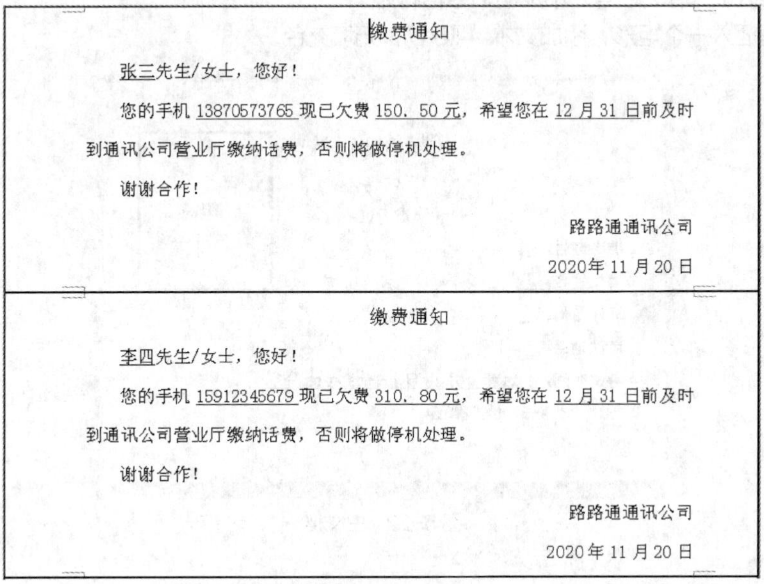

缴费通知

张三先生/女士，您好！

　　您的手机 13870573765 现已欠费 150.50 元，希望您在 12 月 31 日前及时到通讯公司营业厅缴纳话费，否则将做停机处理。

　　谢谢合作！

路路通通讯公司

2020年 11 月 20 日

缴费通知

李四先生/女士，您好！

　　您的手机 15912345679 现已欠费 310.80 元，希望您在 12 月 31 日前及时到通讯公司营业厅缴纳话费，否则将做停机处理。

　　谢谢合作！

路路通通讯公司

2020年 11 月 20 日

图 5-20　合并后的文档

2. 批量生成如下准考证（见图 5-21）

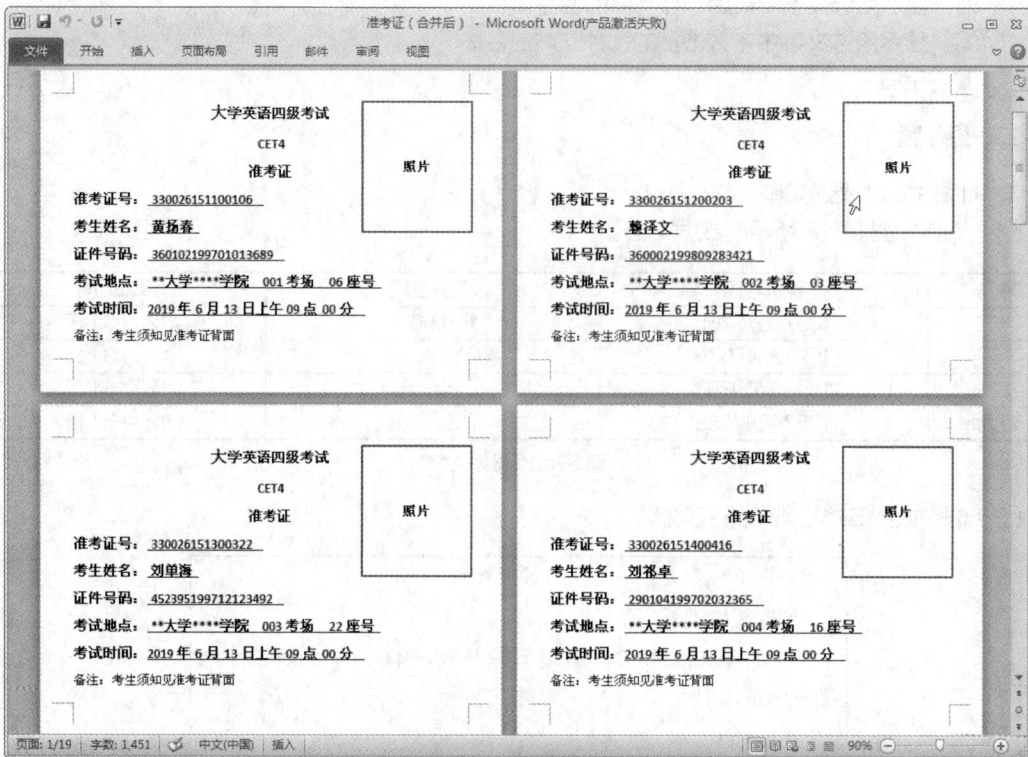

图 5-21　批量生成准考证

主文档样式如图 5-22 所示，设计要求如下。

（1）纸张大小：宽 14cm、高 10cm，页边距上下左右均为 1cm。

（2）主体文字：宋体、小四、加粗、行距 1.5 倍。

（3）备注部分：宋体、5 号、不加粗、单倍行距。

（4）右上角插入一个矩形，添加文本"照片"，无填充色。

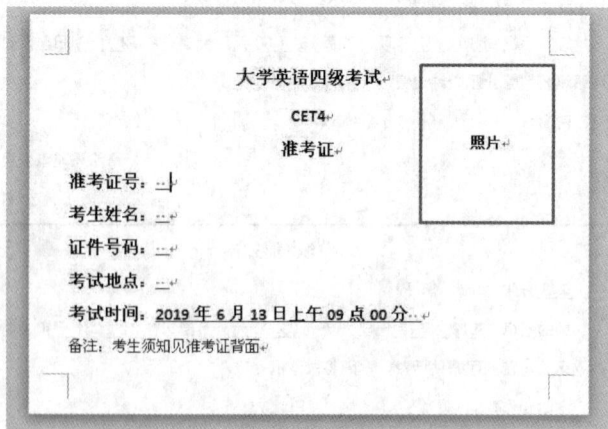

图 5-22　主文档

# 项目六
## 制作求职简历

**06**

项目目标

在激烈的人才竞争中，如何在众多求职者中突显自己，证明自己是适合某工作的最佳人选，从而获得面试的机会，是投递求职简历的目的。因此，求职简历制作的好坏，将直接影响到自己的命运。本项目就是通过制作图6-1所示的求职简历，帮助读者学会求职简历的设计与制作。

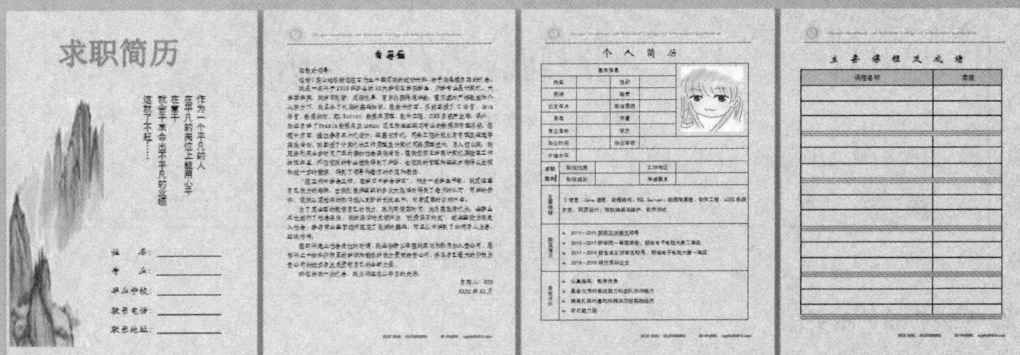

图6-1 求职简历

相关知识

※ 插入空白页

※ 插入并编辑文本框、艺术字、图片

※ 制作表格

※ 字体和段落排版

※ 编辑页眉页脚

---

## 任务一 自制简历封面

### 一、添加3个空白页

本"求职简历"共4页，第1页为封面，第2页为自荐信，第3页为个人基本情况简介，第4页为主要课程成绩介绍，所以单击【插入】|【空白页】（见图6-2）3次，得到4个空白页备用。

图6-2 插入空白页

自制简历封面

## 二、设置封面

### 1. 设置背景

单击【页面布局】|【页面颜色】|【填充效果】，打开"填充效果"对话框，选择【纹理】选项卡的【蓝色面巾纸】进行填充，如图6-3所示。

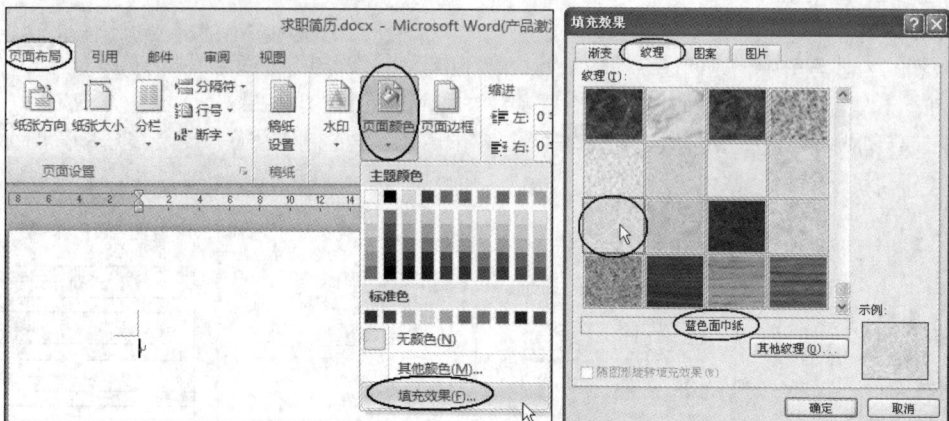

图6-3　页面填充蓝色面巾纸

### 2. 插入标题艺术字

（1）单击【插入】|【艺术字】|【填充-白色，投影】（见图6-4），输入文本"求职简历"。

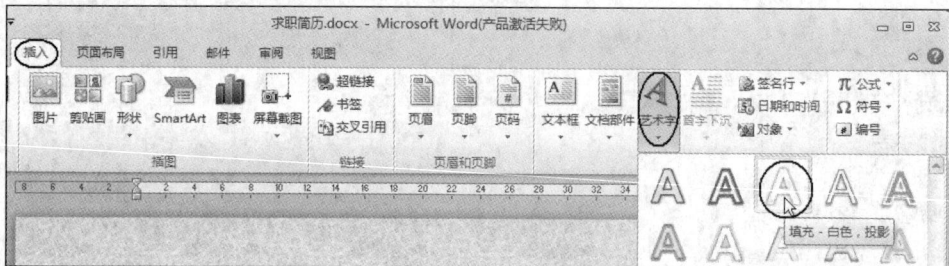

图6-4　插入艺术字

（2）选择文本"求职简历"，设置字号为80磅。单击【文本填充】|【标准色 橙色】（见图6-5），"文本轮廓"也填充【标准色 橙色】。

### 3. 插入装饰图片

（1）单击【插入】|【图片】，选择素材图片"教学资源\项目六　制作求职简历\山水画.jpg"。

（2）选择图片，单击【格式】选项卡【大小】组右下角的 （见图6-6）。

（3）在打开的"布局"对话框中，先取消勾选【锁定纵横比】选项，再设置图片高为 21 厘米，宽为 8 厘米（见图6-7）。

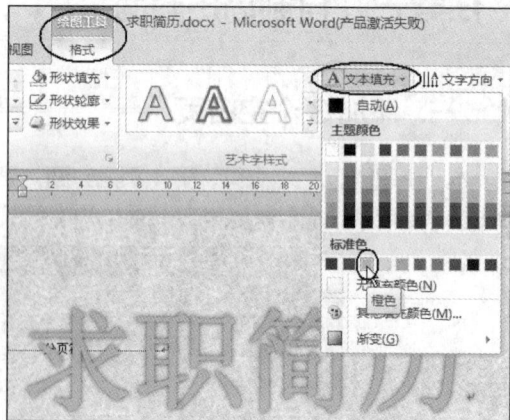

图6-5　文本填充【橙色】

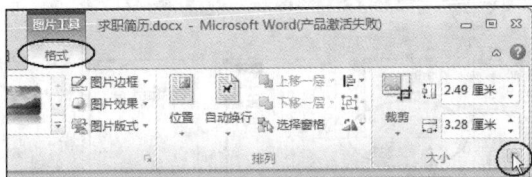

图 6-6　打开"布局"对话框

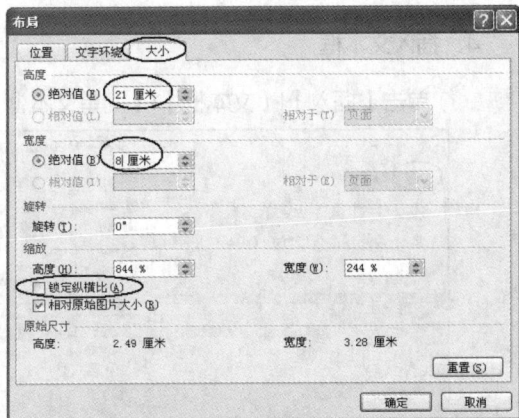

图 6-7　设置图片大小

（4）选择图片，单击【格式】|【自动换行】，选择【浮于文字上方】命令（见图 6-8）。

图 6-8　设置图片浮于文字上方

（5）参看图 6-1，将图片调整到合适位置。

（6）选择图片，单击【格式】|【颜色】|【设置透明色】（见图 6-9），当鼠标指针变成 时，用鼠标单击图片左上角的天空部分，天空部分变成透明效果，露出"蓝色面巾纸"背景。

图 6-9　设置透明色

### 4．插入文本框

（1）单击【插入】|【文本框】|【简单文本框】（见图6-10），插入一个默认大小和位置的文本框。

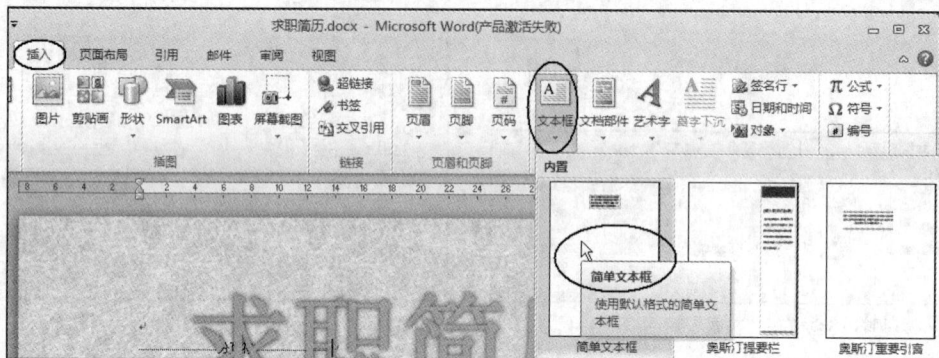

图6-10　插入简单文本框

（2）在文本框中输入以下文字。

作为一个平凡的人
在平凡的岗位上能用心干
在意干
就会干出不平凡的业绩
这就了不起……

（3）单击文本框的边框选择文本框，在【开始】选项卡设置其字体字号为黑体、二号。

（4）选择文本框，在【格式】选项卡设置文字方向为【垂直】（见图6-11）。

图6-11　修改文字方向

（5）参看图6-1，将文本框调整到合适的位置。

（6）选择文本框，设置其【形状填充】为【无填充颜色】（见图6-12）；【形状轮廓】也为【无填充颜色】。

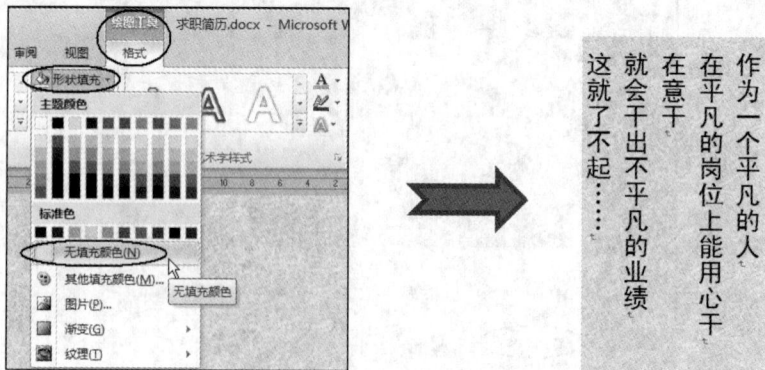

图6-12　设置文本框填充色

（7）再插入一个图 6-13 所示的文本框：华文楷体、二号、空格带下画线；文本框的【形状填充】和【形状轮廓】均为【无填充颜色】。

图 6-13　文本框效果

## //任务二// 编辑自荐信

写自荐信时要注意以下几个方面：要善于写出那些能表现自己人格、品质魅力的经历；要写出自己对一些相关问题的看法和态度；要善于用事实说话；要写出自己的特长；要有自信，但自我推销与谦虚应适当有度；语言简明扼要有条理；富有个性，不落俗套；确定求职目标；先建立联系，争取面试；以情动人，以诚感人。

编辑自荐信

### 1. 在第 2 页输入以下文本

### 2. 格式化字体、段落

（1）将标题"自荐信"字体设置为华文新魏、一号，加粗，字符间距为加宽 12 磅；段落设置为无缩进、居中对齐、段前 0 行、段后 0 行、单倍行距。

（2）将正文字体设置为楷体_GB2312、四号；段落设置为两端对齐、首行缩进 2 个字符，行距为固定值 22 磅。

（3）称呼设置左对齐、无首行缩进。

（4）落款设置右对齐。

# 任务三 制作表格"个人简历""主要课程及成绩"

制作表格"个人简历"
"主要课程及成绩"

"个人简历"表格和"主要课程及成绩"表格内容如图 6-14 所示。

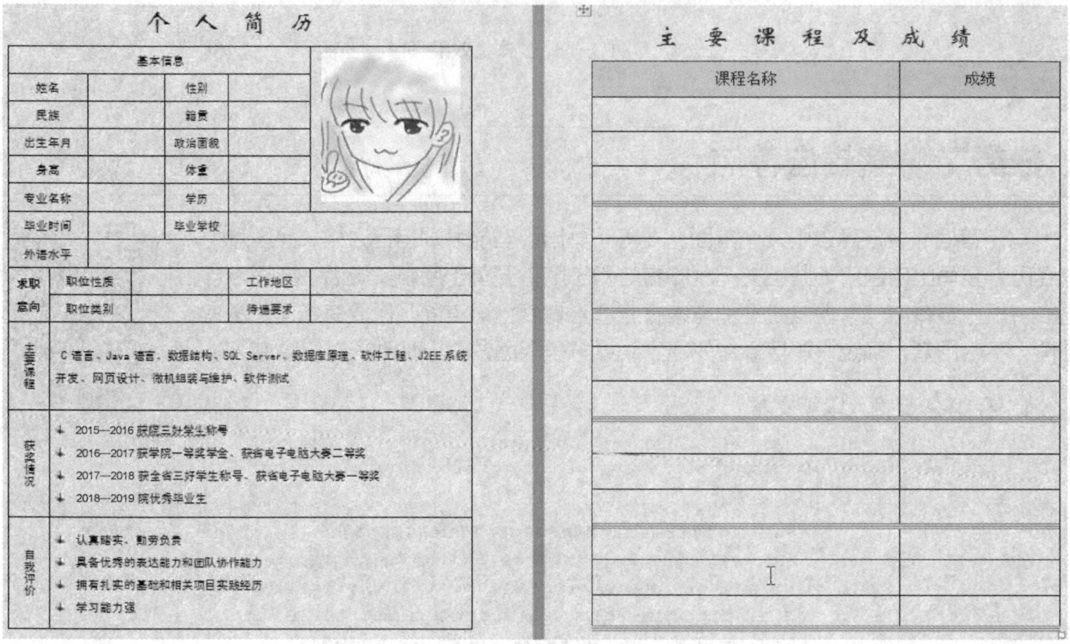

图6-14 个人简历、主要课程及成绩表

## 一、编辑表格"个人简历"

在第 3 页插入一个 5×14 的表格，具体要求如下。

（1）表格的第一行录入文本"个人简历"，格式：华文新魏、一号、加粗、字符间距为加宽 12 磅、居中对齐、段前 0 行、段后 0 行、无缩进、仅保存底部边框。

（2）其他文本：黑体、小四、无缩进、居中对齐、1.5 倍行距、段前 0 行、段后 0 行。

（3）最后 3 行的标题文字的方向：竖排。

（4）"获奖情况"列表和"自我评价"列表添加项目符号"↓"。

（5）插入个人近照一张，调整照片的大小、位置。

## 二、编辑表格"主要课程及成绩"

在第 4 页插入一个 2×17 的表格，具体要求如下。

（1）用鼠标抓住表格右下角的表格尺寸控点 往下拉，将表格拉大到基本铺满一个页面为止。

（2）在表格第 1 行录入文本"主要课程及成绩"，格式也为华文新魏、一号、加粗、字符间距为加宽 12 磅、居中对齐、段前 0 行、段后 0 行、无缩进、仅保存底部边框。（可使用格式刷复制前一张表格第 1 行的格式。）

（3）给表格第 2 行设置淡蓝色底纹。

（4）给第 5、8、11、14、17 行底部设置橙色、细、三线边框。

## 任务四　编辑页眉、页脚

编辑"个人简历"的页眉和页脚，内容如图 6-15 和图 6-16 所示。

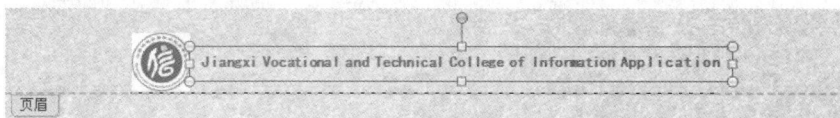

图 6-15　页眉

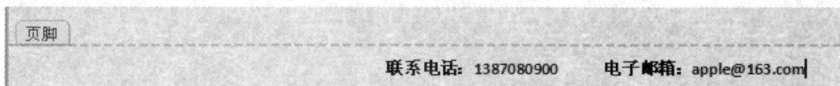

图 6-16　页脚

编辑页眉、页脚

### 一、在页眉处插入校徽

（1）双击第 2 页（自荐信）的页眉处，进入页眉页脚设计状态，勾选【首页不同】选项，如图 6-17 所示。

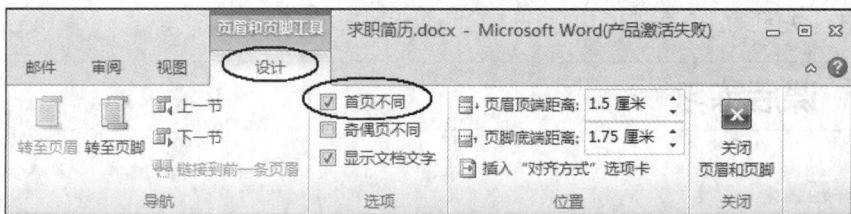

图 6-17　设置页眉为"首页不同"

（2）【插入】|【图片】，选择图片"教学资源\项目六　制作求职简历\校徽.jpg"。

（3）设置校徽为"两端对齐"或"左对齐"。

（4）将校徽的大小调到高 1.5 厘米、宽 1.5 厘米（见图 6-18）。

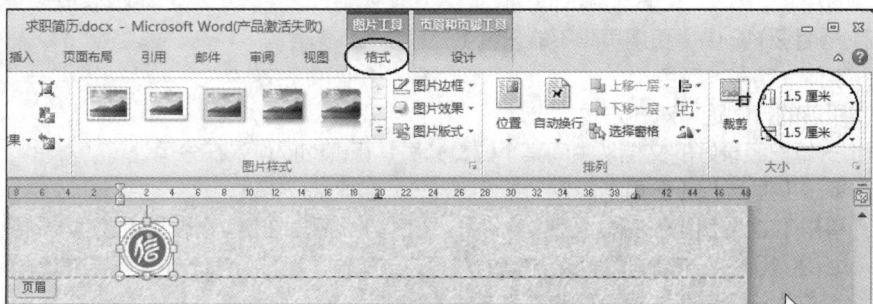

图 6-18　设置校徽大小

（5）将校徽设置为透明色。

## 二、在页眉处插入文本框

（1）单击【插入】|【文本框】|【绘制文本框】，鼠标指针变为十形状，按下鼠标左键，在校徽的右边拖曳画出一个文本框。

（2）在文本框中输入英文："Jiangxi Vocational and Technical College of Information Application"。

（3）单击文本框的边框，选择文本框，设置文字为黑体、五号、加粗、绿色。填充颜色为【无填充颜色】，轮廓颜色亦为【无填充颜色】，效果如图6-15所示。

## 三、编辑页脚

（1）单击【设计】|【转至页脚】（见图6-19），插入点跳至页脚。

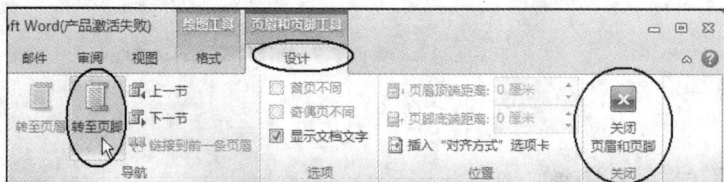

图6-19　编辑页脚

（2）输入文本："联系电话：1387080900　　电子邮箱：apple@163.com"，并将文本设置为黑体、五号、加粗、右对齐，效果如图6-16所示。

（3）单击【关闭页眉和页脚】（见图6-19），退出页眉页脚编辑状态。

## 课后练习

### 一、选择题

（1）在Word 2010中，下列关于"项目符号"的叙述中，不正确的是（　　）。

    A. 项目符号可以改变　　　　　　　　B. 项目符号可在文本内任意位置设置

    C. 项目符号可以自定义　　　　　　　　D. 设置项目符号可增强文档的可读性

（2）在Word 2010中，制作页眉时，不可以在页眉中插入（　　）。

    A. 图片　　　　　B. 文本框　　　　　C. 视频　　　　　　D. 页码

（3）在Word 2010中，页眉页脚不能设置（　　）。

    A. 字体、字号、颜色　　　　　　　　B. 边框和底纹

    C. 段落的行间距、对齐方式　　　　　　D. 分栏

（4）要将一篇已经录好的文档从中间某个位置分页，正确的操作是在分页处（　　）。

    A. 单击【插入】|【分页】命令　　　　B. 连续敲空格键，直到达到分页效果

    C. 单击【插入】|【空白页】命令　　　D. 连续敲回车键，直到达到分页效果

（5）Word 2010中，如果前后两个段落的对齐方式不同，若删除前一个段落末尾的段落标记，前后两段文字会合并为一个段落，且段落的对齐方式（　　）。

    A. 变为系统默认的对齐方式　　　　　　B. 保留各自的对齐方式

    C. 采用前面段落的对齐方式　　　　　　D. 采用后面段落的对齐方式

（6）Word 2010中，如果前后两个段落的字体格式不同，若删除前一个段落末尾的段落标记，前

后两段文字会合并为一个段落，且文字字体（　　　）。

    A. 均变为系统默认的字体格式　　　　　B. 均变为合并前第 1 段字体格式

    C. 均变为合并前第 2 段字体格式　　　　D. 均保持与合并前一致，不发生变化

（7）下列关于页眉和页脚的叙述中，正确的是（　　　）。

    A. 首页不能设置页眉和页脚　　　　　　B. 奇数页和偶数页可以有不同的页眉和页脚

    C. 不可以在页眉处设置页码　　　　　　D. 页眉文字下面的边框线不能删除

（8）在 Word 2010 中，下列关于页眉和页脚的叙述中，错误的是（　　　）。

    A. 双击页眉处，即可进入页眉编辑状态

    B. 双击文档部分，即可退出页眉编辑状态

    C. 页眉做好了以后，就不能再修改了

    D. 如果一篇文档一共有 10 页，可以设置第 1 页没有页眉但其他页有页眉

（9）下列关于 Word 2010 打印预览的叙述中，不正确的是（　　　）。

    A. 在打印预览中，可同时查看文档的多页

    B. 打印预览可以减少浪费、节约纸张

    C. 打印预览中可以编辑文档中的文字

    D. 打印预览可以预览打印的效果

（10）下列关于 Word 2010 打印预览和打印的叙述中，不正确的是（　　　）。

    A. 只能在打印预览状态中打印

    B. 在打印预览状态下可以直接打印

    C. 可以在打印预览状态下设置打印的范围

    D. 可以在打印预览状态下调整页边距

## 二、操作题

结合自己的情况，制作一份求职简历。

# 项目七
## 长文档的编排与审阅

**07**

项目目标

无论是学习还是工作，我们都会经常编辑和排版长文档，长文档的处理比普通文档要复杂得多。本项目通过对论文"数字校园系统模型的研究"的综合排版，帮助读者熟练掌握长文档的排版技巧。

相关知识

※ 应用样式

※ 设置多级列表编号

※ 查找与替换

※ 插入脚注、尾注、题注、封面、分页符、分节符

※ 插入目录

※ 插入页眉、页脚

※ 拼写和语法检查

※ 字数统计

※ 文档的拆分与并排查看

※ 添加批注与修订

## 任务一　文档的编排

### 一、导航窗格

导航窗格能够帮助用户快速找到每个章节，清晰看到每个章节的分类，特别适用于编辑长文档。

（1）打开文档"教学资源\项目七　长文档的编排与审阅\数字校园系统模型的研究.docx"，单击【视图】选项卡，勾选【导航窗格】选项（见图7-1）。

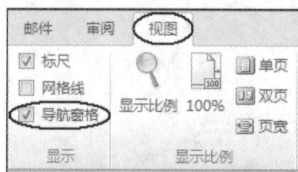

图7-1　显示导航窗格

（2）单击"导航窗格"中的标题，就可以快速定位到相应的位置，如图7-2所示。

### 二、应用样式

长文档内容长，格式多，如果每种格式都按部就班地排版，费时又费力，如果用样式来统一应用于文档格式，就方便得多。

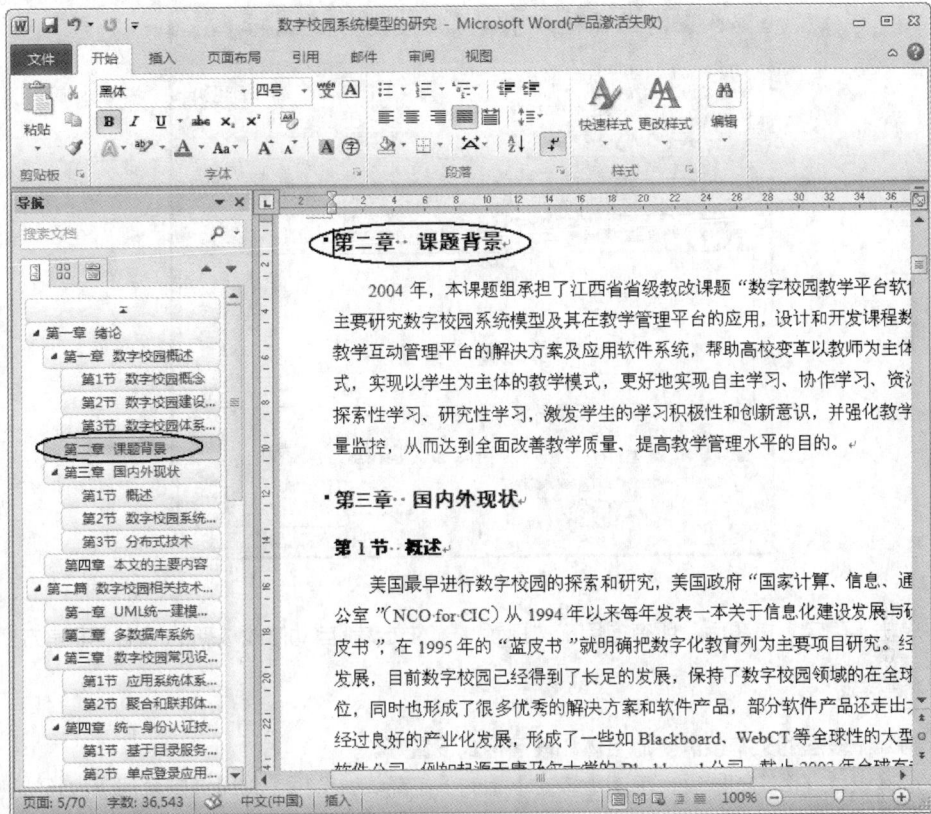

图 7-2　导航效果

## 1. 应用内置样式

选中文档中的段落"第一篇 绪论",单击【开始】|【标题 1】,则该段落就应用了【标题 1】样式。

给定的文档中,所有"篇"都采用了样式"标题 1","章"都采用了样式"标题 2","节"都采用了样式"标题 3"。

如果不喜欢 Word 的内置样式,可以对内置的样式进行修改,也可以新建样式。

## 2. 修改样式

(1)在样式"标题 1"上单击鼠标右键,并在弹出的快捷菜单中选择【修改】命令(见图 7-3)。

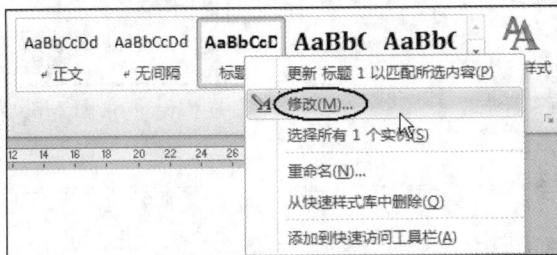

图 7-3　选择【修改】命令

(2)在"修改样式"对话框中修改其字体为方正姚体、二号、加粗、居中对齐、2 倍行距,如图 7-4 所示。

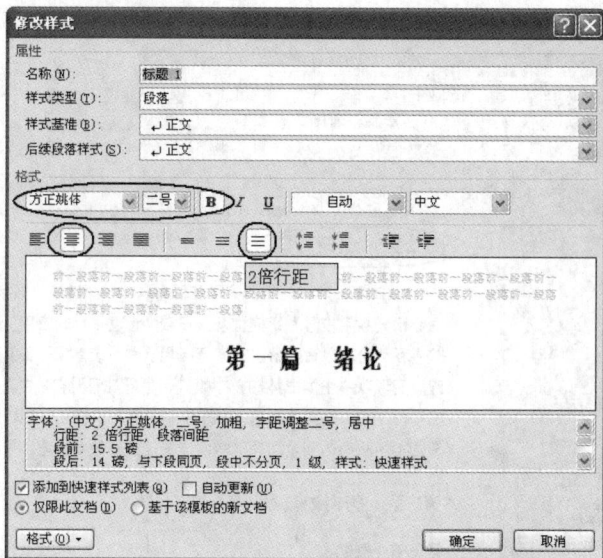

图7-4 修改样式

（3）单击【确定】按钮后，所有应用了"标题1"的文字都自动修改成新的风格，非常方便快捷。

### 3. 新建样式

（1）将某个段落的文本按需要的字体和段落格式设置好。

（2）选择设置好格式的段落，单击【样式】组的下拉箭头，选择【将所选内容保存为新快速样式】命令（见图7-5）。

（3）将新样式命名为"样式1"，如图7-6所示。

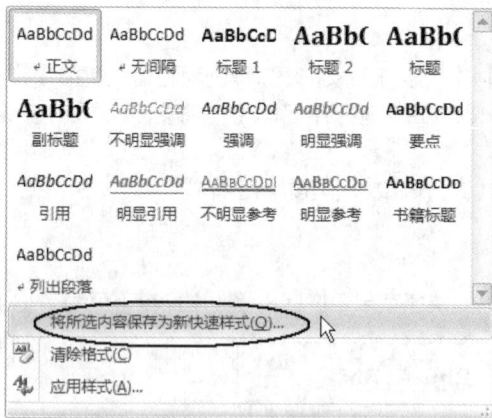

图7-5 保存新样式

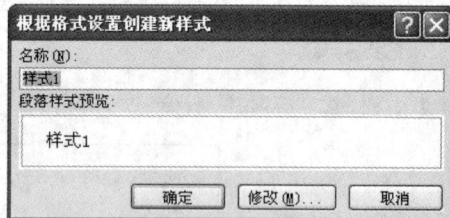

图7-6 为新样式命名

## 三、多级列表编号

给文档设置如下多级列表编号。

第1级格式：第1章、第2章、第3章……

第2级格式：1.1、1.2…2.1、2.2…

第3级格式：1.1.1、1.1.2…2.1.1、2.1.2…

多级列表编号

### 1. 设置1级编号

（1）把光标定位在段落"第一篇 绪论"中，单击【开始】|【段落】|【多级列表】|【定义新的多级列表】，如图7-7所示。

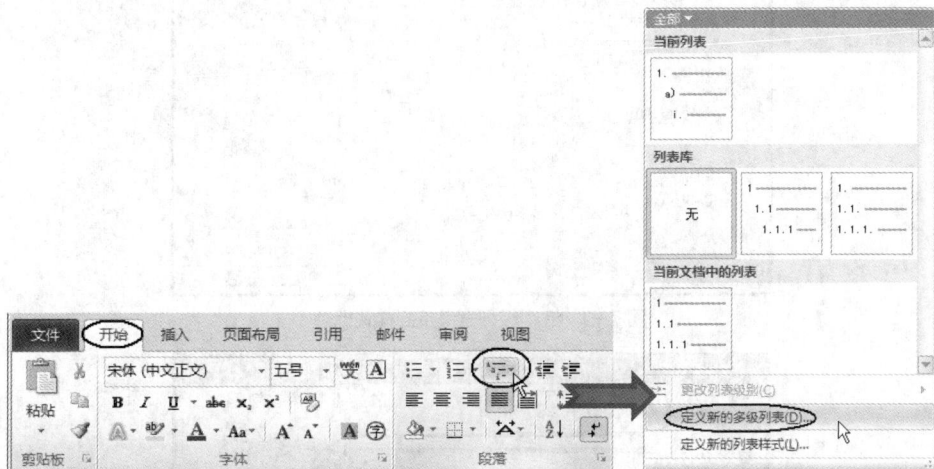

图7-7 定义新的多级列表

（2）在"定义新多级列表"对话框中设置1级编号，操作步骤见图7-8的标注。

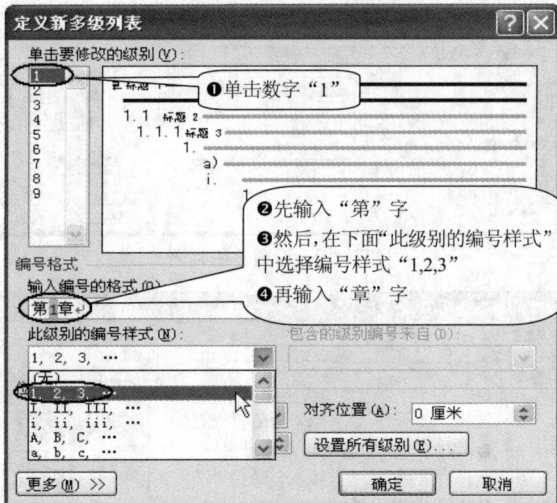

图7-8 设置1级列表格式

（3）单击对话框的【更多】按钮，打开图7-9所示的对话框，选择【将级别链接到样式标题1】。这样，凡是使用了样式"标题1"的段落将自动添加1级编号。

### 2. 设置2级编号

设置2级编号的操作步骤见图7-10的标注。

### 3. 设置3级编号

设置3级编号的操作步骤见图7-11的标注。

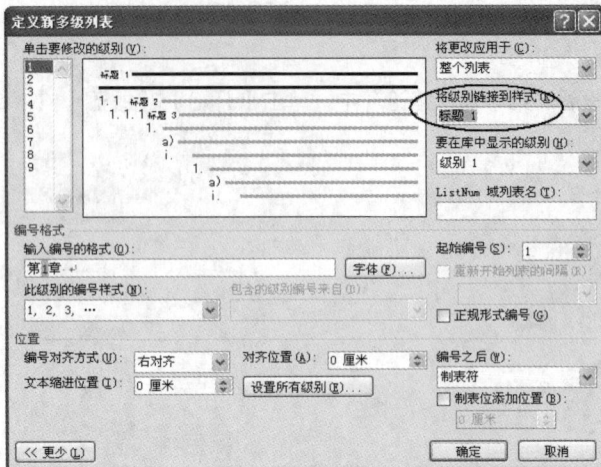

图 7-9　将 1 级列表链接到样式标题 1

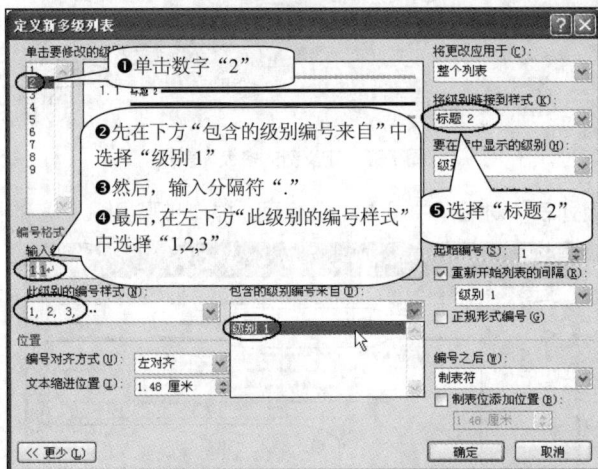

图 7-10　设置 2 级列表

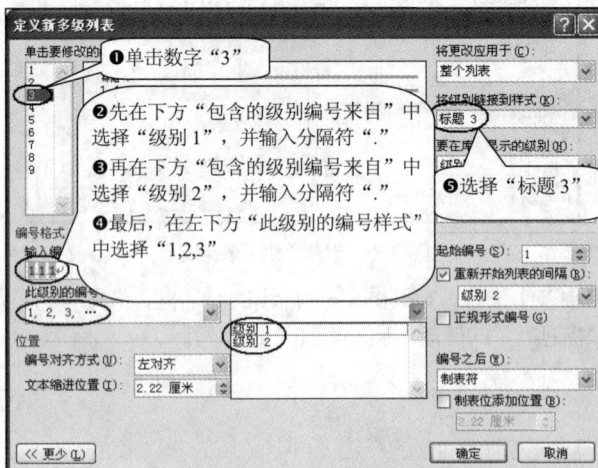

图 7-11　设置 3 级列表

## 四、查找与替换

较短的文档中，要删掉或换掉一个词语，一般是直接修改完成；长文档中可以启动"替换"功能完成。下面我们就来演示如何用"替换"功能删除多余的手动编号。

（1）选择文本"第一章"，单击【开始】|【替换】，"查找内容"自动显示"第一章"，单击【全部替换】按钮（见图 7-12）。

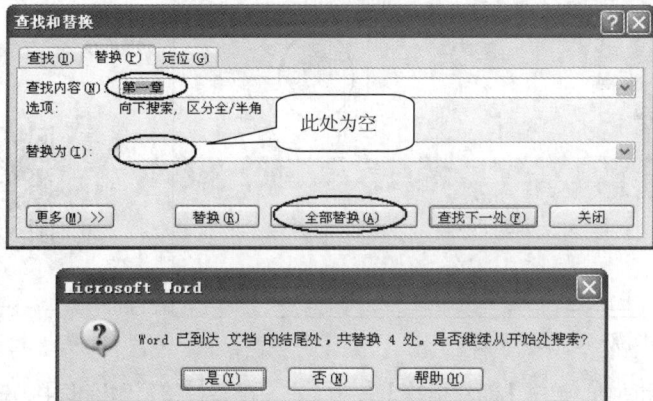

图 7-12　替换

（2）用同样的方法删除第二章、第三章、第四章、第五章、第六章、第 1 节、第 2 节、第 3 节、第 4 节。

## 五、插入脚注、尾注

在长论文或论著中，经常要对文中有关内容做解释、说明，此时可以采用插入"脚注"或"尾注"（见图 7-13）的方式实现。脚注插在本页底部，尾注则插在文档的尾部。

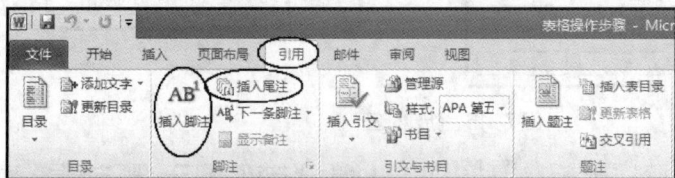

图 7-13　插入脚注、尾注

下面为"985 一期"一词添加脚注。

（1）选择文本"985 一期"，单击【引用】|【插入脚注】，插入点自动跳到本页底部。

（2）输入注释文本"1998 年 5 月 4 日，在庆祝北京大学建校 100 周年大会上，'985 工程'启动。"，结果如图 7-14 所示。

图 7-14　输入脚注文本

**109**

## 六、插入题注

长文档或论著中，会出现较多的图片或表格，利用插入"题注"可以方便快捷地给图片、表格进行编号。下面为"数字校园体系结构"图添加题注。

（1）选择"数字校园体系结构"图，单击【引用】|【插入题注】（见图7-15）。

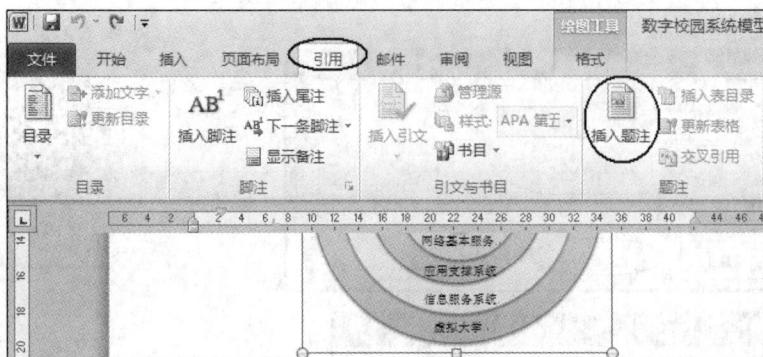

图7-15　插入题注

（2）在打开的"题注"对话框中，单击【新建标签】按钮，在"新建标签"对话框中，输入"图"，并在"图"字后面输一个空格，如图7-16所示。

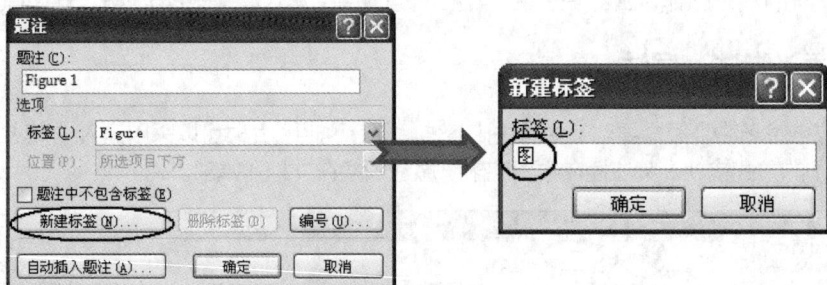

图7-16　新建标签

（3）单击【确定】按钮，回到"题注"对话框，单击【编号】按钮，打开"题注编号"对话框。

（4）在"题注编号"对话框中选择格式"1，2，3…"，勾选【包含章节号】选项，章节起始样式选择"标题1"，如图7-17所示。

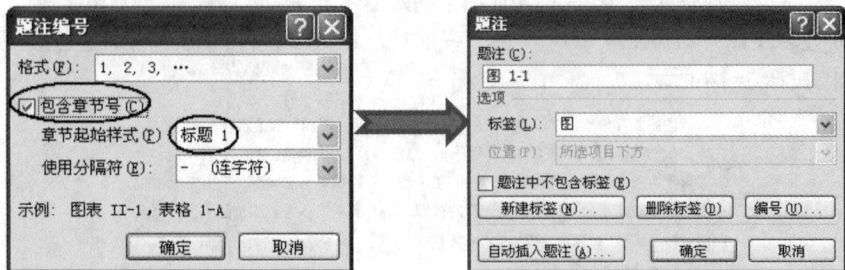

图7-17　设置题注编号的格式

（5）单击【确定】按钮，自动在图片下面插入题注"图1-1"，效果如图7-18所示。再添加题注文本"数字校园的体系结构"即可。

图 7-18　题注效果

（6）如果编辑时，有图片被删除，题注的顺序需要改变。可选择整个文档，单击鼠标右键，并在弹出的快捷菜单中选择【更新域】命令。

## 七、插入目录

（1）按【Ctrl+Home】组合键，将光标移到文档的最前面，单击【插入】|【空白页】。

（2）单击【引用】|【目录】|【自动目录 1】，自动插入一个显示 3 级大纲的目录，如图 7-19 所示。

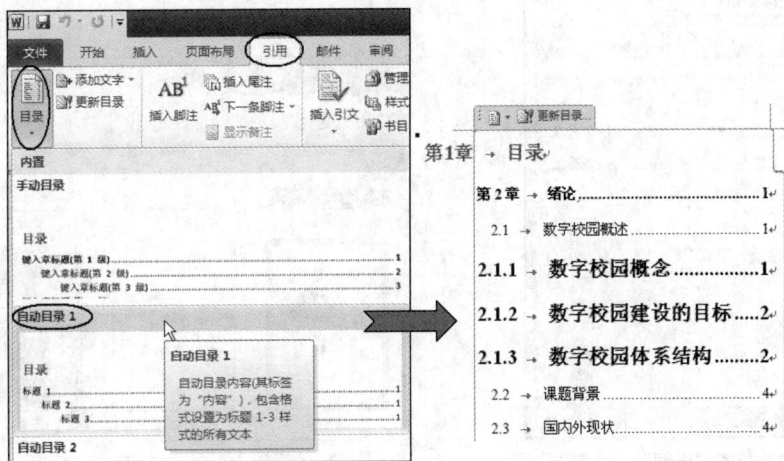

图 7-19　插入自动目录 1

（3）将光标定位于第一行"第 1 章　目录"，单击【开始】| ≡ 取消项目编号。

（4）单击 更新目录 按钮更新目录，选择【更新整个目录】选项，如图 7-20 所示。

（5）修改目录。

① 把光标定位在 2 级目录"1.1　　数字校园概述"中，打开"段落"对话框，设置其左缩进 2 字符。

② 把光标定位在 3 级目录"1.1.1　　数字校园概念"中，打开"段落"对话框，设置其左缩进 4 字符。

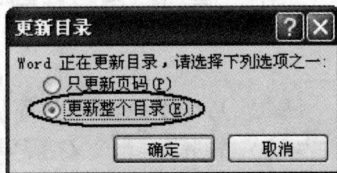

图 7-20　更新目录

③ 选择目录中所有文字，设置为宋体、小四、加粗、段前 0 行、段后 0 行、1.5 倍行距。

④ 将"目录"二字设置为一号、居中对齐。最后效果如图 7-21 所示。

## 目录

图 7-21　目录效果

## 八、插入封面

（1）关闭本文件，然后右击文件名，在快捷菜单中选择【属性】命令，在"属性"对话框中设置文档的"标题"和"作者"，如图 7-22 所示。

（2）重新打开文档，单击【插入】|【封面】，选择内置封面【拼板型】，如图 7-23 所示。

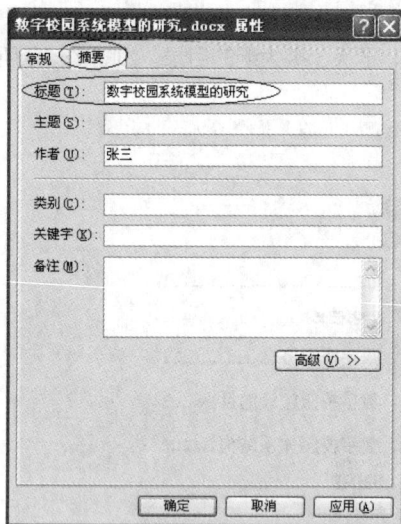

图 7-22　设置文档的"标题"和"属性"

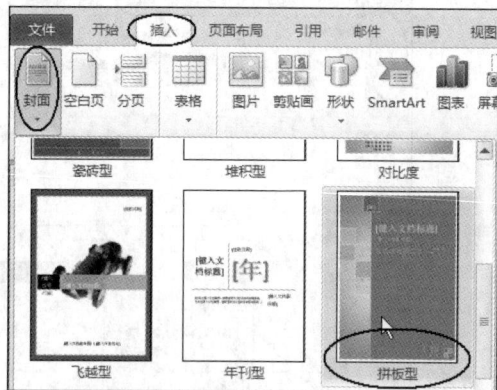

图 7-23　插入封面"拼板型"

（3）根据需要输入文档日期、副标题、摘要。

## 九、插入分页符、分节符

> **注意** Word 文档的"分页"操作只是简单地为了另起一页显示，"分节"则有更深层的作用。一般情况下，一个文档不管多少页，它都是一节，但"分栏"操作会自动将文档分节。
> 同一节的页边距、纸张大小和方向、页眉页脚必须一致。长文档或论著中通常要设置不同风格的页眉页脚，所以往往要对内容进行手动分节。

本任务中，第 1 章前面的内容不要页眉，第 1 章到第 5 章的内容设置"奇偶页不同"的页眉，奇数页用内置页眉"运动型（奇数页）"，偶数页用内置页眉"运动型（偶数页）"；参考文献的页眉都用"参考文献"。

（1）将光标依次定位在"第 2 章""第 3 章""第 4 章""第 5 章"前，单击【页面布局】|【分隔符】|【分页符】（见图 7-24）。

（2）将光标依次定位在"第 1 章　绪论"和"参考文献"前，单击【页面布局】|【分隔符】|【分节符】|【下一页】（见图 7-24），将文档分成 3 节。

插入分页符、分节符

## 十、插入页眉页脚

（1）打开"页面设置"对话框，设置页眉和页脚为【奇偶页不同】，如图 7-25 所示。

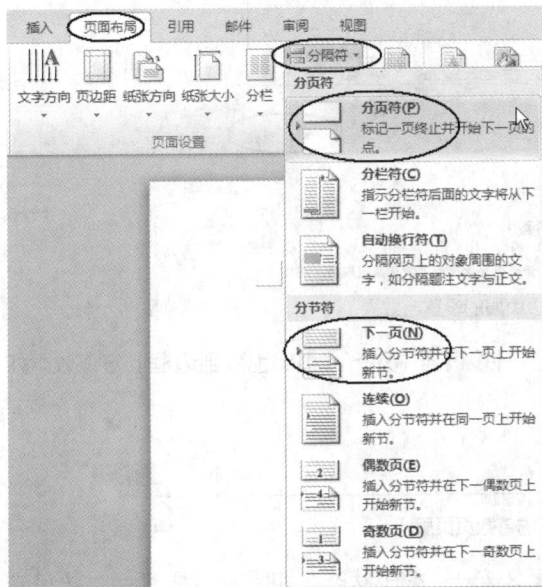

图 7-24　插入分页符、分节符

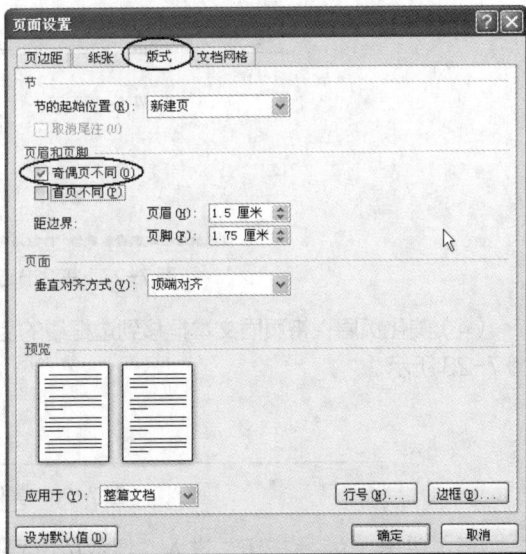

图 7-25　设置奇偶页不同

（2）用鼠标双击"第 1 章　绪论"所在页的页眉处，进入"奇数页页眉-第 2 节-"的编辑状态，如图 7-26 所示。单击 链接到前一条页眉 按钮，取消【与上一节相同】。

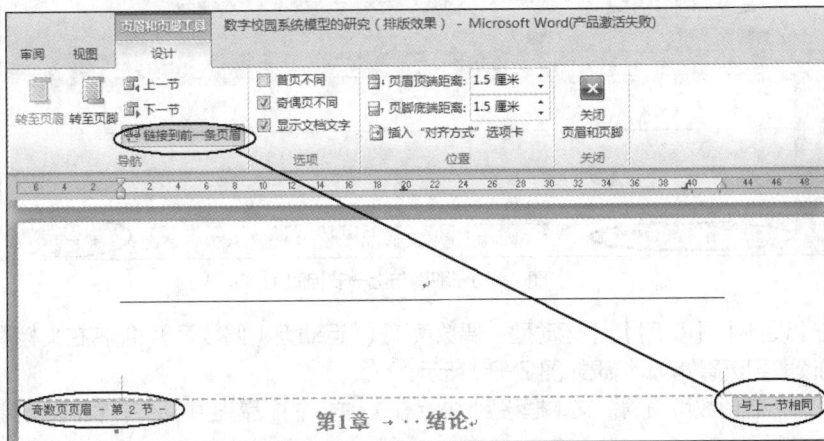

图 7-26　取消与上一节相同

（3）单击【设计】|【页眉】|【运动型（奇数页）】（见图 7-27）。"运动型（奇数页）"能将应用了样式"标题 1"的文字自动读取到其所在页的页眉处，且自动显示页码。

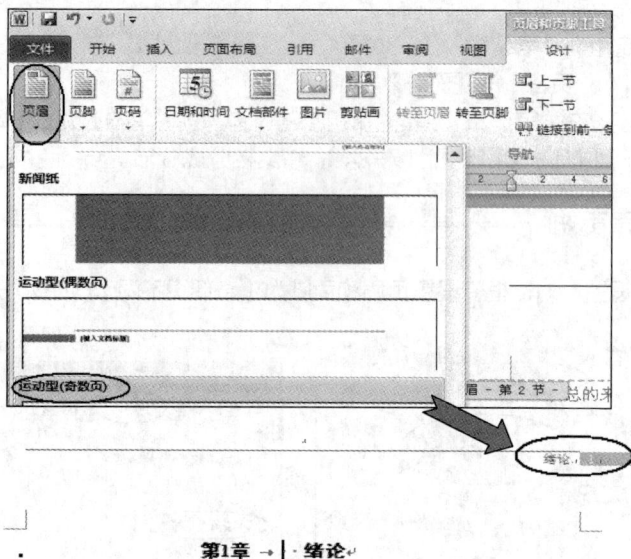

图 7-27　第 2 节奇数页页眉的设置与效果

（4）美化页眉：将页眉文本框移到边框线的上方，并设置居中对齐，页码也移到边框上方，效果如图 7-28 所示。

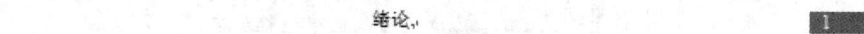

图 7-28　美化后的奇数页页眉

（5）单击 下一节 按钮，进入"偶数页页眉-第 2 节-"编辑状态，如图 7-29 所示。再单击 链接到前一条页眉 按钮，取消【与上一节相同】。

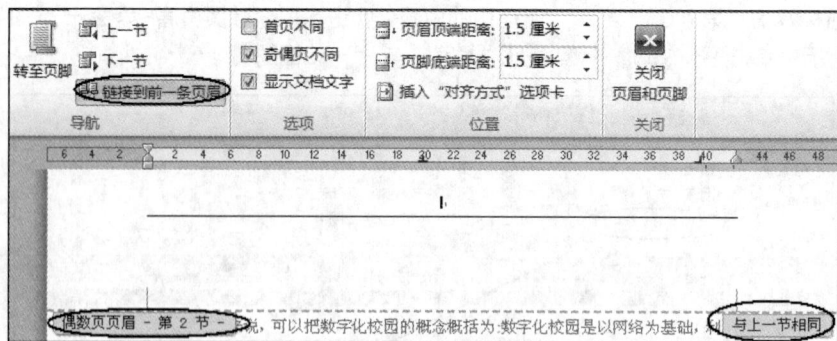

图 7-29　取消与上一节相同

（6）单击【设计】|【页眉】|【运动型（偶数页）】（"运动型（偶数页）"能将在文档属性中设置的标题文字自动读取到页眉处），结果如图 7-30 所示。

（7）将"第 2 节偶数页页眉"文本框移到边框线的上方，并设置居中对齐，页码也移到边框上方，效果如图 7-31 所示。

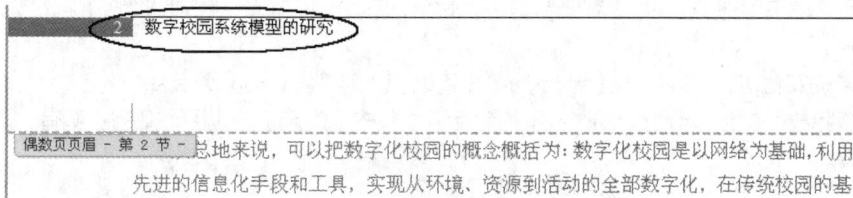

图 7-30　自动插入的偶数页页眉

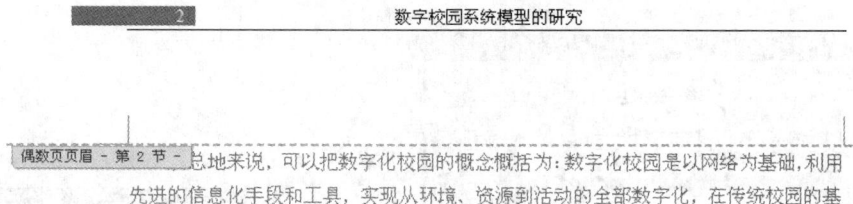

图 7-31　美化后的偶数页页眉

（8）单击 下一节按钮，进入"奇数页页眉-第 3 节-"编辑状态，单击 链接到前一条页眉 按钮，取消【与上一节相同】，保留页码，删除原来的页眉文本框，录入文本"参考文献"。

（9）页眉编辑完后，直接在主文档中双击，退出页眉页脚编辑状态。

## 任务二　文档的审阅

### 一、拼写和语法检查

Word 文档中经常能看到某些文字下面有红色或绿色的波浪线，这是在提示用户此处有语法和拼写错误，其中红色波浪线表示拼写错误，绿色波浪线表示语法错误。较短的文档中可以直接修改，长文档中可以启动"拼写与语法"功能逐一查看和修改。

（1）打开 Word 文档"教学资源\项目七　长文档的编排与审阅\数字校园系统的研究模型（审阅）"，单击【审阅】|【拼写和语法】（见图 7-32），打开"拼写和语法"对话框。

（2）如果认为不存在错误，可以单击【忽略一次】按钮或【全部忽略】按钮（见图 7-33）。

拼写和语法检查

图 7-32　拼写和语法

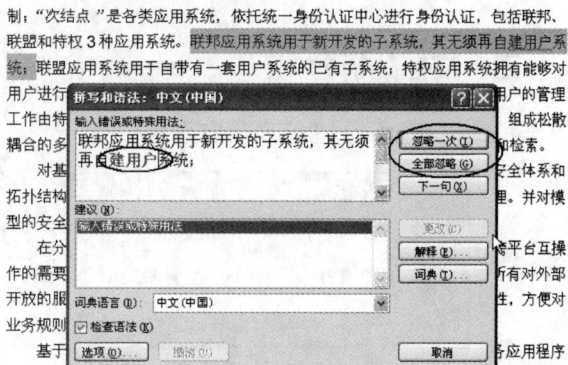

图 7-33　忽略错误

忽略后，波浪线就会消失，如果直接单击【下一句】按钮，波浪线则不会消失，影响视觉效果。

一个词在文章中出现多次时，【忽略一次】就是当前这个词被忽略；【全部忽略】就是文章中所有这个词都被忽略。

（3）如果确实有错，可以单击【更改】按钮接受建议，如图7-34所示。

（4）检查完成后，会弹出图7-35所示的对话框。单击【确定】按钮后，文档中所有"拼写和语法"提示均会消失。

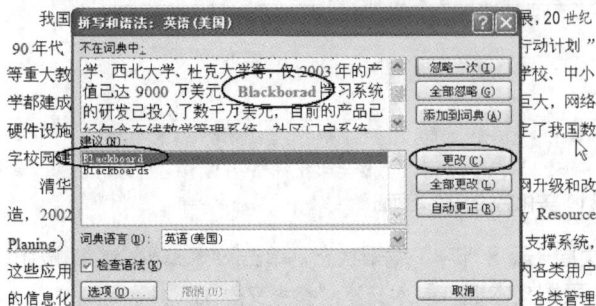

图7-34　接受更改

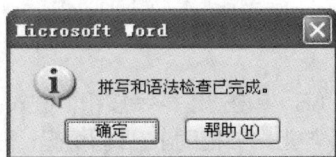

图7-35　检查完成

## 二、字数统计

单击【审阅】|【字数统计】，打开"字数统计"对话框，如图7-36所示。

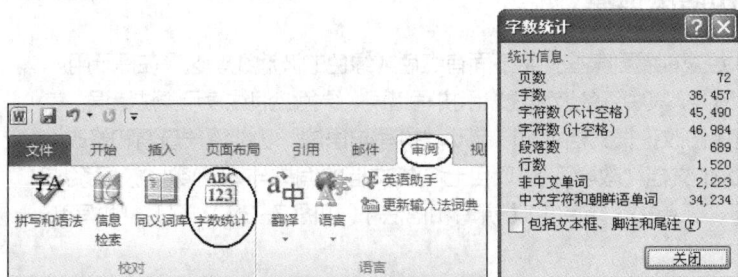

图7-36　字数统计

## 三、文档的拆分

（1）单击【视图】|【拆分】，如图7-37所示。

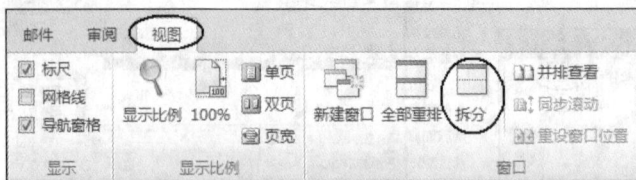

图7-37　拆分操作

文档的拆分

（2）用鼠标在文档的中间位置单击，将文档拆分成上下两个窗口，便于将同一文档不同位置的文本进行比对，"拆分"后的文档效果如图7-38所示。

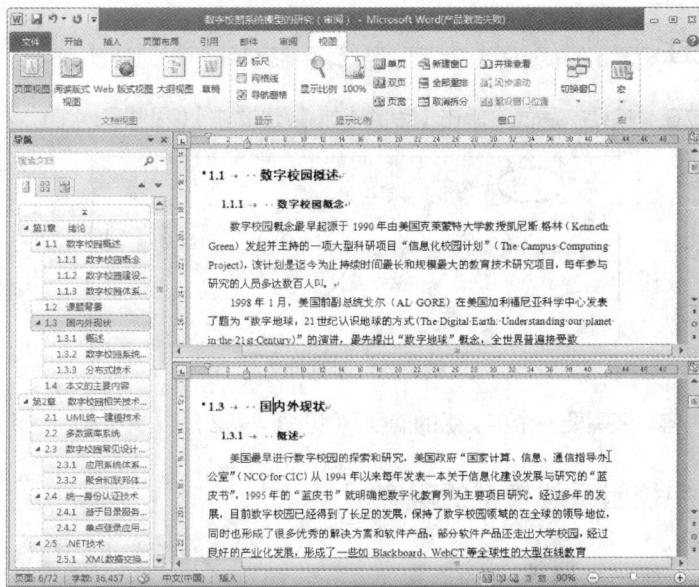

图 7-38　拆分后的窗口

## 四、文档的并排查看

（1）在文档"数字校园系统模型（审阅）"中单击【视图】|【并排查看】，选择比较的文档"数字校园系统模型的研究"（见图 7-39）。

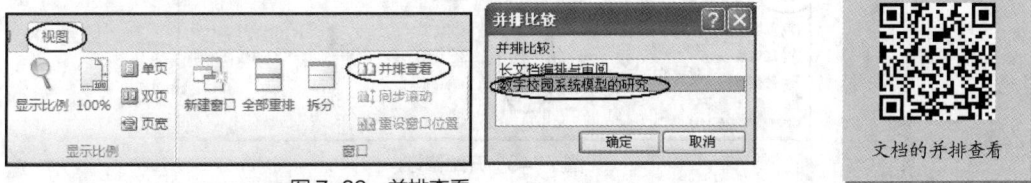

图 7-39　并排查看

（2）"并排查看"功能可以实现两个窗口的同步滚动，便于比较新旧版本的变化（见图 7-40）。

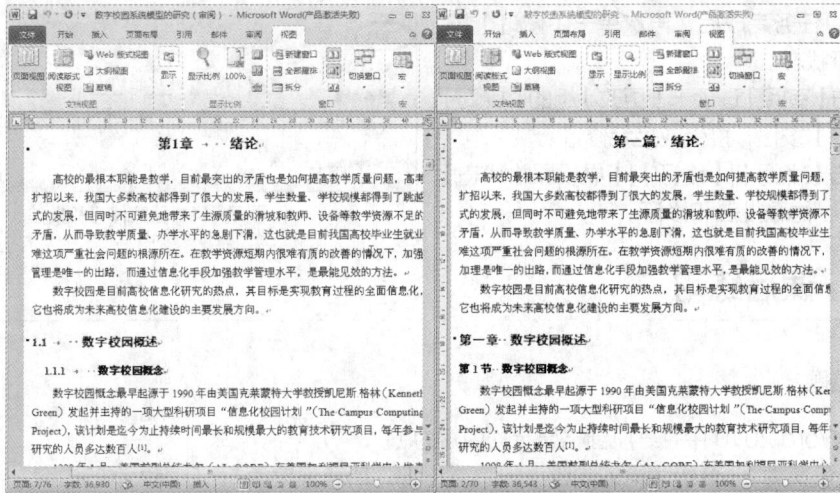

图 7-40　并排查看效果

## 五、添加批注

（1）把光标定位在"摘要"后面，单击【审阅】|【新建批注】（见图7-41）。

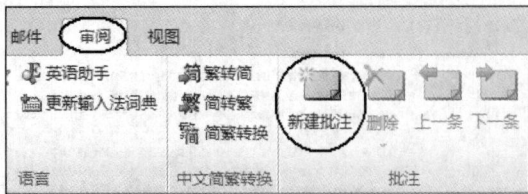

图7-41　新建批注

（2）输入批注内容"还需要一个英文版的摘要"（见图7-42）。

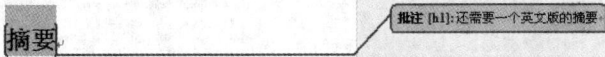

### 数字校园系统模型的研究

摘要

批注 [h1]:还需要一个英文版的摘要

图7-42　输入批注内容

## 六、修订文档

（1）单击【审阅】|【修订】（见图7-43）。

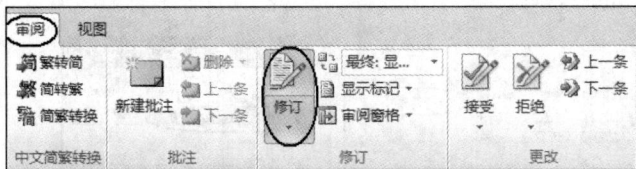

图7-43　开始修订

（2）进入修订状态后，任何操作都属于修订操作。在标题"数字校园系统模型的研究"的后面添加文本"和应用"，那么"和应用"3个字会呈现红色带下划线字体。

（3）修订任务完成后，再次单击【修订】按钮，退出修订状态。

（4）单击【审阅】选项卡【更改】组的【接受】按钮或【拒绝】按钮，接受或拒绝修订。

（5）单击【审阅】|【修订】|【显示原始状态】（见图7-44），隐藏批注和修订。

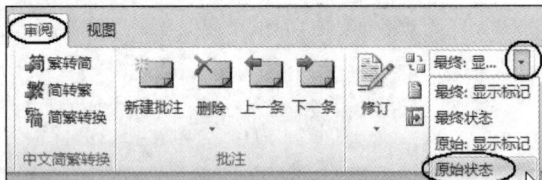

图7-44　隐藏修订和批注

## 课后练习

### 一、单选题

（1）在 Word 2010 中，导航窗格显示的内容为（　　）。

　　A．设置为 1~3 级大纲的内容　　　　B．所有设置为 1~9 级大纲的内容

　　C．字号较大且简短的文本　　　　　D．和目录一样的内容

（2）在 Word 2010 中，若用户需要将一篇文章中的字符串"Internet"全部替换为字符串"因特网"，则可以在【开始】选项卡的【编辑】组中选择（　　）命令。

  A.【全选】    B.【选择性粘贴】   C.【定位】    D.【替换】

（3）在 Word 2010 中，查找和替换中能使用的通配符是（　　）。

  A. +和-    B. *和,     C. *和?    D. /和*

（4）在 Word 2010 中，查找所有的字符"广西""广东"，可在查找内容中输入（　　）。

  A. 广西或广东  B. 广西     C. 广?    D. 广西、广东

（5）小王需要将毕业论文用 A4 规格的纸输出。在打印预览中，发现最后一页只有一行，她想要把这一行提到上一页，可行的办法（　　）。

  A. 增大行间间距       B. 增大页边距

  C. 减小页边距       D. 页面方向改为横向

（6）在 Word 2010 中插入"自动目录 1"时，以下叙述正确的是（　　）。

  A. 目录仅显示设置为 1~3 级大纲的内容

  B. 目录会显示所有设置为 1~9 级大纲的内容

  C. 会自动根据文章的内容确定目录的内容

  D. 会自动根据字体、字号的特点确定目录的内容

（7）在 Word 2010 中，下列关于查找和替换的叙述中，不正确的是（　　）。

  A.【查找和替换】命令可以在所选文本块中查找和替换全部文本

  B. 使用【查找】命令可以设置忽略大小写字母的区别

  C. 在【查找】选项组中可以设置使用通配符

  D. 使用【查找】命令时，不能忽略空格，查找结果会受到空格的影响

（8）在 Word 2010 中，下列关于样式的叙述中，不正确的是（　　）。

  A. 样式可以快捷地编排具有统一格式的段落

  B. 样式可以使文档段落格式保持一致

  C. Word 2010 定义了标准样式，用户不能修改或重新制定样式

  D. 样式包含一系列排版格式指令

（9）下列关于 Word 2010 拼写和语法检查的叙述中，不正确的是（　　）。

  A. 对英文单词能够进行拼写和语法检查

  B. 提醒错误的波浪线在打印时会被打印出来

  C. 红色波浪线表示拼写错误

  D. 绿色波浪线表示语法错误

（10）Word 2010 中，以下关于内置页眉"运动型（奇数页）"描述，错误的是（　　）。

  A."运动型（奇数页）"能将应用了样式"标题 1"的文字自动添加到所在页的页眉

  B."运动型（奇数页）"能将设置为"1 级大纲"的文字自动添加到所在页的页眉

  C. 插入内置页眉"运动型（奇数页）"后，可以对页眉进行修改

  D."运动型（奇数页）"也可以用在文档的偶数页

## 二、操作题

打开文档"数字校园系统模型的研究"，不使用样式，给文档添加如下页眉、页脚。

（1）摘要的页眉均用"摘要"，页脚显示页码（编号从 1 开始）。

（2）第一篇到第五篇的页眉均用各篇的标题，页脚显示页码（编号继续）。

（3）参考文献的页眉均用"参考文献"，页脚显示页码（编号继续）。

# 项目八
## Excel基本操作与数据录入

# 08

**项目目标**

Excel，作为一个存储和处理数据的软件，其最基础的工作就是录入数据。
快速、规范地完成数据的录入，是每个用户必备的基本功。本项目通过创建
"学生基本情况""个人月度预算表"，帮助读者掌握 Excel 的基本操作与数据的录入技巧。

**相关知识**

※ 工作簿、工作表、单元格的关系

※ 工作表的基本操作（新建、删除、移动、复制、重命名）

※ 单元格数据类型

※ 数据的自动填充

※ 数据有效性

※ 保护工作表、工作簿

---

## 任务一　创建工作表"学生基本情况"

"学生基本情况"表如图 8-1 所示。

图 8-1　学生基本情况

### 一、启动 Excel 2010

单击【开始】|【所有程序】|【Microsoft Office】|【Microsoft Office Excel
2010】命令，启动 Excel 2010（见图 8-2）。

工作簿、工作表、单元格、单元格地址的关系如下。

一个 Excel 文件就叫一个工作簿，默认的名称叫"工作簿 1"，扩展名是.xlsx。

创建工作表"学生
基本情况"

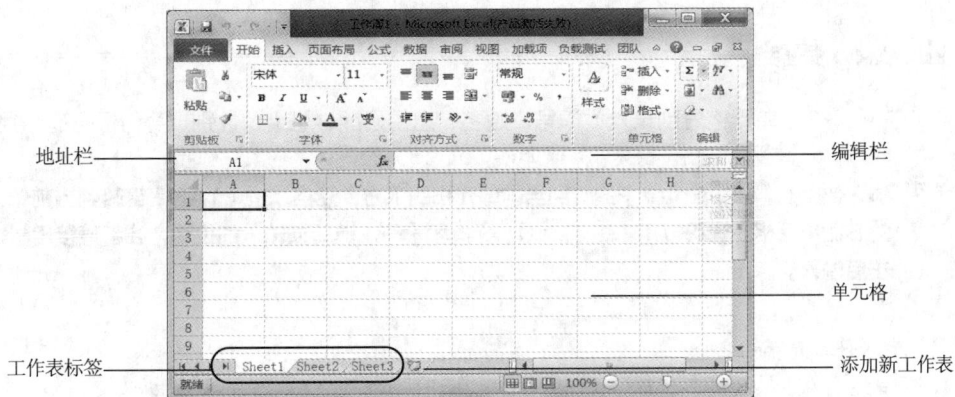

图 8-2　Excel 工作界面

工作簿由若干工作表组成，一个工作簿默认有 3 张工作表：Sheet1、Sheet2、Sheet3，工作表可以添加和删除，一个工作簿最少必须含有 1 张工作表。

工作表由若干单元格组成，单元格所在的"列"用英文字母标识（A~Z，AA~AZ，…），"行"用阿拉伯数字标识（1，2，3…）。

单元格地址由其"列标+行号"组成。例如：B6 表示 B 列第 6 行单元格。单元格之间的逗号表示离散的单元格，冒号表示连续的单元格。如 A1:G1 表示从 A1 到 G1 的 7 个连续单元格，A1:C5 则表示从 A1 到 C5 的矩形区域所含的 15 个连续单元格。（A1，B5，C1:C6）则表示 A1、B5 以及从 C1到 C6 的连续单元格，共 8 个。

## 二、保存文件

（1）单击窗口左上角"快速访问工具栏"的 ■ 按钮。

（2）在"另存为"对话框中，选择合适的保存位置，将文件命名为"Excel 基本操作与数据录入"，如图 8-3 所示。

## 三、工作表的删除与重命名

（1）在工作表标签"Sheet1"上单击鼠标右键，在弹出的快捷菜单中选择【重命名】（见图 8-4），输入名称"学生基本情况"。

（2）在工作表标签"sheet2"上单击鼠标右键，在弹出的快捷菜单中选择【删除】命令。

（3）用同样的方法删除"sheet3"。

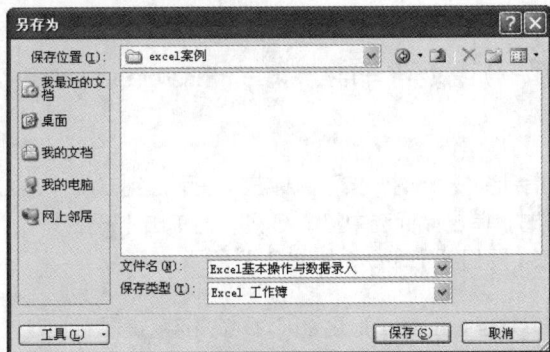

图 8-3　保存文件

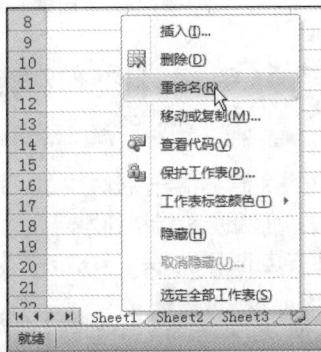

图 8-4　工作表重命名

## 四、录入数据

（1）在 A1~G1 单元格分别录入：学号、姓名、出生日期、班级、性别、身份证号码、月生活费。

> **提示** 输入数据时，按【Enter】键转到当前单元格的下方单元格，按【TAB】键转到当前单元格
> 的右侧单元格；也可以用【↑】【↓】【←】和【→】键转换输入的位置；或者直接用鼠标单
> 击后输入。

（2）录入并填充学号。

① 在单元格 A2 录入文本"1901041201"，单击编辑栏上 × ✓ *fx* 的 ✓ 确认。

② 把鼠标指针移到 A2 右下角的叫作"填充柄"的小方块上，当指针变成 ✚ 时，按下鼠标左键往下拉到 A9 松手，单击右下角的智能标志 ，选择【填充序列】命令，如图 8-5 所示。

③ 用鼠标抓住填充柄继续填充到 A52。

（3）录入姓名。

① 打开 Word 文件"教学资源\项目八 Excel 基本操作与数据录入\期末成绩汇总表.docx"，将鼠标指针移到第 1 列"姓名"的上方，指针变成 ⬇ 时，单击鼠标选择该列，在选中的内容上单击鼠标右键，在弹出的快捷菜单中选择【复制】命令，如图 8-6 所示。

图 8-5　填充序列

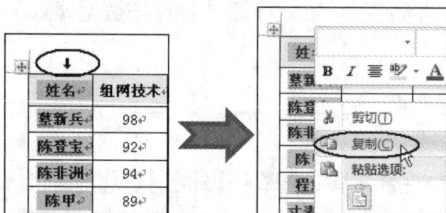

② 切换到 Excel 工作表"学生基本情况"，在单元格 B1 上单击鼠标右键，在弹出的快捷菜单中选择【匹配目标格式】命令，如图 8-7 所示。

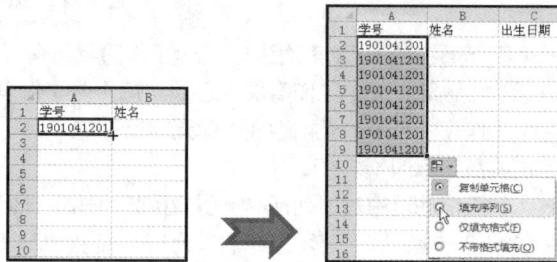

图 8-6　复制列

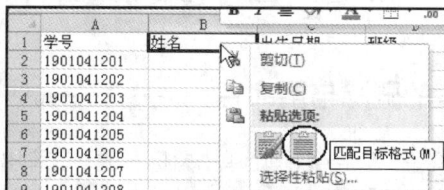

图 8-7　选择性粘贴

（4）输入日期。

① 在 C2 中输入出生日期"2001-2-1"。

> **注意** 年、月、日之间可以用短横杠（－）、斜杠（/）或汉字"年月日"隔开，不能用点（.）和顿
> 号（、）隔开。

② 把鼠标指针移到 C2 的"填充柄"上，当指针变成 ✚ 时，按下鼠标左键往下拉到 C52 松手。

③ 把鼠标指针移到列标 C 上，当指针变成 ⬇ 时，单击鼠标选中整个 C 列，再单击【开始】|【常规】右边的三角箭头，分别选择【长日期】命令和【短日期】命令，如图 8-8 所示。

> **提示** 如果选择【长日期】命令，可能会出现一串井号（####），这是因为列宽不够。把鼠标指针
> 移到列标 C 和 D 的分界线上，指针变成 ✚ 时，按下鼠标左键往右拉宽 C 列的宽度即可。

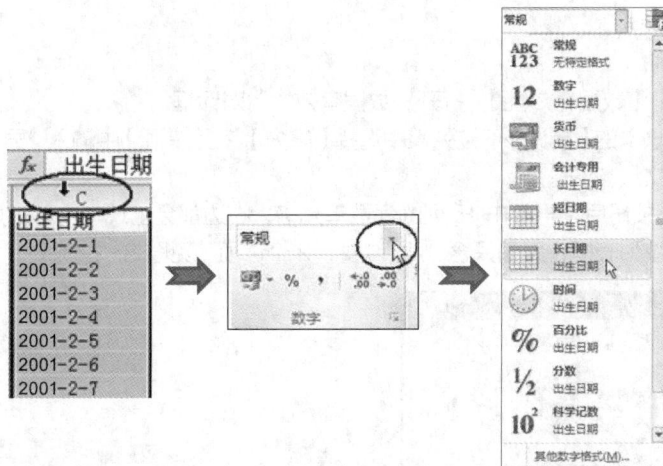

图 8-8　选择【长日期】

（5）录入班级。

① 在单元格 D2 录入班级名称"16 软件 1 班"，单击 ✔ 确认。

② 把鼠标指针移到 D2 单元格的"填充柄"上，当指针变成 ✚ 时，按下鼠标左键往下拉到 D52 松手。

③ 单击填充柄右下角的智能标志 ，选择【复制单元格】命令（见图 8-9）。

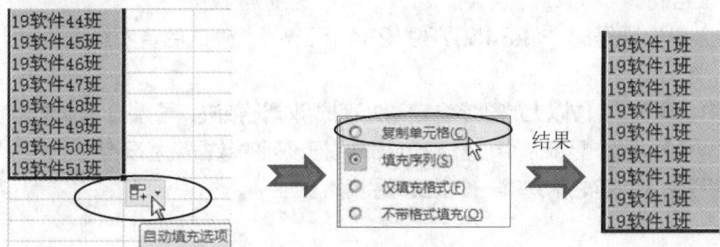

图 8-9　复制填充

提 示　利用填充功能还可快速地录入等差和等比数列。

　　（1）单击左下角"插入工作表"按钮 ，得到新工作表。

　　（2）在 A1 中录入 2。

　　（3）用鼠标右键抓住 A1 的填充柄往下拉，松手后弹出图 8-10 左侧所示的快捷菜单。

　　（4）选择【序列】命令，打开"序列"对话框（见图 8-10 右侧）。

　　（5）根据要求选择【等比序列】选项或【等差序列】选项，输入步长值（公差或公比）。

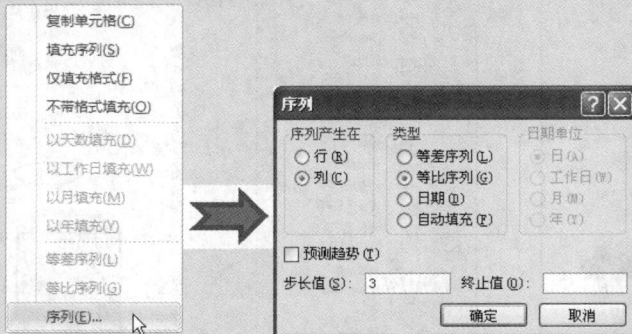

图 8-10　填充等比数列

（6）限定用户的录入。

① 选择整个 E 列。

② 单击【数据】|【数据有效性】，打开"数据有效性"对话框。

③ 在【设置】选项卡的【允许】下拉列表中选择【序列】，在【来源】中输入"男，女"（见图8-11），中间的逗号必须在英文状态下输入。

④ 单击【确定】按钮后，再单击 E 列的任意单元格，右边都会出现一个下三角箭头。单击该三角箭头，会看到一个下拉列表框，里面只含"男""女"2 个选项（见图8-12）。

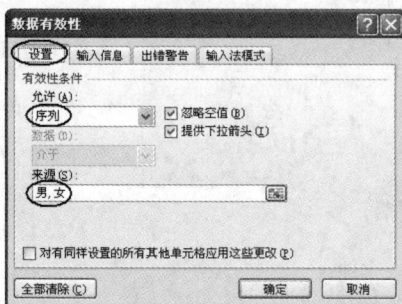

图8-11　设置有效性条件

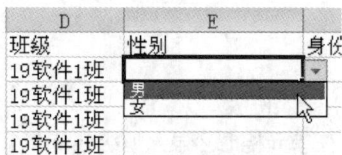

图8-12　设置有效性后的效果

（7）输入身份证号码。

① 在 F2 中输入身份证号码"123456789123456789"，确认后查看结果。

> **注意**　Excel 中，录入 11 位以上的数字会自动处理成科学记数法，录入 0 打头的数字则会不显示前面的 0（如：001 显示为 1）。正确的做法是把该列的数据类型设置为"文本"后再输入数字，或者在输入数字之前先输一个英文单引号'。

② 选择整个 F 列，设置其数据类型为"文本"，如图8-13 所示。

③ 重新输入各人的身份证号码。

（8）输入货币型数据。

① 选择整个 G 列，设置其数据类型为"货币"，输入各人的月生活费。

② 选择整个 G 列，单击【数字】组的"减少小数位数"按钮，使小数位数为 0，如图8-14 所示。

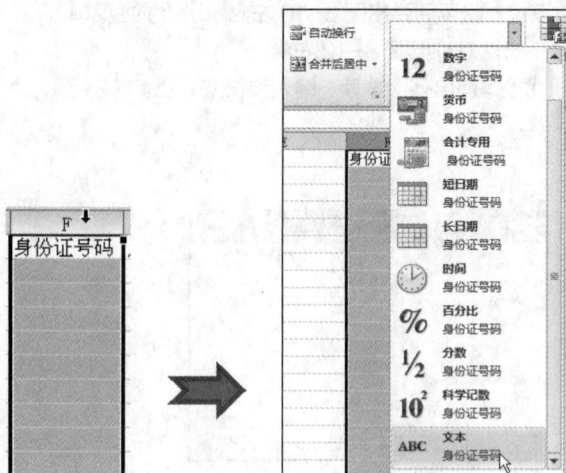

图8-13　设置 F 列为文本型

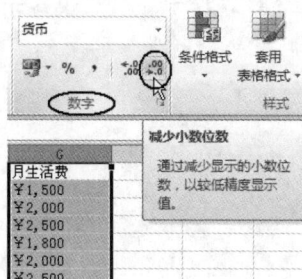

图8-14　减少小数位数

## 五、分列显示数据

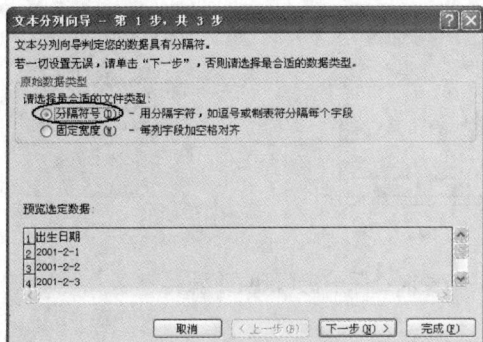

（1）选择 C 列，单击【数据】|【分列】，打开"文本分列向导"对话框。

（2）在第 1 步中，选择第 1 项【分隔符号】（见图 8-15）。

（3）在第 2 步中，选择分隔符为【其他】，并在选项的旁边输入分隔符"-"（见图 8-16）。

分列显示数据

图 8-15　设置分隔符

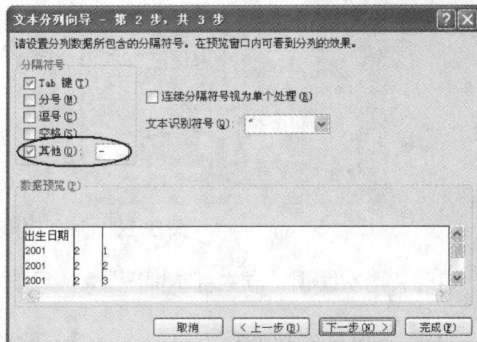

图 8-16　设置选择分隔符类型

（4）在第 3 步中，先用鼠标指针选择"目标区域"文本框中的"$C$1"，再单击工作表中的 H1 单元格，结果"$C$1"变成"=$H$1"（见图 8-17）。

（5）单击【完成】按钮，结果如图 8-18 所示。

（6）将 H、I、J 列的标题修改为"出生年份""出生月份""出生日"。

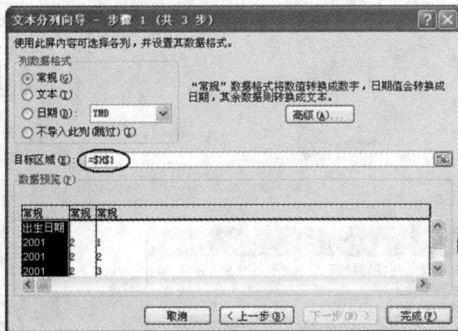

图 8-17　设置目标区域图

结果

图 8-18　分列结果

## 六、冻结窗格

单击【视图】|【冻结窗格】，选择【冻结首行】命令，如图 8-19 所示。滚动鼠标滚轮查看"冻结首行"后的效果。

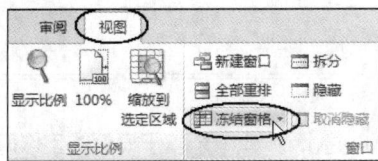

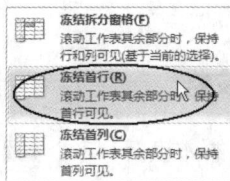

图 8-19　冻结首行

冻结窗格

### 七、保护工作表

在左下角的工作表标签"学生基本情况"上单击鼠标右键，在弹出的快捷菜单中选择【保护工作表】命令，打开"保护工作表"对话框，输入密码"123"，如图 8-20 所示。

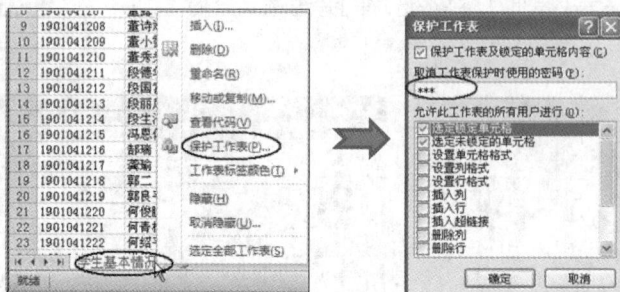

图 8-20　保护工作表

这时，再次编辑"学生基本情况"就会受限，其他工作表未受保护仍可随意编辑。

### 八、加密工作簿

单击【文件】|【信息】|【保护工作簿】|【用密码进行加密】，打开"加密文档"对话框，输入密码"456"，如图 8-21 所示。

保存并关闭该文件后，下次打开该文件（工作簿）就必须输入密码。

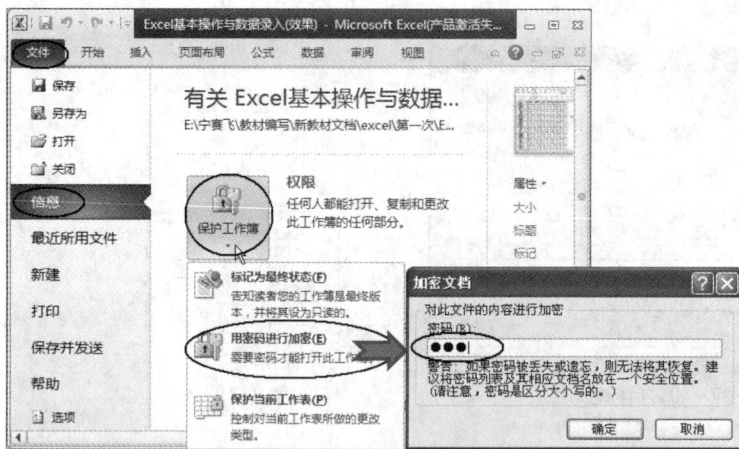

图 8-21　设置工作簿打开密码

## 任务二　创建"个人月度预算表"

### 一、基于模板新建文档

单击【文件】|【新建】|【样本模板】|【个人月预算】|【创建】，新建一个基于模板的工作簿"个人月预算 1"，如图 8-22 所示。

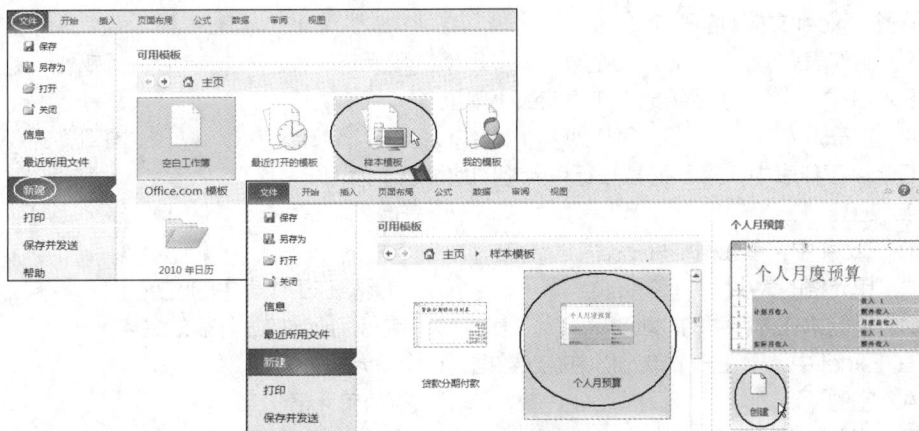

图 8-22 基于模板新建文档

## 二、复制 Excel 工作表

（1）在新建的工作簿文件"个人月预算 1"中的工作表标签"个人月度预算"上，单击鼠标右键，在弹出的快捷菜单中选择【移动或复制】命令，如图 8-23 所示。

（2）在"移动或复制工作表"对话框的上方选择工作簿名"Excel 基本操作与数据录入.xlsx"，在下方选择【（移至最后）】，并勾选【建立副本】。

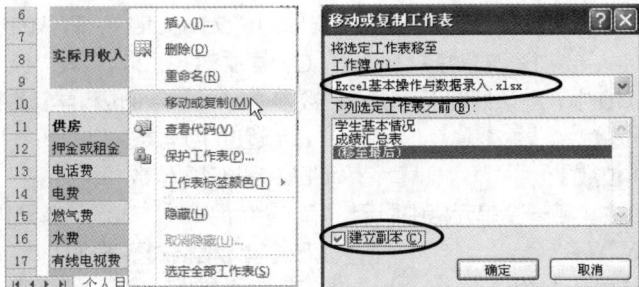

图 8-23 基于模板新建文档

## 课后练习

### 一、单选题

（1）Excel 主要应用于（　　）。

　　A. 美术、图片制作等领域　　　　　　　B. 机械制造、建筑工程等领域

　　C. 多媒体制作领域　　　　　　　　　　D. 统计分析、财务管理分析等领域

（2）在 Excel 中，以下关于工作簿和工作表的描述，正确的是（　　）。

　　A. 一个工作表可以包含多个工作簿　　　B. 一个工作表至少包含 1 个工作簿

　　C. 一个工作簿可以包含多个工作表　　　D. 一个工作簿至少包含 3 个工作表

（3）在 Excel 2010 中，文件默认的扩展名是（　　）。

　　A. xclx　　　　　　　　B. xlsx　　　　　　　　C. exlx　　　　　　　　D. celx

（4）一个 Excel 文档对应一个（　　　）。

    A. 工作表　　　　　　　B. 工作簿　　　　　　　C. 单元格　　　　　　　D. 行或列

（5）Excel 中，（　　　）是组成工作表的最小单位。

    A. 字符　　　　　　　　B. 工作簿　　　　　　　C. 单元格　　　　　　　D. 窗口

（6）Excel 工作表中，第 5 列第 8 行单元格的地址表示为（　　　）。

    A. E8　　　　　　　　　B. 58　　　　　　　　　C. 85　　　　　　　　　D. 8E

（7）在 Excel 中，单元格地址是指（　　　）。

    A. 单元格的大小　　　　　　　　　　　B. 单元格在工作表中的位置

    C. 单元格在内存中的地址　　　　　　　D. 单元格所属的工作表的名字

（8）在 Excel 中，要在一个单元格中输入数据，这个单元格必须是（　　　）。

    A. 空的　　　　　　　　　　　　　　　B. 行首单元格

    C. 当前单元格　　　　　　　　　　　　D. 提前定义好数据类型

（9）在 Excel 2010 中，在 A1 单元格中输入 1/2，则 A1 单元格显示（　　　）。

    A. 1/2　　　　　　　B. 0.5　　　　　　　C. 1 月 2 日　　　　　D. 错误提示

（10）某人的出生日期为 1997 年 1 月 1 日，如果希望在 A1 单元格输入这个人的出生日期，以下哪种输入方式是错误的？（　　　）

    A. 输入 1997-1-1　　　　　　　　　　B. 输入 1997 年 1 月 1 日

    C. 输入 1997/1/1　　　　　　　　　　D. 输入 1997.1.1

（11）Excel 2010 中，不允许使用的数据类型有（　　　）。

    A. 日期型　　　　　B. 文本型　　　　　C. 数字型　　　　　D. 布尔型

（12）Excel 2010 中，在 A1 单元格中输入英文单词"computer"，默认的对齐方式是（　　　）。

    A. 左对齐　　　　　B. 右对齐　　　　　C. 居中对齐　　　　　D. 两端对齐

（13）在 Excel 2010 中，默认情况下，输入的数字（　　　）会变成科学计数法。

    A. 超过 9 位数　　　　　　　　　　　B. 超过 10 位数

    C. 超过 11 位数　　　　　　　　　　D. 超过 12 位数

（14）Excel 2010 中，若一个单元格中显示一串"######"，表示该单元格的（　　　）。

    A. 列宽不足　　　　　　　　　　　　B. 单元格格式不正确

    C. 公式的结果产生溢出　　　　　　　D. 输入错误

（15）Excel 2010 中，如果 A1 单元格中为"星期一"，那么抓住 A1 的填充柄拖曳到 A3，则 A3 中显示（　　　）。

    A. 星期一　　　　　B. 星期二　　　　　C. 星期三　　　　　D. 星期四

（16）在 Excel 2010 中，要对 A1 单元格内数据进行局部修改，第一步操作应该是（　　　）。

    A. 单击 A1 单元格　　　　　　　　　B. 双击 A1 单元格

    C. 选中 A1 单元格所在的行　　　　　D. 选中 A1 单元格所在的列

（17）Excel 2010 中，如果要限制用户在某个单元格只能输入某些给定的选项，拒绝无效输入，可以通过设置（　　　）来达成所愿。

    A. 单元格格式　　　　　　　　　　　B. 条件格式

    C. 数据有效性　　　　　　　　　　　D. 数据格式

（18）Excel 2010 中，希望单元格中显示字符串 001，可以这样输入（　　　）。

    A. 先输#号，再输 001　　　　　　　　B. 先输一个单引号，再输 001

    C. 先输$号，再输 001　　　　　　　　D. 先输一个英文单引号，再输 001

（19）当 Excel 工作表的数据量比较大时，为了方便查看表头与数据的对应关系，可以通过以下（　　　）操作实现随意查看工作的其他部分而不移动表头。

A. 冻结窗格　　　　　　　　　　B. 拆分工作表

C. 保护工作表　　　　　　　　　D. 隐藏表头

（20）某人的身份证号码是 360102198511113456，如果希望在 A1 单元格输入这个人的身份证号码，可以这样输入（　　）。

A. 直接在 A1 单元格中输入 360102198511113456

B. 先将 A1 单元格设置为文本型数据，再输入 360102198511113456

C. 先在 A1 单元格中输入 360102198511113456，再将 A1 单元格设置为文本型数据

D. 单击 A1 单元格，先输入一个单引号，再输入 360102198511113456

## 二、操作题

录入图 8-24 所示的 Excel 数据。

| | A | B | C | D | E | F | G |
|---|---|---|---|---|---|---|---|
| 1 | 编号 | 姓名 | 性别 | 身份证号码 | 出生日期 | 学历 | 基本工资 |
| 2 | 001 | 张天意 | 男 | 361335197602050708 | 1976年2月 | 本科 | ￥ 2,050 |
| 3 | 002 | 李小麦 | 女 | 361337197203195534 | 1972年3月 | 硕士 | ￥ 2,250 |
| 4 | 003 | 龚国防 | 男 | 361335196506088765 | 1965年6月 | 大专 | ￥ 2,000 |
| 5 | 004 | 胡有民 | 男 | 361384197406098090 | 1974年6月 | 本科 | ￥ 3,250 |
| 6 | 005 | 蔡三联 | 男 | 361360197608033265 | 1976年8月 | 大专 | ￥ 1,650 |
| 7 | 006 | 张江 | 男 | 361360196803043211 | 1968年3月 | 硕士 | ￥ 2,550 |
| 8 | 007 | 胡梦萝 | 女 | 361389197607156742 | 1976年7月 | 硕士 | ￥ 2,050 |
| 9 | 008 | 胡国辉 | 男 | 361369197106254320 | 1971年6月 | 硕士 | ￥ 2,350 |
| 10 | 009 | 何玲 | 女 | 361389197803175568 | 1978年3月 | 硕士 | ￥ 2,000 |
| 11 | 010 | 刘国强 | 男 | 361894196703083668 | 1967年3月 | 高中 | ￥ 1,900 |

图 8-24　数据资料

要求如下。

（1）编号显示 3 位数形式：001~040。

（2）性别一栏限定用户只能输入或选择：男、女。

（3）身份证号码能完整显示 18 位。

（4）出生日期只显示年、月。

（5）学历一栏限定用户只能输入或选择：博士、硕士、本科、大专、高中。

（6）基本工资设为"会计专用"，小数位数为 0。

# 项目九
## Excel表格设计与打印

**09**

项目目标

除了存储数据的功能，利用 Excel 电子表格还可以方便快捷地制作各种形式的表格。本项目通过编辑"利息换算表""成绩统计表"，让读者掌握 Excel 表格的制作技巧、打印和页面设置。

相关知识

※ 插入行/列
※ 合并单元格
※ 设置对齐方式
※ 调整行高/列宽
※ 设置边框、底纹
※ 表格样式应用
※ 页面设置
※ 打印设置

## 任务一　编辑美化"利息换算表"

"利息换算表"效果如图 9-1 所示。

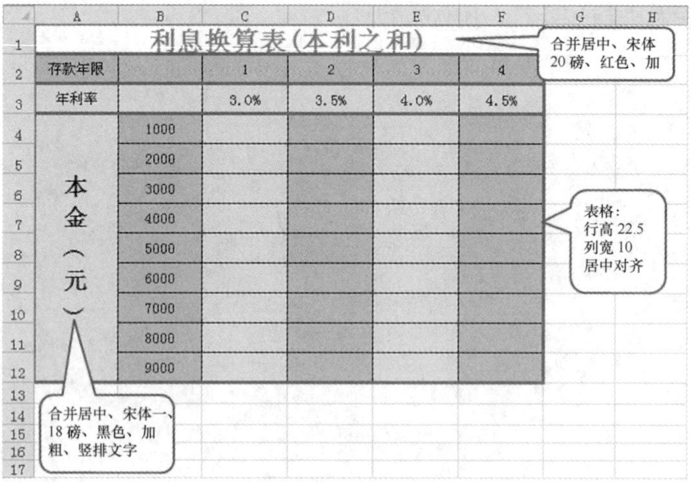

图 9-1　利息换算表

### 一、插入行与列

（1）打开 Excel 文件"教学资源\项目九　Excel 表格设计与打印\Excel 表格设计与打印.xlsx"，找到工作表"利息换算表"。

（2）单击第 1 行的任意单元格，单击【开始】|【插入】按钮下面的三角箭头，选择命令【插入工作表行】（见图 9-2）。

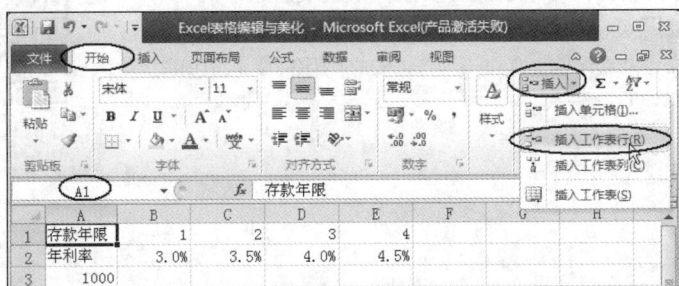

图 9-2　插入行

（3）单击 A 列的任意单元格，在 A 列前面【插入工作表列】（见图 9-3）。

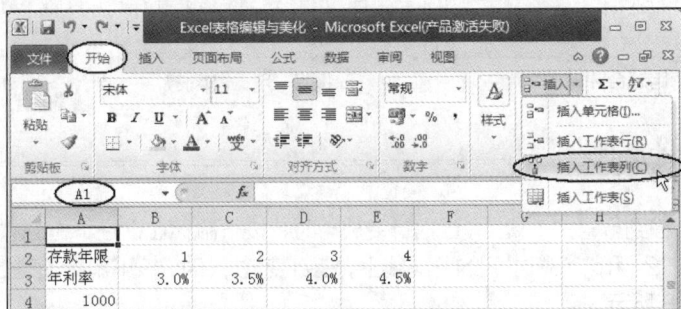

图 9-3　插入列

## 二、合并单元格

（1）把鼠标指针移到单元格 A1 上，当指针变成 ✛ 时，按下鼠标左键拉到 F1 松手，选中单元格区域 A1:F1。

（2）单击【开始】|合并后居中，将其合并为一个单元格，如图 9-4 所示。

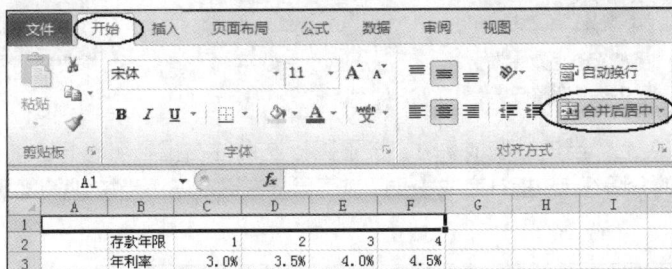

图 9-4　合并单元格

（3）输入标题文本"利息换算表（本利之和）"，在【开始】选项卡将其设置为宋体、20 磅、加粗、红色。

（4）选择 A2:B3，单击【开始】|合并后居中右边的三角箭头，选择【跨越合并】，如图 9-5 所示。

（5）选择 A4:A12，设置为"合并后居中"，并输入文本"本金（元）"，将其设置为宋体、18 磅、加粗、黑色。

**131**

## 三、设置对齐方式

（1）选择A1:F12，单击【对齐方式】组的相应按钮，将其设置为不仅"水平居中"，而且"垂直居中"，如图9-6所示。

（2）选择输有"本金（元）"的单元格，单击【对齐方式】组的 ≫ 右边的三角箭头，选择【竖排文字】，如图9-7所示。

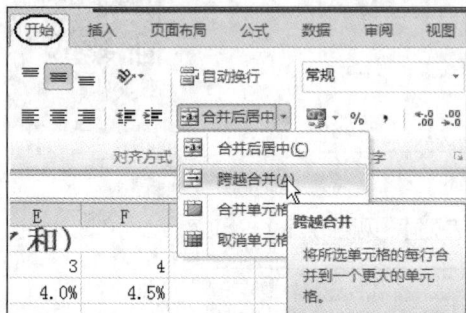

设置对齐方式

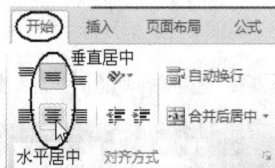

图9-5 跨越合并　　　　　　图9-6 居中对齐　　　　　　图9-7 设置竖排文字

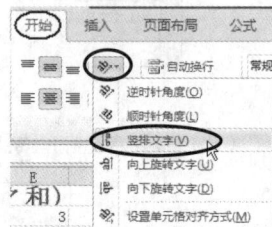

## 四、调整行高/列宽

（1）把鼠标指针移到行号"1"上，当指针变成➡时，按下鼠标左键往下拉到"12"上，选中 1～12行。将指针移到"12"和"13"中间的分隔线上，指针变成✛ 时，按下鼠标左键往下拉到高度22.50（30像素），如图9-8所示。

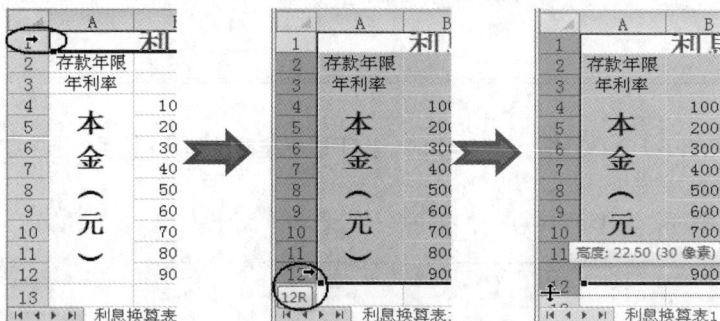

调整行高与列宽

图9-8 调整行高

（2）将鼠标指针移到列标A上，当指针变成⬇时，按下鼠标左键往右拉到字母F上，选中A～F列。将指针移到F和G中间的分隔线上，指针变成✚时，按下鼠标左键往右适当拉到宽度10.00（85像素），如图9-9所示。

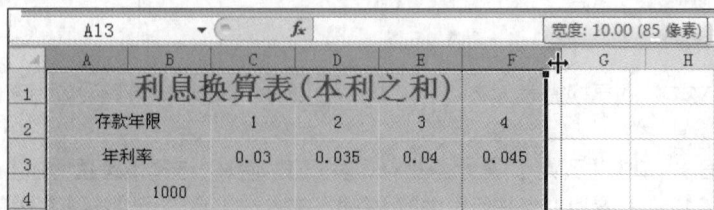

| | A | B | C | D | E | F | G | H |
|---|---|---|---|---|---|---|---|---|
| 1 | 利息换算表（本利之和） | | | | | | | |
| 2 | 存款年限 | 1 | 2 | 3 | 4 | | | |
| 3 | 年利率 | 0.03 | 0.035 | 0.04 | 0.045 | | | |
| 4 | 1000 | | | | | | | |

图9-9 调整列宽

## 五、设置边框

（1）选择单元格区域 A1:F12，单击【开始】选项卡【字体】组的 田· 按钮右边的三角箭头，选择【所有框线】命令，如图 9-10 所示。

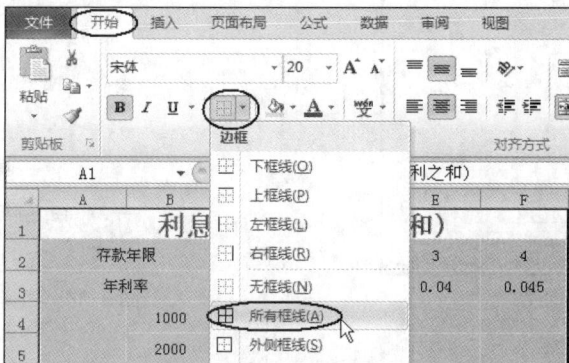

图 9-10　添加所有框线

（2）选择单元格区域 A1:F3（前 3 行），在该区域上单击鼠标右键，在弹出的快捷菜单中选择【设置单元格格式】命令，如图 9-11 所示。

（3）在"设置单元格格式"对话框的【边框】选项卡内，线条样式选择右侧倒数第 2 条，线条颜色选"标准色"中的【蓝色】，应用的位置是外边框和水平横线，如图 9-12 所示。

图 9-11　设置单元格格式

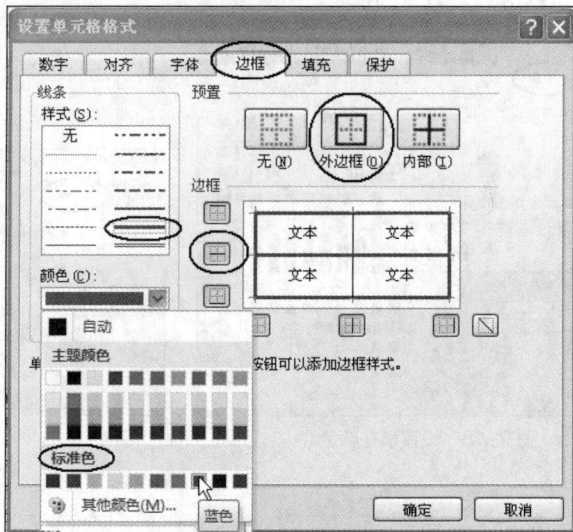

图 9-12　设置边框

（4）选择单元格区域 A4:F12（后面 9 行），将同样的线条用在左、右、底部。

> **提示**　一般情况下，Excel 中的网格线打印时不会显示，除非在"页面设置"对话框中设置了打印网格线（见图 9-13）。另外，单击【视图】|☑ 网格线 前面的对勾（见图 9-14），取消勾选【网格线】选项，可在普通视图中隐藏网格线。

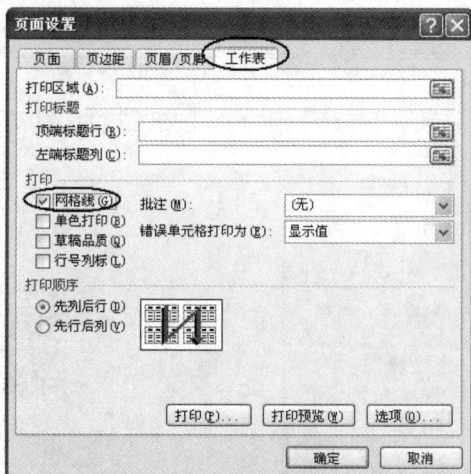

图9-13　打印网格线

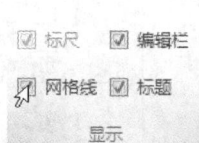

图9-14　隐藏网格线

## 六、设置底纹

（1）选择 A2:F2，按住【Ctrl】键，再选择 B4:B12、D4:D12、F4:F12，松开【Ctrl】键后，单击【开始】|"填充颜色"按钮 🎨▾右边的三角箭头，在打开的色板上选择"标准色"中的【浅绿】，如图9-15所示。

（2）将 A3:F3、A4、C4:C12、E4:E12 设置为【橄榄色，强调文字颜色 3，淡色60%】（见图9-16）。

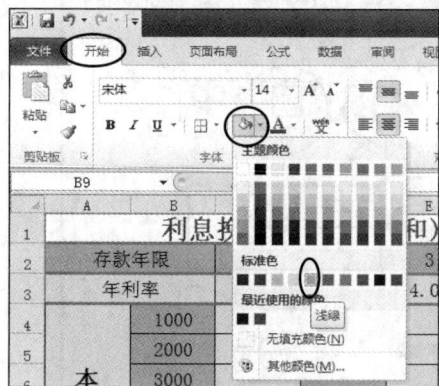

设置底纹

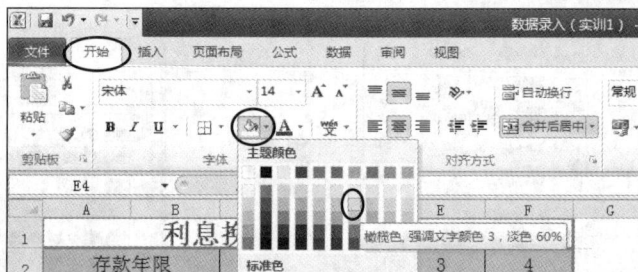

图9-15　设置填充颜色

图9-16　设置填充颜色

## 任务二　编辑打印"成绩统计表"

"成绩统计表"如图9-17所示。

### 一、打印预览

（1）单击【文件】|【打印】，如图9-18所示。

（2）观察打印效果：①没有边框；②第2页没有标题。

编辑打印"成绩
统计表"

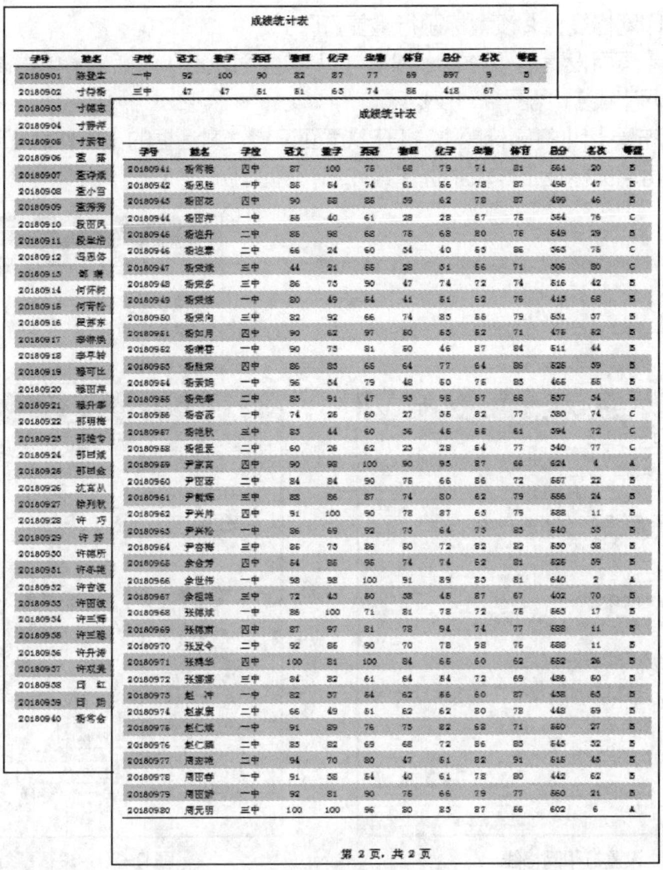

图 9-17　成绩统计表

图 9-18　打印预览

缺点：不便于查看数据。

解决方案：①打印网格线；②设置标题行重复打印。

（3）单击底部的【页面设置】（见图 9-18），打开"页面设置"对话框，单击该对话框的【工作表】选项卡，勾选打印【网格线】（见图 9-19）。

（4）单击【页面布局】|【打印标题】，打开"页面设置"对话框的【工作表】选项卡，先单击"顶端标题行"文本框，再用鼠标在工作表中选择第 1 行（见图 9-20）。

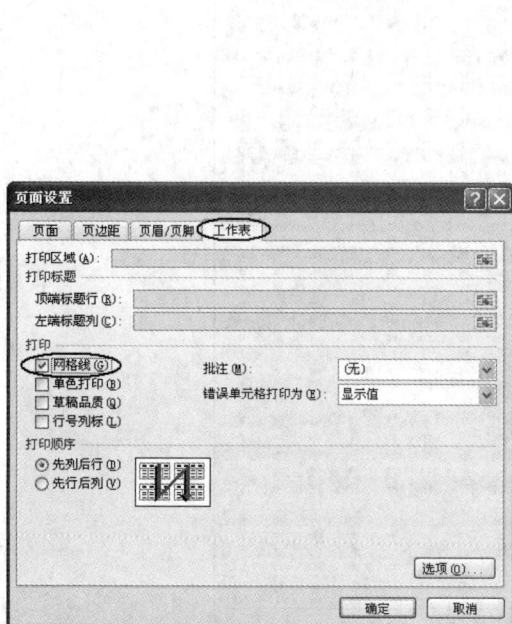

| 图 9-19　设置打印网格线 | 图 9-20　设置重复打印标题 |

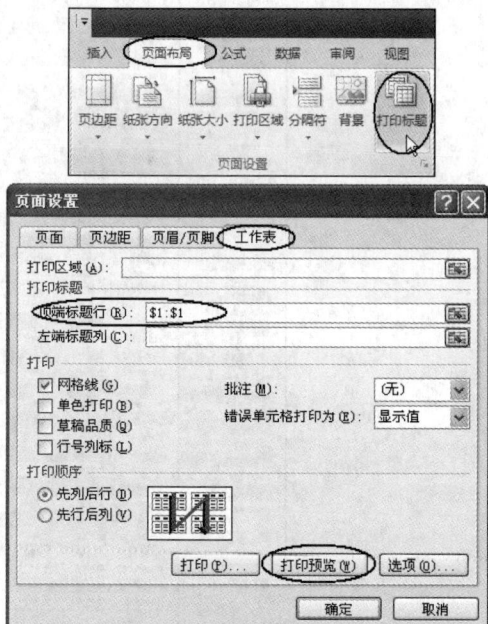

（5）单击"页面设置"对话框的底部的【打印预览】按钮，查看第 2 页是否打印了标题行。

## 二、应用表格样式

单击【开始】|【套用表格样式】，选择【表样式浅色 2】（见图 9-21）。

图 9-21　套用表格样式

## 三、调整行高/列宽

（1）选择 F～P 列，在其上单击鼠标右键，选择【列宽】命令，设置列宽为 6（见图 9-22）。

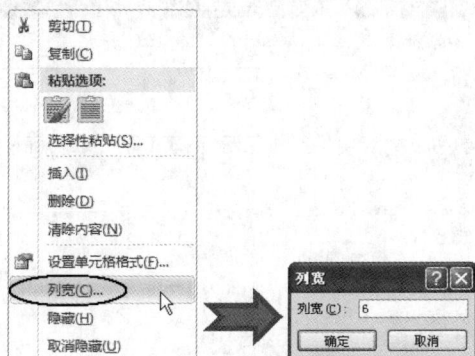

图 9-22　设置列宽

（2）选择 1~81 行，在其上单击鼠标右键，选择【行高】命令，设置行高为 17。

## 四、调整页边距

（1）单击【页面布局】|【页边距】|【自定义页边距】，设置左右页边距为 0.6，上下页边距为 1.9，如图 9-23 所示。

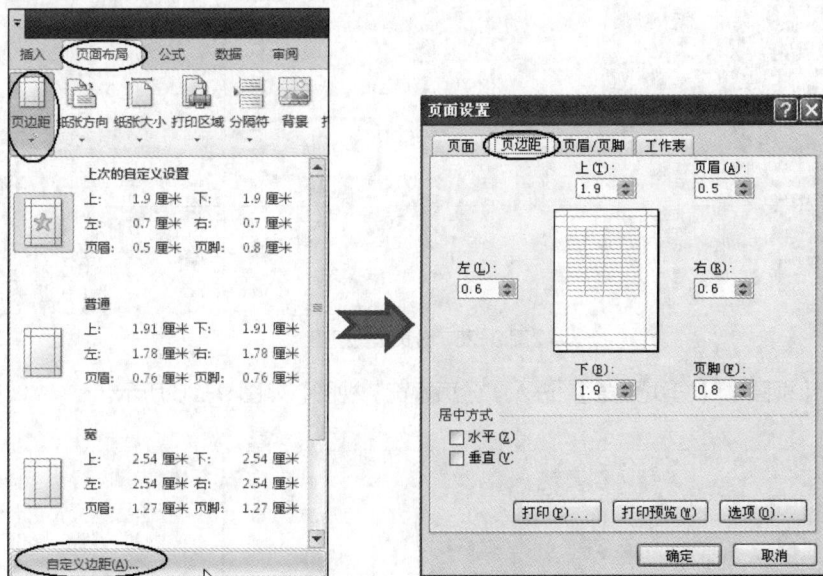

图 9-23　自定义页边距

（2）单击【文件】|【打印】，预览打印效果，如图 9-24 所示。

（3）观察打印效果：第 1 页上只打印到了"体育"成绩所在列，"总分""名次""平均分" 4 列没有在第 1 页打印出来，整个工作表分 4 页打印出来。解决方案一：缩放打印。解决方案二：一些不重要的数据不打印。

## 五、缩放打印

（1）单击【开始】选项卡，回到普通视图，工作表上能看到一些虚线，这就是分页线，如图 9-25 所示。

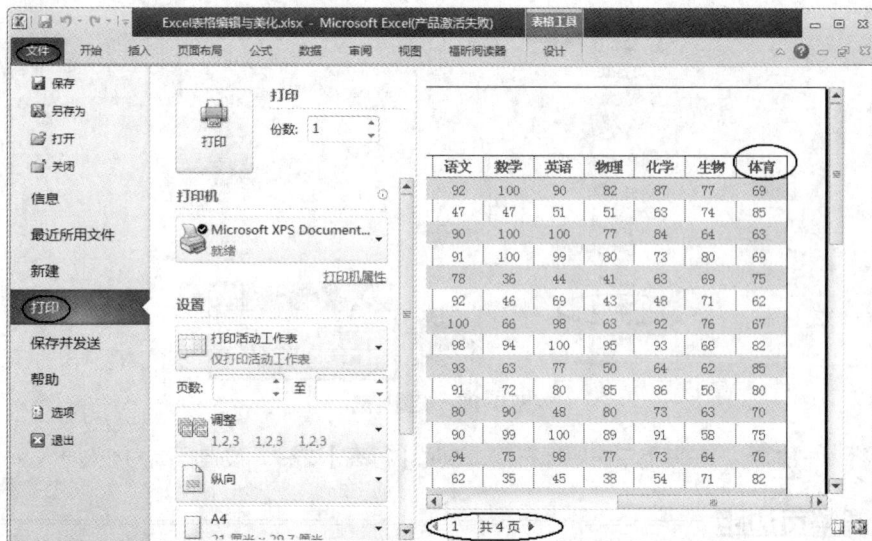

图9-24 打印预览

图9-25 分页预览视图

（2）单击【视图】|【分页预览】，进入"分页预览"视图，如图9-26所示。

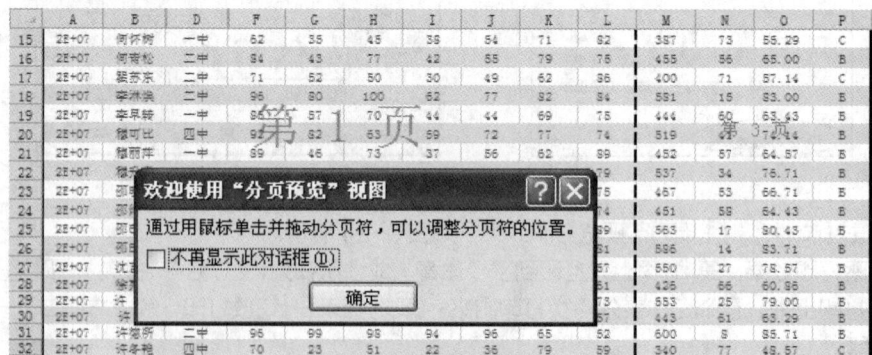

图9-26 打印预览

（3）用鼠标拖曳垂直分页线到"等级"所在列的右边，如图9-27所示。

（4）再次单击【文件】|【打印】。可以看到第1页打印出了所有列，整个工作表分2页打印出来，如图9-28所示。

图 9-27　调整分页线位置

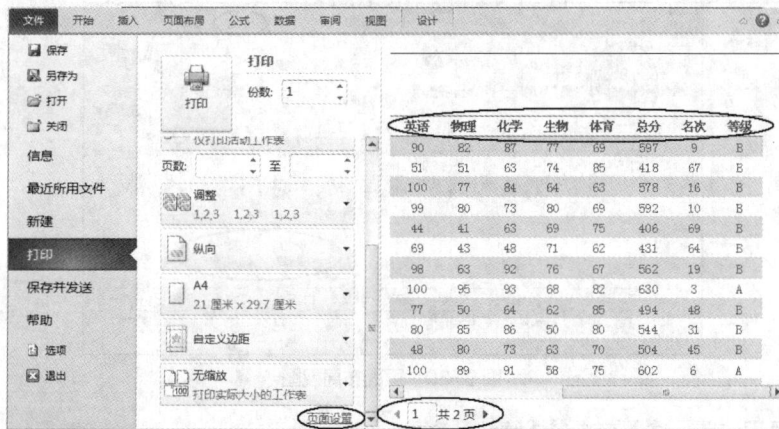

图 9-28　打印预览

（5）单击底部的【页面设置】按钮，打开"页面设置"对话框。可以看到，之所以能全部打印出所有列，是因为采用了缩放打印的功能，缩放比例是 79%，如图 9-29 所示。

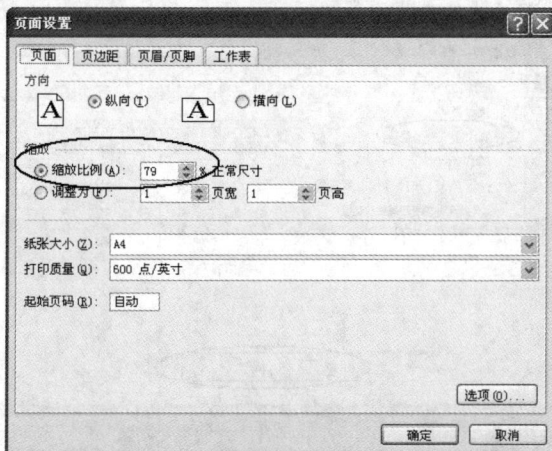

图 9-29　缩放比例

> **注意** 如果缩放的比例太小，打印往往看不清楚，所以要慎重使用。为了不影响后续的操作，请将缩放比例调回100%。

## 六、隐藏行/列

（1）选择C列，在其上单击鼠标右键，在弹出的快捷菜单中选择【隐藏】命令。

（2）选择E列、O列，将其隐藏。

（3）打开"页面设置"对话框，检查缩放比例，将缩放比例调成100%。

（4）再次预览打印效果。

## 七、设置页眉页脚

（1）单击【视图】|【页面布局】，切换到页面布局视图（见图9-30）。

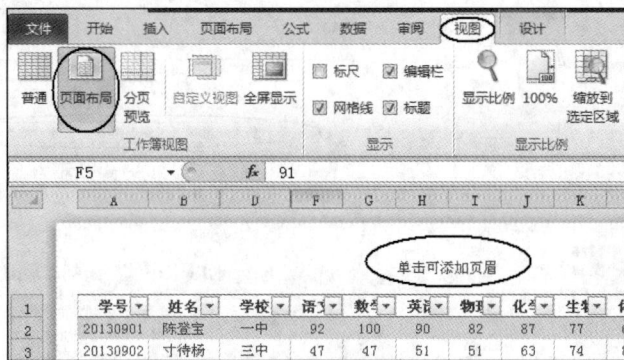

图9-30　页面布局视图

（2）单击页眉位置，输入文本"成绩统计表"。

（3）单击页脚位置，再单击【设计】|【页脚】，选择"第1页，共？页"（见图9-31）。

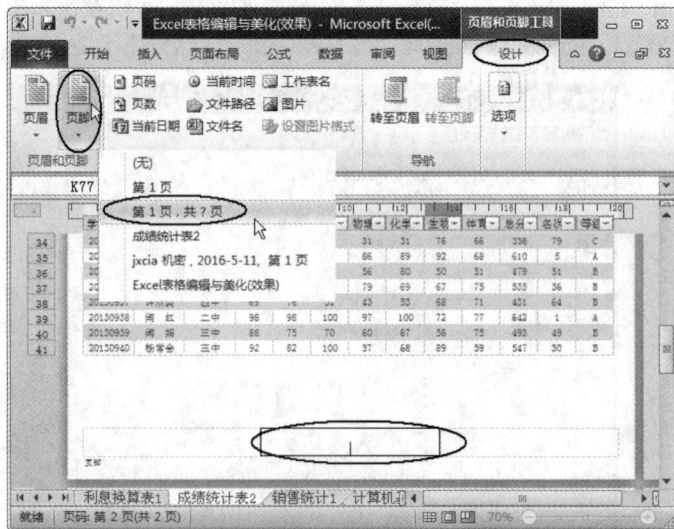

图9-31　设置页脚"第1页，共？页"

////////// **课后练习**

**一、单选题**

（1）在 Excel 单元格中，强制换行的方法是在需要换行的位置按（　　）键。

    A.【Tab】          B.【Enter】          C.【Alt+Enter】        D.【Alt+Tab】

（2）以下哪个不是 Excel 2010 的视图模式？（　　）

    A. 普通视图                    B. 页面布局视图

    C. 阅读版式视图               D. 分页预览视图

（3）一个有几百行数据的 Excel 工作表，往往要分成好几页打印，为了便于查看数据，希望每页表格的顶部都能打印数据的标题，以下哪项操作可以实现这一目的？（　　）

    A. 冻结首行                    B. 在"页面设置"对话框中设置打印顶端标题行

    C. 冻结首列                    D. 在"页面设置"对话框中设置打印左端标题列

（4）在 Excel 2010 中，以下关于页眉页脚的叙述，错误的是（　　）。

    A. 普通视图会显示页眉页脚         B. 可以在页面布局视图中编辑页眉页脚

    C. 页面布局视图会显示页眉页脚    D. 可以在"页面设置"对话框中编辑页眉页脚

（5）在 Excel 2010 中，选取整个工作表的方法是（　　）。

    A. 单击【开始】选项卡的【全选】按钮

    B. 单击工作表左上角的【全选】按钮

    C. 单击 A1 单元格，然后按住【Shift】键单击当前屏幕右下角的单元格

    D. 单击 A1 单元格，然后按住【Ctrl】键单击工作表右下角的单元格

（6）在 Excel 2010 中，以下关于合并单元格的描述，错误的是（　　）。

    A. 可以将多个连续的单元格区域合并成一个单元格

    B. 可以将一个单元格拆分成多个单元格

    C. 可以将合并的单元格取消合并

    D. 跨越合并是指将所选单元格区域按行进行合并

（7）在 Excel 2010 中，以下关于单元格对齐方式的描述，正确的是（　　）。

    A. 单元格的对齐方式有 3 种：左对齐、右对齐、居中对齐

    B. 单元格的对齐方式有 5 种：左对齐、右对齐、居中对齐、两端对齐、分散对齐

    C. 既可以设置单元格水平方向的对齐方式，还可以设置其垂直方向的对齐方式

    D. 如果设置了单元格垂直方向的对齐方式，就不能再设置其水平方向的对齐方式

（8）在 Excel 2010 中，以下关于单元格文字方向的描述，正确的是（　　）。

    A. 单元格默认的文字方向是水平方向

    B. 可以设置单元格文字方向为竖排文字

    C. 可以设置单元格文字方向为顺时针旋转 90 度

    D. 不可以设置单元格文字方向为顺时针旋转 45 度

（9）打印 Excel 工作表时，如果打印预览时发现有一列数据没有打印出来，要将其打印出来，以下哪种方法不可能实现这一目的？（　　）

    A. 将左右页边距适当调小以容纳该列数据

    B. 将某些列的宽度适当调小以容纳该列数据

    C. 进入分页预览视图，用鼠标把分页线拉到这一列后面

    D. 进入页面布局视图，用鼠标把分页线拉到这一列后面

（10）在 Excel 2010 中，以下关于表格"隐藏行/列"的描述，正确的是（　　　）。

A．隐藏某列就是将该列的宽度设为 0

B．被隐藏的列（或行）可以取消隐藏

C．打印时，被隐藏的列（或行）仍然可以打印出来

D．将 A 列隐藏后，原来的 B 列就会变成 A 列

**二、操作题**

（1）编辑图 9-32 所示的表格。基本要求如下。

① 边框要求：标题单元格和外边框均为标准色"蓝色"、双线，其余边框均为标准色"橙色"、单线。

② 底纹要求：标题单元格为主题颜色"橙色，强调文字颜色 6，淡色 80%"。

③ 文字大小：标题 26 磅，其余 12 磅。

④ 对齐方式：水平居中、垂直居中。

⑤ 行高、列宽、页边距自定义，能一张纸完全打印即可。

| 上半年销售统计（台） | | | | | | | |
|---|---|---|---|---|---|---|---|
| 产品名称 | 一月 | 二月 | 三月 | 四月 | 五月 | 六月 | 销量合计 |
| 数码照相机 | 600 | 120 | 240 | 120 | 840 | 299 | |
| 笔记本电脑 | 960 | 840 | 1200 | 398 | 360 | 360 | |
| 打印机 | 120 | 135 | 480 | 1080 | 120 | 960 | |
| 移动电源 | 840 | 600 | 256 | 720 | 840 | 120 | |
| 平板电脑 | 600 | 478 | 240 | 480 | 720 | 689 | |

图 9-32　销售统计表

（2）绘制 Excel 表格，普通视图如图 9-33 所示，打印效果如图 9-34 所示。基本要求如下。

① 边框要求：标题文字"江西省南昌市服务业发票"下边框为双线外，其余边框均为单线，颜色为主题色"红色，强调文字颜色 2"。

② 底纹要求：密码后面填充主题颜色"白色，背景 1，深色 50%"的底纹。

③ 文字颜色：标准色"深红"。

④ 文字大小：左侧竖排文字"赣地税批字第 00103 号　江西昌和特种票证有限公司印刷"为 6 磅，标题文字"江西省南昌市服务业发票"为 18 磅，文字"发票联"为 16 磅，其余文字为宋体、11 磅。

⑤ 纸张大小：21×12 厘米。

⑥ 行高、列宽、页边距自定义，但比例要适中，能一张纸完全打印。

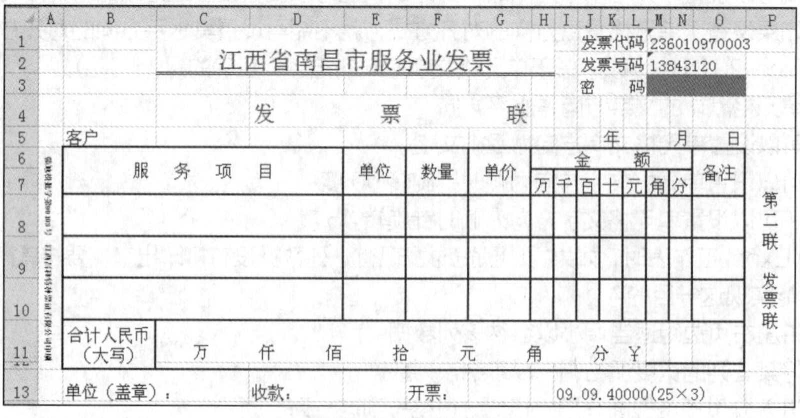

图 9-33　普通视图

江西省南昌市服务业发票

发票代码 236010970003
发票号码 13843120
密　　码 [redacted]

发　　票　　联

客户　　　　　　　　　　　　　　　　　年　　月　　日

| 服务项目 | 单位 | 数量 | 单价 | 金额 万 | 千 | 百 | 十 | 元 | 角 | 分 | 备注 |
|---|---|---|---|---|---|---|---|---|---|---|---|
| | | | | | | | | | | | |
| | | | | | | | | | | | |
| | | | | | | | | | | | |
| 合计人民币（大写） | 万　仟　佰　拾　元　角　分 ¥ | | | | | | | | | | |

第二联　发票联

单位（盖章）：　　收款：　　开票：　　09.09.40000(25×3)

图 9-34　打印效果

（3）打开文件“教学资源\项目九　Excel 表格设计与打印\表格实训.xlsx”的工作表“成绩登记表”，调整其页边距、行高、列宽，使之能在一张纸上打印出来（不改变纸张大小、不缩放），打印效果如图 9-35 所示。

学院考试成绩登记表

（2019-2020学年第1学期）

班级：　19软件1　　任课教师：　　人数：48人

课程名称：计算机基础　　学分：　　填表日期：　2019 年1月14日

| 学号 | 姓名 | 平时 | 期中 | 期末 | 总评 | 备注 |
|---|---|---|---|---|---|---|
| 19120701 | 蔡新兵 | 100 | 100 | 74 | 84 | |
| 19120702 | 陈非洲 | 94 | 83 | 75 | 81 | |
| 19120703 | 程意 | 81 | 61 | 77 | 75 | |
| 19120704 | 段德华 | 95 | 100 | 70 | 81 | |
| 19120705 | 段国富 | 18 | 86 | 74 | 65 | |
| 19120706 | 龚瑜 | 74 | 76 | 90 | 84 | |
| 19120707 | 郭良平 | 100 | 88 | 78 | 84 | |
| 19120708 | 何斌 | 82 | 100 | 63 | 74 | |
| 19120709 | 何俊鹏 | 77 | 56 | 69 | 68 | |
| 19120710 | 何绍平 | 100 | 100 | 79 | 87 | |
| 19120711 | 洪川 | 90 | 100 | 87 | 90 | 优秀 |
| 19120712 | 胡禄禄 | 100 | 100 | 95 | 97 | 优秀 |
| 19120713 | 胡宁 | 100 | 100 | 70 | 82 | |
| 19120714 | 黄爱莲 | 100 | 100 | 79 | 87 | |
| 19120715 | 黄伟 | 36 | 52 | 38 | 40 | |
| 19120716 | 江小安 | 35 | 45 | 74 | 60 | |
| 19120717 | 赖玲 | 100 | 100 | 85 | 91 | 优秀 |
| 19120718 | 李彪 | 18 | 64 | 80 | 64 | |
| 19120719 | 李桂鹏 | 50 | 100 | 78 | 77 | |
| 19120720 | 李琪 | 30 | 44 | 78 | 62 | |
| 19120721 | 刘礼攀 | 100 | 100 | 74 | 84 | |
| 19120722 | 刘涛 | 100 | 100 | 80 | 88 | |
| 19120723 | 刘远祺 | 100 | 100 | 78 | 87 | |
| 19120724 | 罗明成 | 51 | 81 | 68 | 67 | |
| 19120725 | 罗勇 | 100 | 93 | 60 | 75 | |
| 19120726 | 罗云树 | 77 | 99 | 72 | 78 | |
| 19120727 | 聂俊华 | 29 | 37 | 54 | 45 | |
| 19120728 | 欧阳琦 | 87 | 100 | 72 | 81 | |
| 19120729 | 沙晓春 | 100 | 100 | 83 | 90 | 优秀 |
| 19120730 | 王彪 | 100 | 100 | 69 | 81 | |
| 19120731 | 王鹤 | 54 | 100 | 60 | 67 | |
| 19120732 | 王礼泳 | 14 | 58 | 47 | 43 | |
| 19120733 | 吴冬明 | 100 | 81 | 67 | 76 | |
| 19120734 | 吴国政 | 81 | 75 | 65 | 70 | |
| 19120735 | 谢朋春 | 100 | 78 | 77 | 82 | |
| 19120736 | 熊平 | 78 | 73 | 70 | 72 | |
| 19120737 | 徐罗洋 | 31 | 63 | 51 | 50 | |
| 19120738 | 徐永春 | 42 | 40 | 76 | 62 | |

| 学号 | 姓名 | 平时 | 期中 | 期末 | 总评 | 备注 |
|---|---|---|---|---|---|---|
| 19120739 | 严晓东 | 91 | 48 | 70 | 70 | |
| 19120740 | 杨帆 | 56 | 59 | 62 | 60 | |
| 19120741 | 张明 | 100 | 100 | 69 | 81 | |
| 19120742 | 钟军 | 100 | 100 | 80 | 88 | |
| 19120743 | 钟敏 | 100 | 100 | 77 | 86 | |
| 19120744 | 钟起福 | 82 | 65 | 59 | 65 | |
| 19120745 | 钟祥勇 | 60 | 50 | 88 | 75 | |
| 19120746 | 钟振宇 | 100 | 100 | 79 | 87 | |
| 19120747 | 朱金新 | 98 | 47 | 52 | 60 | |
| 19120748 | 朱俊范 | 100 | 100 | 73 | 84 | |

总评 = 平时 20%+ 期中 20%+ 期末 60%

| 总评成绩统计 | 分数段 | 人数 | 百分比 | 统计 | 人数 |
|---|---|---|---|---|---|
| | 90到100分 | 4 | 8.3% | 应考 | 48 |
| | 80到90分 | 19 | 39.6% | 实考 | 48 |
| | 70到80分 | 10 | 20.8% | 缓考 | 0 |
| | 60到70分 | 11 | 22.9% | 最高 | 97 |
| | 40到60分 | 4 | 8.3% | 最低 | 40 |
| | 0到40分 | 0 | 0.0% | 平均 | 75 |

教师：__________签字　　　教研室主任：__________签字

图 9-35　成绩登记表

# 项目十
# Excel公式与函数

**10**

### 项目目标

利用 Excel 存储数据和制作表格，只是 Excel 的 2 个基本功能，Excel
真正的精华在于可以利用公式对单元格内存储的数据进行各种运算。本项目
通过销售额、成绩、排名、等级判定、业务提成、比重、增长量、利息等的计算，帮助读者循序渐进地
掌握 Excel 公式、函数、单元格引用的运用技巧。

### 相关知识

※ 公式与运算符
※ 插入函数
※ 单元格的引用方式

---

## 任务一　利用公式完成"销量统计"

### 一、输入公式

（1）打开 Excel 文件"教学资源\项目十　Excel 公式
与函数\公式与函数.xlsx"，找到工作表
"销量统计表"（见图 10-1）。

（2）单击 D3 单元格，在其中输入等
号( = )，再单击 B3 单元格，输入乘号( * )，
再单击 C3 单元格，此时 D3 中显示公式
=B3*C3，如图 10-2 所示。

（3）单击编辑栏的✓确认公式，D3
中显示计算的结果"35490"（见图 10-3）。

利用公式完成"销量
统计"

| | A | B | C | D |
|---|---|---|---|---|
| 1 | 产品销量统计表 | | | |
| 2 | 产品编号 | 单价（元） | 销售数 | 销售总额 |
| 3 | CC801 | ¥　7,098 | 5 | |
| 4 | CC802 | ¥　4,299 | 4 | |
| 5 | CC803 | ¥　2,888 | 6 | |
| 6 | CC804 | ¥　11,860 | 4 | |
| 7 | CC805 | ¥　5,258 | 10 | |
| 8 | CC806 | ¥　3,328 | 5 | |
| 9 | CC807 | ¥　6,529 | 9 | |
| 10 | CC808 | ¥　2,329 | 11 | |
| 11 | CC809 | ¥　7,438 | 6 | |
| 12 | CC810 | ¥　3,562 | 5 | |

图 10-1　销量统计表

| | A | B | C | D |
|---|---|---|---|---|
| 1 | 产品销量统计表 | | | |
| 2 | 产品编号 | 单价（元） | 销售数 | 销售总额 |
| 3 | CC801 | ¥　7,098 | 5 | =B3*C3 |
| 4 | CC802 | ¥　4,299 | 4 | |
| 5 | CC803 | ¥　2,888 | 6 | |
| 6 | CC804 | ¥　11,860 | 4 | |
| 7 | CC805 | ¥　5,258 | 10 | |
| 8 | CC806 | ¥　3,328 | 5 | |
| 9 | CC807 | ¥　6,529 | 9 | |
| 10 | CC808 | ¥　2,329 | 11 | |
| 11 | CC809 | ¥　7,438 | 6 | |
| 12 | CC810 | ¥　3,562 | 5 | |

图 10-2　输入公式计算销售总额

| | A | B | C | D |
|---|---|---|---|---|
| 1 | 产品销量统计表 | | | |
| 2 | 产品编号 | 单价（元） | 销售数 | 销售总额 |
| 3 | CC801 | ¥　7,098 | 5 | 35490 |
| 4 | CC802 | ¥　4,299 | 4 | |
| 5 | CC803 | ¥　2,888 | 6 | |
| 6 | CC804 | ¥　11,860 | 4 | |
| 7 | CC805 | ¥　5,258 | 10 | |
| 8 | CC806 | ¥　3,328 | 5 | |
| 9 | CC807 | ¥　6,529 | 9 | |
| 10 | CC808 | ¥　2,329 | 11 | |
| 11 | CC809 | ¥　7,438 | 6 | |
| 12 | CC810 | ¥　3,562 | 5 | |

图 10-3　计算结果

（4）如果编辑的公式有错误，请单击编辑栏的×取消输入。

### 二、公式的填充

（1）把鼠标指针移到 D3 右下角的填充柄上，指针变成**+**时，按下鼠标左键往下填充到 D12。

（2）将 D3:D12 区域设置为"会计专用"格式，再单击"减少小数位数"按钮 ，如图 10-4 所示。

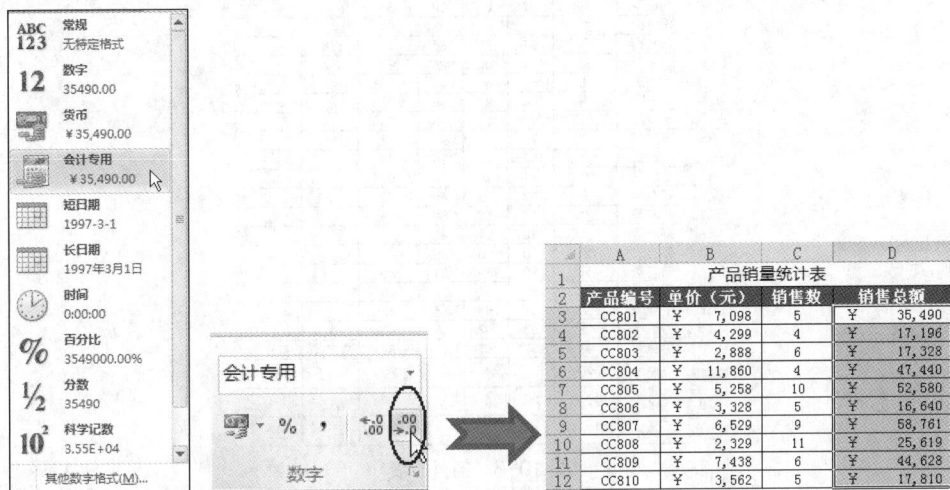

图 10-4 设置"会计专用"格式

> 提 示
> ● 公式是以等号"="开头的一个表达式。
> ● 公式由 3 部分组成：等号、运算数、运算符。
> ● 运算数通常是单元格，也可以是常量或函数。
> ● 任何两个运算数之间都要有一个运算符。
> ● 运算符主要包括算术运算符、关系运算符、连接运算符（见图 10-5）。

| 运算符 | 包含内容 | 运算结果 | 举例 |
| --- | --- | --- | --- |
| 算术运算符 | + - * / ^ | 数值型 | 若在 A1 单元格中输入 20，则 A1*2 的结果为 40 |
| 连接运算符 | & | 文本值 | B1=比赛，B2=赛程表，则 B1&B2 的结果为"比赛赛程表" |
| 关系运算符 | = > < >= <= <> | True False | 若在 A1 单元格中输入 80，则 A1<100 的结果为 True |

图 10-5 运算符

## 任务二 利用∑自动求和▼统计"各科成绩"

切换到工作表"各科成绩"（见图 10-6）。

### 一、自动求和（SUM）

（1）单击 G2 单元格，再单击【开始】|∑ 自动求和▼（见图 10-7）。
（2）此时单元格内显示的公式为=SUM(C2:F2)，如图 10-8 所示。
（3）单击编辑栏的✓确认。
（4）用鼠标抓住 G2 的填充柄往下填充到 G20。

自动求和（SUM）

| | A | B | C | D | E | F | G | H |
|---|---|---|---|---|---|---|---|---|
| 1 | 姓名 | 性别 | 数学 | 语文 | 英语 | 计算机 | 总分 | 平均分 |
| 2 | 刘金平 | 男 | 67 | 80 | 80 | 59 | | |
| 3 | 程小婷 | 女 | 77 | 85 | 88 | 65 | | |
| 4 | 陈文莉 | 女 | 97 | 82 | 86 | 71 | | |
| 5 | 陈爱秀 | 女 | 81 | 80 | 96 | 86 | | |
| 6 | 刘大庆 | 男 | 54 | 60 | 45 | 78 | | |
| 7 | 刘云飞 | 男 | 86 | 92 | 86 | 98 | | |
| 8 | 李秋萍 | 女 | 77 | 54 | 98 | 73 | | |
| 9 | 万文丽 | 女 | 76 | 72 | 94 | 77 | | |
| 10 | 刘美群 | 女 | 90 | 71 | 96 | 75 | | |
| 11 | 余翠翠 | 女 | 77 | 70 | 90 | 56 | | |
| 12 | 曹有明 | 男 | 77 | 69 | 60 | 62 | | |
| 13 | 胡文静 | 女 | 65 | 68 | 58 | 48 | | |
| 14 | 郑玲芳 | 女 | 78 | 67 | 85 | 82 | | |
| 15 | 彭志凯 | 男 | 90 | 66 | 89 | 60 | | |
| 16 | 胡志勇 | 男 | 80 | 65 | 81 | 80 | | |
| 17 | 邱建国 | 男 | 60 | 64 | 54 | 60 | | |
| 18 | 丁微微 | 女 | 81 | 63 | 85 | 82 | | |
| 19 | 万凯放 | 男 | 93 | 62 | 89 | 60 | | |
| 20 | 丁勇亮 | 男 | 82 | 61 | 81 | 80 | | |
| 21 | 统计情况 | 最高分 | | | | | | |
| 22 | | 最低分 | | | | | | |
| 23 | | 平均分 | | | | | | |

图 10-6　各科成绩

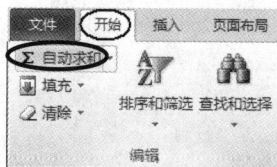

图 10-7　自动求和

图 10-8　求和公式

## 二、求平均（AVERAGE）

（1）单击 H2 单元格，再单击【开始】|Σ 自动求和 右边的下三角箭头，选择平均值（A），如图 10-9 所示。

（2）此时单元格内显示的公式为=AVERAGE(C2:G2)，公式内单元格区域有误，用鼠标重新选择区域 C2:F2，公式变成=AVERAGE(C2:F2)，如图 10-10 所示。

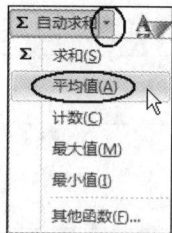

求平均（AVERAGE）

图 10-9　自动求平均

图 10-10　求平均公式

求最大值（MAX）、
最小值（MIN）

（3）单击编辑栏的✓确认。

（4）用鼠标抓住 H2 的填充柄往下填充到 H20。

## 三、求最大值（MAX）、最小值（MIN）

（1）单击 C21 单元格，再单击【开始】|Σ 自动求和 右边的下三角箭头，选择【最大值（M）】，此时单元格内显示的公式为=MAX(C2:C20)，单击✓确认。

（2）单击 C22 单元格，再单击【开始】|Σ 自动求和 ▼右边的下三角箭头，选择【最小值（I）】，此时单元格内显示的公式为=MIN(C2:C21)。公式内单元格区域有误，用鼠标重新选择区域 C2:C20，公式变成=MIN(C2:C20)，单击✓确认。

（3）单击 C23 单元格，再单击【开始】|Σ 自动求和 ▼右边的下三角箭头，选择【平均值（A）】，此时单元格内显示的公式为=AVERAGE(C2:C22)。公式内单元格区域有误，用鼠标重新选择区域 C2:C20，公式变成=AVERAGE(C2:C20)，单击✓确认。

（4）选择单元格 C21:C23，用鼠标抓住它们的填充柄往右填充到 H 列，最终结果如图 10-11 所示。

| | A | B | C | D | E | F | G | H |
|---|---|---|---|---|---|---|---|---|
| 1 | 姓名 | 性别 | 数学 | 语文 | 英语 | 计算机 | 总分 | 平均分 |
| 2 | 刘金平 | 男 | 67 | 80 | 80 | 59 | 286 | 71.5 |
| 3 | 程小婷 | 女 | 77 | 85 | 88 | 65 | 315 | 78.75 |
| 4 | 陈文莉 | 女 | 97 | 82 | 86 | 71 | 336 | 84 |
| 5 | 陈爱秀 | 女 | 81 | 80 | 96 | 86 | 343 | 85.75 |
| 6 | 刘大庆 | 男 | 54 | 60 | 45 | 78 | 237 | 59.25 |
| 7 | 刘云飞 | 男 | 86 | 92 | 86 | 98 | 362 | 90.5 |
| 8 | 李秋萍 | 女 | 77 | 54 | 98 | 73 | 302 | 75.5 |
| 9 | 万文丽 | 女 | 76 | 72 | 94 | 77 | 319 | 79.75 |
| 10 | 刘美群 | 女 | 90 | 71 | 96 | 75 | 332 | 83 |
| 11 | 余翠翠 | 女 | 77 | 70 | 90 | 56 | 293 | 73.25 |
| 12 | 曹有明 | 男 | 77 | 69 | 60 | 62 | 268 | 67 |
| 13 | 胡文静 | 女 | 65 | 68 | 58 | 48 | 239 | 59.75 |
| 14 | 郑玲芳 | 女 | 78 | 67 | 85 | 82 | 312 | 78 |
| 15 | 彭志凯 | 男 | 90 | 66 | 89 | 60 | 305 | 76.25 |
| 16 | 胡志勇 | 男 | 80 | 65 | 81 | 80 | 306 | 76.5 |
| 17 | 邱建国 | 男 | 80 | 64 | 54 | 60 | 258 | 64.5 |
| 18 | 丁微微 | 女 | 81 | 63 | 85 | 82 | 311 | 77.75 |
| 19 | 万凯放 | 男 | 93 | 62 | 89 | 60 | 304 | 76 |
| 20 | 丁勇亮 | 男 | 82 | 61 | 81 | 80 | 304 | 76 |
| 21 | 统计情况 | 最高分 | 97 | 92 | 98 | 98 | 362 | 90.5 |
| 22 | | 最低分 | 54 | 54 | 45 | 48 | 237 | 59.25 |
| 23 | | 平均分 | 79.4 | 70.1 | 81.1 | 71.16 | 301.68 | 75.42 |

图 10-11　各科成绩结果（一）

## 任务三　利用常用函数统计"单科成绩"

切换到工作表"单科成绩"，如图 10-12 所示。

### 一、普通公式

（1）单击 F2 单元格，在其中输入等号（=）；再单击 C2 单元格，依次输入乘号（*）、20%、加号（+）；再单击 D2 单元格，依次输入乘号（*）、20%、加号（+）；再单击 E2 单元格，依次输入乘号（*）、60%。此时在 F2 中显示公式"=C2*20%+D2*20%+E2*60%"（见图 10-13）。

普通公式

| | A | B | C | D | E | F | G | H |
|---|---|---|---|---|---|---|---|---|
| 1 | 学号 | 姓名 | 平时成绩 | 期中成绩 | 期末成绩 | 总评成绩 | 名次 | 是否及格 |
| 2 | 18121801 | 蔡冬华 | 82 | 69 | 77 | | | |
| 3 | 18121802 | 陈娟 | 98 | 91 | 84 | | | |
| 4 | 18121803 | 陈帅宇 | 96 | 84 | 68 | | | |
| 5 | 18121804 | 付思鑫 | 94 | 71 | 82 | | | |
| 6 | 18121805 | 戈俊 | 92 | 84 | 83 | | | |
| 7 | 18121806 | 简毛 | 98 | 84 | 89 | | | |
| 8 | 18121807 | 刘新斌 | 98 | 84 | 81 | | | |
| 9 | 18121808 | 刘洋 | 91 | 60 | 60 | | | |
| 10 | 18121809 | 刘源 | 70 | 60 | 43 | | | |

图 10-12　单科成绩

| CORREL | ▼ × ✓ fx | =C2*20%+D2*20%+E2*60% | | | | | | |
|---|---|---|---|---|---|---|---|---|
| | A | B | C | D | E | F | G | H | I |
| 1 | 学号 | 姓名 | 平时成绩 | 期中成绩 | 期末成绩 | 总评成绩 | 名次 | 是否及格 |
| 2 | 18121801 | 蔡冬华 | 82 | 69 | 77 | =C2*20%+D2*20%+E2*60% | | |
| 3 | 18121802 | 陈娟 | 98 | 91 | 84 | | | |
| 4 | 18121803 | 陈帅宇 | 96 | 84 | 68 | | | |
| 5 | 18121804 | 付思鑫 | 94 | 71 | 82 | | | |

图 10-13　总评公式

（2）单击编辑栏的✓确认公式。

（3）把鼠标指针移到 F2 右下角的填充柄上，当指针变成 **+** 时，按住鼠标左键往下填充到 F129。

### 二、插入 RANK.EQ 函数

**提 示** RANK.EQ(number,ref,order)，用于返回第 1 个参数在第 2 个参数（一组数）中的排名，order 是可选参数，为 0 或省略时降序；为非 0 值时升序。

（1）单击 G2 单元格，单击编辑栏的 fx 按钮，打开"插入函数"对话框。在最上面的"搜索函数"文本框中输入函数名 rank，回车后自动搜索到有关 rank 的所有函数（见图 10-14）。选择其中的

"RANK.EQ"，单击【确定】按钮后打开"函数参数"对话框。

（2）在"函数参数"对话框的第一个文本框中，单击 F2 单元格；单击第 2 个文本框，把鼠标指针移到列标 F 上单击，选择整个 F 列；第 3 个文本框空着（表示降序排列），如图 10-15 所示。

插入 RANK.EQ 函数

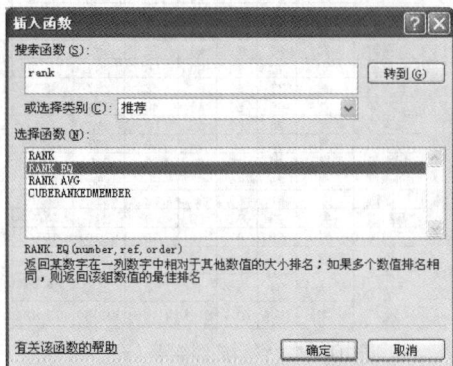

图 10-14　搜索函数 rank

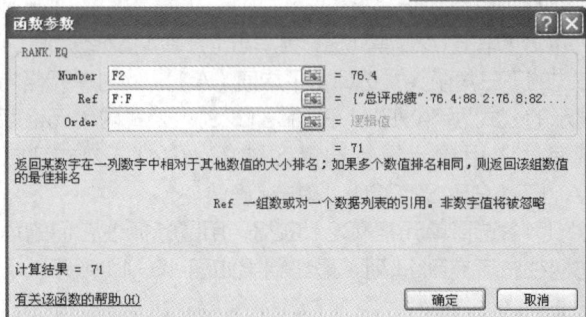

图 10-15　函数 RANK.EQ 的参数设置

（3）单击【确定】按钮，用鼠标抓住 G2 的填充柄填充到 G129。

## 三、插入 IF 函数

> **提 示** IF(logical-test,value-if-true,value-if-false)的功能是进行逻辑判断，如果第 1 个参数为真，就返回第 2 个参数的值；否则，返回第 3 个参数的值。

### 1. 判定成绩是否合格：成绩>=60，显示"是"；成绩<60，不显示

（1）单击 H2 单元格，单击编辑栏的 $f_x$ 按钮，打开"插入函数"对话框。在最上面的"搜索函数"文本框中输入函数名 if，回车后自动搜索到 if 函数（见图 10-16）。单击【确定】按钮后打开"函数参数"对话框。

（2）在"函数参数"对话框的第 1 个文本框中输入判断的条件：F2>=60；单击第 2 个文本框，在其中输入"是"；单击第 3 个文本框，在其中输入一个空格，如图 10-17 所示。

插入 IF 函数

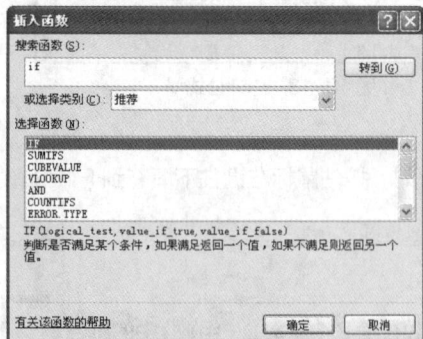

图 10-16　搜索函数 if

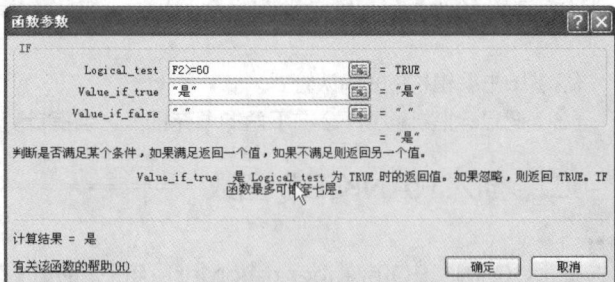

图 10-17　函数 if 的参数设置

> **提示** 双引号不需要输入，Excel 会自动添加。如果用户自己输入双引号，一定要输入英文双引号。

（3）单击【确定】按钮，用鼠标抓住 H2 的填充柄填充到 H129，结果如图 10-18 所示。

**2. 计算业务提成：业绩<50 000，按 3%提成；业绩>=50 000，按 5%提成**

（1）切换到工作表"销售业绩"（见图 10-19）。

图 10-18　单科成绩结果（一）

图 10-19　销售业绩

（2）在 D3 中输入公式"=B3*C3"，单击编辑栏的✓确认。

（3）单击 E3，单击编辑栏的 *fx* 按钮，打开"插入函数"对话框，找到 if 函数，打开其"函数参数"对话框。在第 1 个文本框中输入 D3<50000，在第 2 个文本框中输入 D3*3%，在第 3 个文本框中输入 D3*5%（见图 10-20），最后单击【确定】按钮。

（4）选择单元格区域 D3:E3，用鼠标抓住它们的填充柄往下填充到 12 行，并将其设置为"会计专用"，单击 按钮减少小数位数到 0，结果如图 10-21 所示。

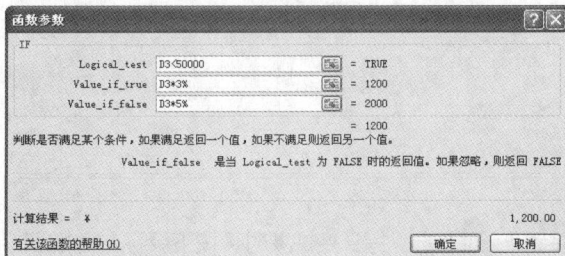

图 10-20　用 if 函数计算提成

图 10-21　销售业绩结果

## 四、插入 COUNTIF 函数、COUNT 函数

> **提示** COUNTIF(Range,Criteria)，用于计算某个单元格区域中满足给定条件的单元格个数。参数 Range 是单元格的区域，Criteria 是需要满足的条件。
> COUNT()，用于计算区域中包含数字的单元格个数。

（1）切换到工作表"各科成绩"，将鼠标指针移到 H 列上方，指针变成⬇时，按下鼠标左键拖到 J 列松开。在选中的内容上单击鼠标右键，在弹出的快捷菜单中选择【取消隐藏】命令，显示之前被隐藏的 I 列。

（2）单击 I2 单元格，单击编辑栏的 *fx* 按钮，找到函数 COUNTIF，并打开 COUNTIF 函数的"函数参数"对话框。

（3）在该对话框的第 1 个文本框中选择 C2:F2，在第 2 个文本框中输入<60（见图 10-22），单击【确定】按钮（Excel 会自动给<60 添加英文双引号）。

插入 COUNTIF
函数

（4）单击【确定】按钮，用鼠标抓住 I2 的填充柄填充到 I20，结果如图 10-23 所示。

（5）在 B24 中输入文本"及格率"，在 C24 中利用公式"=COUNTIF(C2:C20,">=60")/COUNT(C2:C20)"计算数学的及格率，确认后，将单元格的数据类型设置为百分比，并抓住 C24 的填充柄填充到 F24，结果如图 10-23 所示。

（6）先取消 A21:A23 的合并居中，再选择 A21:A24 区域将其合并居中，最后补充所需的边框，结果如图 10-23 所示。

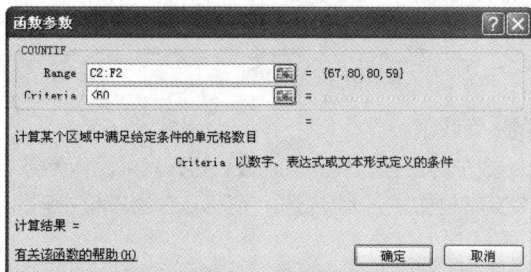

图 10-22　用 COUNTIF 函数统计不及格科目数

图 10-23　各科成绩结果（二）

## 任务四　IF 函数的嵌套应用

### 一、等级判定

（1）切换到工作表"单科成绩"。将鼠标指针移到 H 列上方，指针变成↓时，按下鼠标左键拖到 J 列松开。在选中的内容上单击鼠标右键，在弹出的快捷菜单中选择【取消隐藏】命令，显示之前被隐藏的 I 列，结果如图 10-24 所示。

等级标准：90 以上为 A；60～90 为 B；60 以下为 C。

（2）单击 I2 单元格，单击编辑栏的 $f_x$ 按钮，打开"插入函数"对话框，选择函数 IF。

（3）在"函数参数"对话框的第 1 个文本框中输入判断的条件 F2>=90；单击第 2 个文本框，在其中输入 A；单击第 3 个文本框，在其中输入 if( )，如图 10-25 所示。

图 10-24　取消隐藏"等级"

（4）在不关闭上述对话框的前提下，单击编辑栏中公式"=IF(F2>=90,"A",IF( ))"中的第 2 个 IF 函数，打开一个新的"函数参数"对话框，这就是第 2 个 IF 函数的参数对话框。

（5）在新"函数参数"对话框的第 1 个文本框中输入判断的条件 F2>=60；单击第 2 个文本框，在其中输入 B；单击第 3 个文本框，在其中输入 C，如图 10-26 所示。

IF 函数的嵌套应用

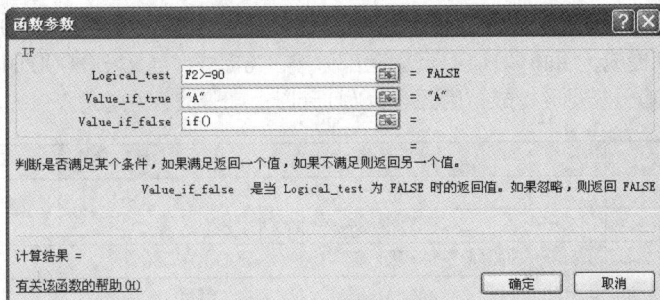

图 10-25　if 函数参数设置

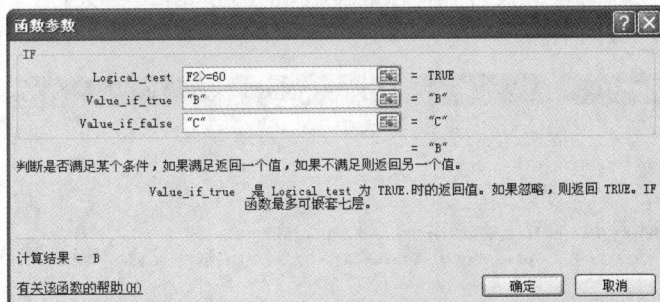

图 10-26　IF 函数参数设置

（6）单击【确定】按钮，用鼠标抓住 I2 的填充柄填充到 I129，结果如图 10-27 所示。

| | A | B | C | D | E | F | G | H | I |
|---|---|---|---|---|---|---|---|---|---|
| 1 | 学号 | 姓名 | 平时成绩 | 期中成绩 | 期末成绩 | 总评成绩 | 名次 | 是否及格 | 等级 |
| 2 | 13121801 | 蔡冬华 | 82 | 69 | 77 | 76.4 | 71 | 是 | B |
| 3 | 13121802 | 陈娟 | 98 | 91 | 84 | 88.2 | 15 | 是 | B |
| 4 | 13121803 | 陈帅宇 | 96 | 84 | 68 | 76.8 | 69 | 是 | B |
| 5 | 13121804 | 付思鑫 | 94 | 71 | 82 | 82.2 | 40 | 是 | B |
| 6 | 13121805 | 戈俊 | 92 | 84 | 83 | 85 | 27 | 是 | B |
| 7 | 13121806 | 简毛 | 98 | 84 | 89 | 89.8 | 7 | 是 | B |
| 8 | 13121807 | 刘新斌 | 98 | 84 | 81 | 85 | 27 | 是 | B |
| 9 | 13121808 | 刘洋 | 91 | 60 | 60 | 66.2 | 115 | 是 | B |
| 10 | 13121809 | 刘源 | 70 | 60 | 43 | 51.8 | 128 | | C |

图 10-27　单科成绩结果（二）

## 二、阶梯提成

（1）切换到工作表"销售业绩"，将鼠标指针移到 E 列上方，指针变成 ⬇ 时，按下鼠标左键并拖到 G 列松开。在选中的内容上单击鼠标右键，在弹出的快捷菜单中选择【取消隐藏】命令，显示之前被隐藏的 F 列，结果如图 10-28 所示。

| | A | B | C | D | E | F |
|---|---|---|---|---|---|---|
| 1 | | | | 销售业绩统计表 | | |
| 2 | 销售员 | 单价（元） | 销售数量 | 销售总额（元） | 业务提成 | 业务提成（二） |
| 3 | 杨鑫 | ¥ 8,000 | 5 | ¥ 40,000 | ¥ 1,200 | |
| 4 | 张慧 | ¥ 5,000 | 4 | ¥ 20,000 | ¥ 600 | |
| 5 | 郑德福 | ¥ 5,100 | 6 | ¥ 30,600 | ¥ 918 | |
| 6 | 郑胜 | ¥ 8,200 | 4 | ¥ 32,800 | ¥ 984 | |
| 7 | 支乐锋 | ¥ 5,000 | 10 | ¥ 50,000 | ¥ 2,500 | |
| 8 | 周城冰 | ¥ 5,300 | 5 | ¥ 26,500 | ¥ 795 | |
| 9 | 邹林 | ¥ 6,000 | 9 | ¥ 54,000 | ¥ 2,700 | |
| 10 | 张成静 | ¥ 6,200 | 11 | ¥ 68,200 | ¥ 3,410 | |
| 11 | 宗程斌 | ¥ 7,400 | 6 | ¥ 44,400 | ¥ 1,332 | |
| 12 | 曹金根 | ¥ 7,900 | 5 | ¥ 39,500 | ¥ 1,185 | |
| 13 | 合计 | | | | | |

图 10-28　取消隐藏"业务提成（二）"

业务提成（二）的计算方式：当业绩 x<=30 000 时，按业绩 2%提成；当 30 000<x<=50 000 时，前面 30 000 元按 2%提成，后面 30 000 元以上部分按 3%提成；当 x>50 000 时，前面 30 000 元按 2%提成，中间 20 000 元按 3%提成，后面 50 000 元以上部分按 5%提成。

| 业绩 x | 提成公式 | 速算公式 |
| --- | --- | --- |
| x<=30000 | x*2% | x*2% |
| 30000<x<=50000 | 30000*2%+(x-30000)*3% | x*3%-300 |
| x>50000 | 30000*2%+20000*3%+(x-50000)*5% | x*5%-1300 |

（2）单击 G3，单击编辑栏的 *fx* 按钮，打开"插入函数"对话框，找到 IF 函数，并打开其"函数参数"对话框。在第 1 个文本框中输入 D3<=30000，在第 2 个文本框中输入 D3*2%，在第 3 个文本框中输入 IF()，如图 10-29 所示。

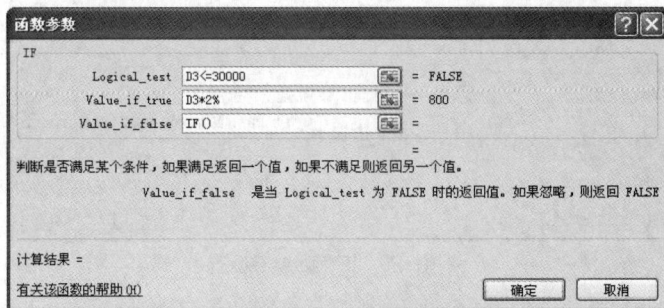

图 10-29  IF 函数参数设置

（3）连续两次单击 *fx* 按钮，打开一个新的"函数参数"对话框，此为内部 IF 函数的参数对话框。

（4）在新"函数参数"对话框的第 1 个文本框中设置判断条件：D3<=50000，单击第 2 个文本框，在其中输入 D3*3%-300；单击第 3 个文本框，在其中输入 D3*5%-1300，如图 10-30 所示。

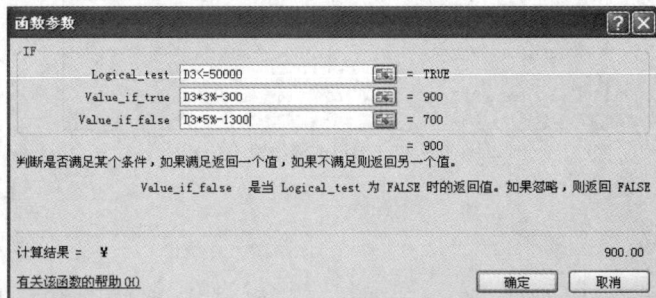

图 10-30  内部 IF 函数参数设置

（5）单击【确定】按钮后，用鼠标抓住 G3 的填充柄填充到 G12，结果如图 10-31 所示。

| | A | B | C | D | E | F |
| --- | --- | --- | --- | --- | --- | --- |
| 1 | 销售业绩统计表 | | | | | |
| 2 | 销售员 | 单价（元） | 销售数量 | 销售总额（元） | 业务提成 | 业务提成（二） |
| 3 | 杨鑫 | ¥ 8,000 | 5 | ¥ 40,000 | ¥ 1,200 | ¥ 900 |
| 4 | 张慧 | ¥ 5,000 | 4 | ¥ 20,000 | ¥ 600 | ¥ 400 |
| 5 | 郑德福 | ¥ 5,100 | 6 | ¥ 30,600 | ¥ 918 | ¥ 618 |
| 6 | 郑胜 | ¥ 8,200 | 4 | ¥ 32,800 | ¥ 984 | ¥ 684 |
| 7 | 支乐锋 | ¥ 5,000 | 10 | ¥ 50,000 | ¥ 2,500 | ¥ 1,200 |
| 8 | 周斌冰 | ¥ 5,300 | 5 | ¥ 26,500 | ¥ 795 | ¥ 530 |
| 9 | 邹林 | ¥ 6,000 | 9 | ¥ 54,000 | ¥ 2,700 | ¥ 1,400 |
| 10 | 张成静 | ¥ 6,200 | 11 | ¥ 68,200 | ¥ 3,410 | ¥ 2,110 |
| 11 | 宗程斌 | ¥ 7,400 | 6 | ¥ 44,400 | ¥ 1,332 | ¥ 1,032 |
| 12 | 曹金根 | ¥ 7,900 | 5 | ¥ 39,500 | ¥ 1,185 | ¥ 885 |
| 13 | 合计 | | | | | |

图 10-31  销售业绩结果（二）

## 任务五 单元格的引用方式

Excel 中，单元格的引用有 3 种：相对引用、绝对引用和混合引用。

（1）相对引用，由列标加行号组成，如 B6。

（2）绝对引用，在列标和行号前各加一个美元符号$，如$B$6。

（3）混合引用，只在列标或只在行号前加一个美元符号$，如$B6 和 B$6。

选择某个单元格，默认的引用方式是相对引用，按【F4】键，可使之在绝对引用、混合引用和相对引用之间循环切换。符号$也可以通过键盘手动输入。

如果不需要考虑填充，公式中的单元格不必考虑引用的方式，因为单元格的引用方式只有在进行自动填充时才会体现其各自的特色。

（1）相对引用。用鼠标抓住公式的填充柄进行填充时，随着公式的位移，公式中被引用的单元格也发生相同位移。

（2）绝对引用。在公式进行填充时，绝对引用的单元格固定不变。

（3）混合引用。在公式进行填充时，加了$符号的不变，没加$符号的会变。

### 一、绝对引用

#### 1. 计算比重

（1）切换到工作表"比重计算"，如图 10-32 所示。

（2）单击 B8 单元格，再单击【开始】|Σ自动求和▼，此时单元格内显示的公式为=SUM(B3:B7)，单击编辑栏的✓确认。

（3）单击 C3，输入等号，再单击 B3，输入除号/，再单击 B8。

分 析 此时单元格内显示的公式为=B3/B8。此时公式内的单元格 B3 和 B8 均为相对引用，如果抓住 C3 的填充柄往下填充，公式会变成=B4/B9，=B5/B10……实际上，分母固定为 B8，所以分母应采用绝对引用。

（4）在确保插入点位于 B8 单元格时，按功能键【F4】，使 B8 变成绝对引用$B$8（见图 10-33）。

图 10-32 比重计算

图 10-33 计算的比重公式

（5）单击编辑栏的✓确认，抓住 C3 的填充柄往下填充到 C8。

（6）将 C3:C8 设置为"百分比"，结果如图 10-34 所示。

**2．计算增长量**

（1）切换到工作表"增长量"（见图 10-35）。

| | A | B | C | D |
|---|---|---|---|---|
| | C3 | | $f_x$ =B3/$B$8 | |
| 1 | 某班"计算机基础"成绩统计表 | | | |
| 2 | 分数 | 人数（人） | 比重（%） | |
| 3 | 50～60 | 2 | 5.00% | |
| 4 | 60～70 | 7 | 17.50% | |
| 5 | 70～80 | 11 | 27.50% | |
| 6 | 80～90 | 12 | 30.00% | |
| 7 | 90～100 | 8 | 20.00% | |
| 8 | 合计 | 40 | 100.00% | |

图 10-34　比重计算结果

| | A | B | C | D | E | F | G |
|---|---|---|---|---|---|---|---|
| 1 | ****公司2010年—2015年资产统计（亿元） | | | | | | |
| 2 | 年　份 | 2010 | 2011 | 2012 | 2013 | 2014 | 2015 |
| 3 | 总资产 | 43500 | 55567 | 70477 | 88774 | 109870 | 137239 |
| 4 | 逐年增长量 | — | | | | | |
| 5 | 累计增长量 | — | | | | | |

图 10-35　增长量

> **提 示** 逐年增长量＝当年总资产–上一年总资产
> 累计增长量＝当年总资产–2010 年总资产

（2）在 C4 中使用公式=C3-B3；在 C5 中使用公式=C3-$B$3。

（3）选择 C4:C5，用鼠标抓住它们的填充柄往右填充到 G 列，结果如图 10-36 所示。

| | A | B | C | D | E | F | G |
|---|---|---|---|---|---|---|---|
| 1 | ****公司2010年—2015年资产统计（亿元） | | | | | | |
| 2 | 年　份 | 2010 | 2011 | 2012 | 2013 | 2014 | 2015 |
| 3 | 总资产 | 43500 | 55567 | 70477 | 88774 | 109870 | 137239 |
| 4 | 逐年增长量 | — | 12067 | 14910 | 18297 | 21096 | 27369 |
| 5 | 累计增长量 | — | 12067 | 26977 | 45274 | 66370 | 93739 |

图 10-36　增长量计算结果

**3．计算销量排名**

（1）切换到工作表"销售统计"（见图 10-37）。

（2）在 C4 中使用公式=B4*$B$2，用鼠标抓住 C4 的填充柄往下填充到 C20。

（3）将 C4:C20 设置为会计专用格式。

（4）单击 D4，单击编辑栏的 $f_x$ 按钮，打开"插入函数"对话框，找到 RANK.EQ 函数，并打开其"函数参数"对话框。在第 1 个文本框中单击 C4，在第 2 个文本框中选择 C4:C20，并按【F4】键，使之变成绝对引用$C$4:$C$20，如图 10-38 所示。

（5）单击【确定】按钮后，用鼠标抓住 D4 的填充柄往下填充到 D20，结果如图 10-39 所示。

| | A | B | C | D |
|---|---|---|---|---|
| 1 | 某设备销售统计表 | | | |
| 2 | 销售单价： | 3000元/台 | | |
| 3 | 销售员 | 销售数量（台） | 销售总额（元） | 销量排名 |
| 4 | 梁华 | 8 | | |
| 5 | 田长贵 | 12 | | |
| 6 | 王明 | 6 | | |
| 7 | 程国平 | 4 | | |
| 8 | 张鑫 | 10 | | |
| 9 | 李大朋 | 2 | | |
| 10 | 柯乐 | 9 | | |
| 11 | 刘旺 | 16 | | |
| 12 | 胡一凤 | 6 | | |
| 13 | 王开杰 | 15 | | |
| 14 | 肖盼 | 8 | | |
| 15 | 肖晓东 | 17 | | |
| 16 | 谢华 | 8 | | |
| 17 | 熊金阳 | 15 | | |
| 18 | 徐聪 | 8 | | |
| 19 | 杨文涛 | 12 | | |
| 20 | 张慧 | 9 | | |

图 10-37　销售统计

## 二、混合引用

（1）切换到工作表"利息计算"（见图 10-40）。

（2）单击 D6，输入公式=C6*D4*D5。

混合引用

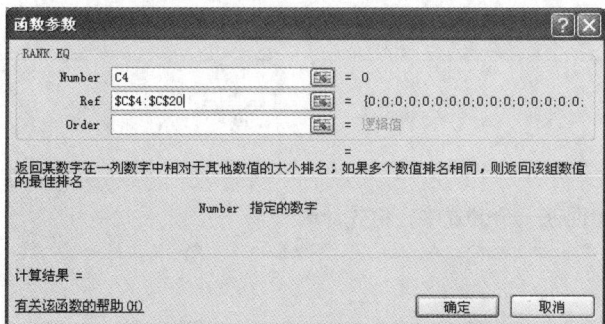

图 10-38　函数 RANK.EQ 的参数设置

图 10-39　销售统计结果

图 10-40　利息计算

> **分析**　考虑到无论该公式往下或往右填充到什么位置，本金值都固定在 C 列，存款年限都固定在第 4 行，年利率都固定在第 5 行，所以本金 C6 要用美元符号\$锁住列标，存款年限 D4 和年利率 D5 要锁住行号。所以，公式应该修改为=\$C6*D\$4*D\$5。（按【F4】键，单元格会依次变成：绝对引用→混合引用→相对引用。）

（3）单击【确定】按钮后，用鼠标抓住 D6 的填充柄往下填充到 D15 松开，然后再抓住 D6:D15 的填充柄往右填充到 M 列。

（4）填充完毕，单击智能标记，选择命令【不带格式填充】（见图 10-41），确保底纹不被修改，结果如图 10-42 所示。

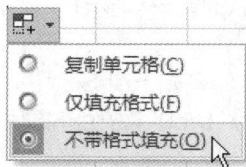

图 10-41　不带格式填充

图 10-42　利息计算结果

## 课后练习

**一、单选题**

（1）在 Excel 中，（　　）是引用运算符。

　　A. :　　　　　　　　B. <>　　　　　　　　C. &　　　　　　　　D. %

（2）Excel 中，如果下面几个运算符同时出现在一个公式中，将先计算（　　）。

　　A. +　　　　　　　　B. -　　　　　　　　C. ^　　　　　　　　D. *

（3）Excel 中，下列属于绝对引用的是（　　）。

　　A. =A1+A3　　　　B. =$A$1+$B$3　　　C. =A$1+B$1　　　D. =$A$1+C1

（4）Excel 中，公式中的绝对地址在被复制或移动到其他单元格时，其单元格地址（　　）。

　　A. 不会改变　　　　B. 部分改变　　　　C. 全部改变　　　　D. 不能复制

（5）Excel 中，在 A1 单元格输入"计算机"，在 A2 单元格中输入"软件资格考试"，若希望在 A3 单元格中显示"计算机软件资格考试"，应该在 A3 单元格输入（　　）。

　　A. A1&A2　　　　　B. =A1&A2　　　　C. A1+A2　　　　　D. =A1+A2

（6）在 Excel 中，若 A1 到 A3 单元格中的值分别为 12、13、14，在 B1 单元格中输入函数"=SUM(A1:A3,15)"，按回车键后，B1 单元格中的值为（　　）。

　　A. 26　　　　　　　B. 39　　　　　　　C. 41　　　　　　　D. 54

（7）在 Excel 中，单元格 A1、B1、C1、A2、B2、C2 中的值分别为 1、2、3、4、5、6，若在 D1 单元格中输入公式"=A1+$B$1+C1"，然后将单元格 D1 复制到 D2 中的结果为（　　）。

　　A. 6　　　　　　　　B. 12　　　　　　　C. 15　　　　　　　D. #REF

（8）若在 Excel 的 A1 中输入公式"=SUM(1,12,False)"，按回车键后，则 A1 单元格中显示的值为（　　）。

　　A. 1　　　　　　　　B. 12　　　　　　　C. 13　　　　　　　D. False

（9）在 Excel 中，若在 A1 中输入（　　），则 A1 单元格中显示数字 8。

　　A. ="160/20"　　　B. =160/20　　　　C. 160/20　　　　　D. "160/20"

（10）在 Excel 中，A1、B1、C1、D1 单元格中的值分别为 2、4、8、16，若在 E1 中输入公式"=MAX(C1:D1)^MIN(A1:B1)"，则 E1 单元格中的值为（　　）。

　　A. 4　　　　　　　　B. 16　　　　　　　C. 64　　　　　　　D. 256

（11）在 Excel 中，C3:C7 单元格中的值分别为 10、OK、20、YES、48，在 D7 中输入公式"=COUNT(C3:C7)"，在 D8 中输入公式"=COUNTA(C3:C7)"，按回车键后，D7 单元格中显示的值为（　　），D8 单元格中的值为（　　）。

　　A. 1　　　　　　　　B. 2　　　　　　　　C. 3　　　　　　　　D. 5

（12）在 Excel 中，A1:A5 单元格中的值分别为 10、50、20、40、30，在 B1 中输入公式"=RANK.EQ(A1,A:A)"，并用鼠标左键抓住 B1 的填充柄拉到 B5 松手。结果，在 B5 单元格中显示（　　）。

　　A. 5　　　　　　　　B. 1　　　　　　　　C. 2　　　　　　　　D. 3

（13）在 Excel 中，A1 单元格中的值为 6，A2 单元格中的值为 8，若在 A3 单元格输入公式"=NOT(A1<A2)"，在 A4 单元格输入公式"=AND(A1<10, A2<10)"。结果，A3 单元格显示（　　），A4 单元格显示（　　）。

　　A. 6　　　　　　　　B. 8　　　　　　　　C. TRUE　　　　　　D. FALSE

（14）Excel 中，设 A1 单元格中的值为 80，若在 A2 单元格中输入公式"=A1>50"，按回车键后，则 A2 单元格中的值为（　　）。

　　A. FALSE　　　　　B. TRUE　　　　　　C. -50　　　　　　　D. 80

（15）在 Excel 中，A1 单元格的值为 18，在 A2 单元格中输入公式“=IF(A1>20,"优",IF(A1>10,"良","差"))”，按回车键后，A2 单元格中显示的值为（　　）。

A．优　　B．良　　C．差　　D．#NAME?

（16）在 Excel 中，若 A1 单元格中的值为 50，B1 单元格中的值为 60，若在 A2 单元格中输入公式“=IF(OR(A1>=60,B1>=60),"通过","不通过")”，按回车键后，A2 单元格中的值为（　　）。

A．50　　B．60　　C．通过　　D．不通过

（17）Excel 中，单元格 A1、A2、B1、B2、C1、C2、D1、D2 中的值分别为 10、10、20、20、30、30、40、40，若在 E1 中输入公式“=COUNTIF(A1:D2,">30")”，最后 El 中的值为（　　）。

A．2　　B．40　　C．80　　D．140

（18）Excel 中，公式中使用多个运算符时，其优先级从高到低依次为（　　）。

A．算术运算符、引用运算符、文本运算符、比较运算符

B．引用运算符、文本运算符、算术运算符、比较运算符

C．引用运算符、算术运算符、文本运算符、比较运算符

D．比较运算符、算术运算符、文本运算符、引用运算符

（19）在 Excel 中，A1 单元格中的值为 5，若在 B2 和 C2 单元格中分别输入="A1"+8 和=A1+8，则（　　）。

A．B2 单元格中显示 5，C2 单元格中显示 8

B．B2 和 C2 单元格中均显示 13

C．B2 单元格中显示#VALUE!，C2 单元格中显示 13

D．B2 单元格中显示 13，C2 单元格中显示#VALUE!

**二、操作题**

（1）有图 10-43 所示的 Excel 数据表，要计算每个学生的总分和名次，需要在 Excel 的 G3、H3 中使用什么公式？并在 Excel 中完成操作。

| | A | B | C | D | E | F | G | H |
|---|---|---|---|---|---|---|---|---|
| 1 | **班期末考试成绩统计表 | | | | | | | |
| 2 | 姓名 | 性别 | 数学 | 语文 | 英语 | 计算机 | 总分 | 名次 |
| 3 | 刘金平 | 男 | 67 | 80 | 80 | 59 | | |
| 4 | 程小婷 | 女 | 77 | 85 | 88 | 65 | | |
| 5 | 陈文莉 | 女 | 97 | 82 | 86 | 71 | | |
| 6 | 陈爱秀 | 女 | 81 | 80 | 96 | 86 | | |

图 10-43　期末考试成绩统计表

（2）有图 10-44 所示的 Excel 数据表，要计算每个职工的加班工资、应发工资、个人所得税、实发工资、工资排名，需要使用什么公式？并在 Excel 中完成操作。

① 所有职工每小时加班工资为各自底薪的 1%。

② 应发工资=底薪+加班工资。

③ 收入在 3500 以下的不交个人所得税，3500 元以上的，超出部分按 5%交纳个人所得税。

| | A | B | C | D | E | F | G | H | I |
|---|---|---|---|---|---|---|---|---|---|
| 1 | 职工工资发放表 | | | | | | | | |
| 2 | 工号 | 姓名 | 底薪 | 加班时间（小时） | 加班工资 | 应发工资 | 个人所得税 | 实发工资 | 工资排名 |
| 3 | 001 | 胡益敏 | 1500 | 40 | | | | | |
| 4 | 002 | 江杰 | 1700 | 24 | | | | | |
| 5 | 003 | 赖小燕 | 2400 | 28 | | | | | |
| 6 | 004 | 李俊 | 2500 | 29 | | | | | |

图 10-44　职工工资发放表

（3）有图 10-45 所示的 Excel 数据表，根据 A、B 两列所给数据，用公式计算其应考人数、实考人数、缺考人数、80 分以上人数、60～80 分人数、40～60 分人数、40 分以下人数。

（4）有图 10-46 所示的 Excel 数据表，用公式完成其相关计算，要求如下。

① 每名选手的最终成绩为其三跳中的最高成绩。

② 每名选手有一次成绩达到 2 米以上为“合格”，否则为“不合格”。

③用 COUNTIF 和 COUNTA 函数计算每一跳及最终成绩的合格率，以百分比形式表示，保留两位有效数字。

| | A | B | C | D | E |
|---|---|---|---|---|---|
| 1 | 姓名 | 期末成绩 | | 统计结果 | |
| 2 | 蔡新兵 | 74 | | 应考人数 | |
| 3 | 陈非洲 | 75 | | 实考人数 | |
| 4 | 程意 | 77 | | 缺考人数 | |
| 5 | 段德华 | 77 | | 80分以上 | |
| 6 | 段国富 | 74 | | 60~80分 | |
| 7 | 龚瑜 | 缺考 | | 40~60分 | |
| 8 | 郭良平 | 78 | | 40分以下 | |
| 9 | 何斌 | 63 | | | |

图 10-45　计数

（5）有图 10-47 所示的 Excel 数据表，要计算 2015 年总人数、各组人数占总人数的比重，需要使用什么公式？并在 Excel 中完成相应操作。

| | A | B | C | D | E | F |
|---|---|---|---|---|---|---|
| 1 | 跳远成绩测试表（单位：米） | | | | | |
| 2 | 姓名 | 第一跳 | 第二跳 | 第三跳 | 最终成绩 | 是否合格 |
| 3 | 谢朋春 | 1.85 | 1.95 | 1.98 | | |
| 4 | 熊平 | 1.9 | 犯规 | 2.02 | | |
| 5 | 徐罗洋 | 1.88 | 2.01 | 2.13 | | |
| 6 | 徐永春 | 2.13 | 2.25 | 犯规 | | |
| 7 | 严晓东 | 2.04 | 2.05 | 2.08 | | |
| 8 | 杨帆 | 1.78 | 1.91 | 1.98 | | |
| 9 | 张明 | 1.85 | 1.92 | 1.89 | | |
| 10 | 钟军 | 1.95 | 2.01 | 1.96 | | |
| 11 | 合格率 | | | | | |

图 10-46　跳远成绩

| | A | B | C |
|---|---|---|---|
| 1 | 表1 2015年年末人口数及其构成 | | |
| 2 | 分组 | 年末数（万人） | 比重（%） |
| 3 | 0~15岁（含不满16周岁） | 24166 | |
| 4 | 16~59岁（含不满60周岁） | 91096 | |
| 5 | 60周岁及以上 | 22200 | |
| 6 | 合计 | | |

图 10-47　人口统计表

（6）要完成图 10-48 所示的 3 个乘法口诀表，分别应该在 B3 单元格使用什么公式？（整个表格只能使用同一个公式，其余用该公式填充。）并在 Excel 中完成相应操作。

| | A | B | C | D | E | F | G | H | I | J |
|---|---|---|---|---|---|---|---|---|---|---|
| 1 | 九九乘法口诀表 | | | | | | | | | |
| 2 | | 1 | 2 | 3 | 4 | 5 | 6 | 7 | 8 | 9 |
| 3 | 1 | 1 | 2 | 3 | 4 | 5 | 6 | 7 | 8 | 9 |
| 4 | 2 | 2 | 4 | 6 | 8 | 10 | 12 | 14 | 16 | 18 |
| 5 | 3 | 3 | 6 | 9 | 12 | 15 | 18 | 21 | 24 | 27 |
| 6 | 4 | 4 | 8 | 12 | 16 | 20 | 24 | 28 | 32 | 36 |
| 7 | 5 | 5 | 10 | 15 | 20 | 25 | 30 | 35 | 40 | 45 |
| 8 | 6 | 6 | 12 | 18 | 24 | 30 | 36 | 42 | 48 | 54 |
| 9 | 7 | 7 | 14 | 21 | 28 | 35 | 42 | 49 | 56 | 63 |
| 10 | 8 | 8 | 16 | 24 | 32 | 40 | 48 | 56 | 64 | 72 |
| 11 | 9 | 9 | 18 | 27 | 36 | 45 | 54 | 63 | 72 | 81 |

| | A | B | C | D | E | F | G | H | I | J |
|---|---|---|---|---|---|---|---|---|---|---|
| 1 | 九九乘法口诀表 | | | | | | | | | |
| 2 | | 1 | 2 | 3 | 4 | 5 | 6 | 7 | 8 | 9 |
| 3 | 1 | 1 | | | | | | | | |
| 4 | 2 | 2 | 4 | | | | | | | |
| 5 | 3 | 3 | 6 | 9 | | | | | | |
| 6 | 4 | 4 | 8 | 12 | 16 | | | | | |
| 7 | 5 | 5 | 10 | 15 | 20 | 25 | | | | |
| 8 | 6 | 6 | 12 | 18 | 24 | 30 | 36 | | | |
| 9 | 7 | 7 | 14 | 21 | 28 | 35 | 42 | 49 | | |
| 10 | 8 | 8 | 16 | 24 | 32 | 40 | 48 | 56 | 64 | |
| 11 | 9 | 9 | 18 | 27 | 36 | 45 | 54 | 63 | 72 | 81 |

| | A | B | C | D | E | F | G | H | I | J |
|---|---|---|---|---|---|---|---|---|---|---|
| 1 | 九九乘法口诀表 | | | | | | | | | |
| 2 | | 1 | 2 | 3 | 4 | 5 | 6 | 7 | 8 | 9 |
| 3 | 1 | 1×1=1 | | | | | | | | |
| 4 | 2 | 1×2=2 | 2×2=4 | | | | | | | |
| 5 | 3 | 1×3=3 | 2×3=6 | 3×3=9 | | | | | | |
| 6 | 4 | 1×4=4 | 2×4=8 | 3×4=12 | 4×4=16 | | | | | |
| 7 | 5 | 1×5=5 | 2×5=10 | 3×5=15 | 4×5=20 | 5×5=25 | | | | |
| 8 | 6 | 1×6=6 | 2×6=12 | 3×6=18 | 4×6=24 | 5×6=30 | 6×6=36 | | | |
| 9 | 7 | 1×7=7 | 2×7=14 | 3×7=21 | 4×7=28 | 5×7=35 | 6×7=42 | 7×7=49 | | |
| 10 | 8 | 1×8=8 | 2×8=16 | 3×8=24 | 4×8=32 | 5×8=40 | 6×8=48 | 7×8=56 | 8×8=64 | |
| 11 | 9 | 1×9=9 | 2×9=18 | 3×9=27 | 4×9=36 | 5×9=45 | 6×9=54 | 7×9=63 | 8×9=72 | 9×9=81 |

图 10-48　乘法口诀表

# 项目十一
## Excel数据分析与管理

**11**

项目目标

Excel 具有强大的数据库管理功能，可以方便地组织、管理、分析大量的数据信息。本项目通过工作表"数据管理与分析"的分析与管理，帮助读者掌握 Excel 排序、筛选、分类汇总、数据透视表、条件格式的应用。

相关知识

※ 排序、筛选

※ 分类汇总、数据透视表

※ 条件格式

## 任务一　排序

【排序】【筛选】【分类汇总】命令都在【数据】选项卡，如图 11-1 所示。

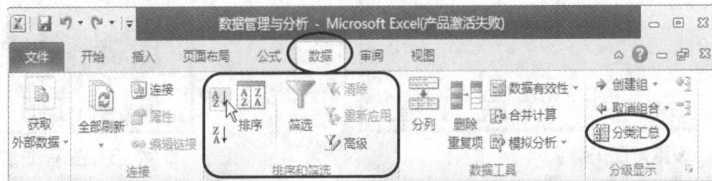

图 11-1　排序、筛选、分类汇总

### 一、自动排序

（1）打开文件"教学资源\项目十一　Excel 数据分析与管理\数据管理与分析.xlsx"（见图 11-2）。

图 11-2　数据管理与分析

（2）按住【Ctrl】键将工作表"原始数据"往后拖曳，鼠标指针变成 时松手，得到一个名为"原始数据（2）"的副本（见图 11-3）。

图 11-3　利用【Ctrl】键复制工作表

（3）将"原始数据（2）"重命名为"排序1"。

（4）在"排序1"中，单击"编号"所在列的任意单元格，再单击【数据】选项卡【排序和筛选】组的升序按钮↓（见图 11-1）。

为了保存前面操作的结果，后面的操作一律先复制一个"原始数据"工作表，再完成相应的操作，不再赘述。

## 二、笔划排序

（1）单击【数据】🔠，打开"排序"对话框。

（2）在"排序"对话框中，"主要关键字"中选择"姓名"，"排序依据"为默认"数值"，"次序"为默认"升序"（见图 11-4）。

（3）单击"排序"对话框右上方的【选项】按钮，打开"排序选项"对话框。

（4）在"排序选项"对话框中，选择排序方法为【笔划排序】（见图 11-5）。

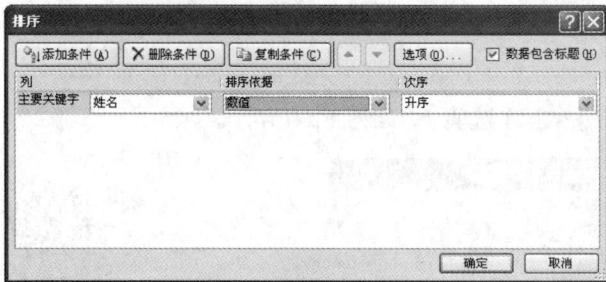

图 11-4　设置排序关键字

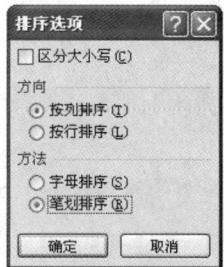

图 11-5　按笔划排序

## 三、自定义排序

例如：按学历由高到低进行排序（博士、硕士、本科、大专、高中）。

（1）单击【数据】🔠，打开"排序"对话框（见图 11-6）。

（2）在"主要关键字"中选择"学历"，"排序依据"为默认"数值"，"次序"选择"自定义序列"（见图 11-6）。

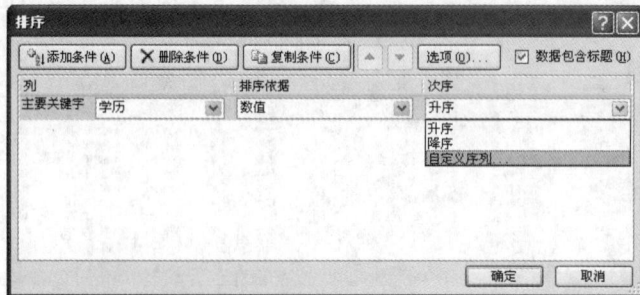

图 11-6　自定义排序

（3）在随后打开的"自定义序列"对话框中，输入新序列"博士、硕士、本科、大专、高中"，每输完一项，按【Enter】键换行输入下一项，如图 11-7 所示。

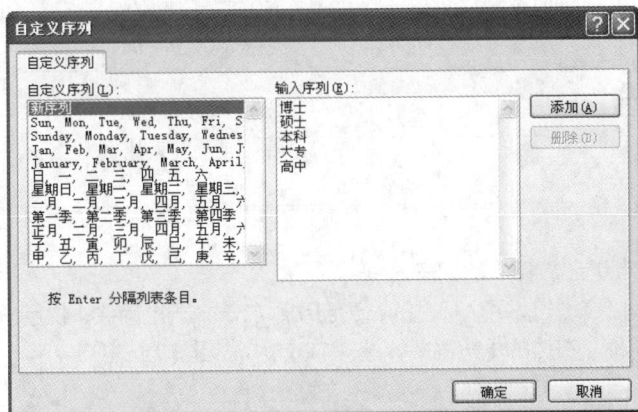

图 11-7　自定义新序列

（4）单击【添加】按钮，新序列"博士、硕士、本科、大专、高中"就出现在对话框左侧底部。

（5）单击【确定】按钮，回到"排序"对话框，"次序"中会显示新序列"博士、硕士、本科、大专、高中"，如图 11-8 所示。

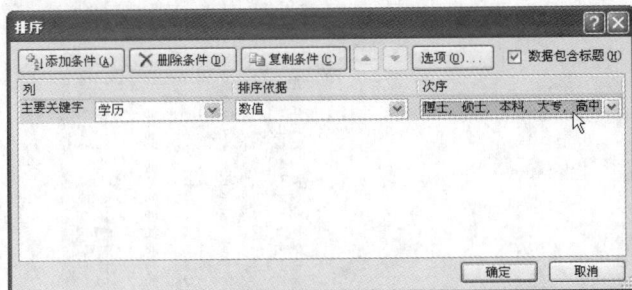

图 11-8　选择自定义序列

（6）单击【确定】按钮，得到排序结果。

（7）检查结果是否有误。

## 四、多关键字排序

例如：将数据按"年龄"降序排列，年龄相同的情况下，按"工龄"降序排列。

（1）单击【数据】，打开"排序"对话框。

（2）在"主要关键字"中选择"年龄"，"排序依据"默认"数值"，"次序"选择"降序"。

（3）单击【添加条件】按钮，自动增加"次要关键字"选项。选择次要关键字为"工龄"，排序依据为"数值"，次序为"降序"，如图 11-9 所示。

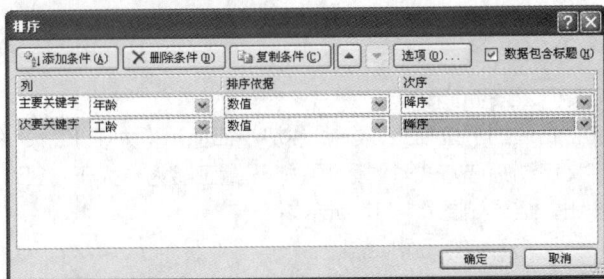

图 11-9　设置多关键字排序

**161**

（4）单击【确定】按钮，得到排序结果。

## 任务二　筛选

### 一、自动筛选

例1：筛选"职称"为"教授"的记录。

（1）单击【数据】|【筛选】，每个标题的右边自动添加一个下拉箭头，供用户进行数据的筛选。

（2）单击标题"职称"右边的下拉箭头，选择"教授"（见图11-10）。

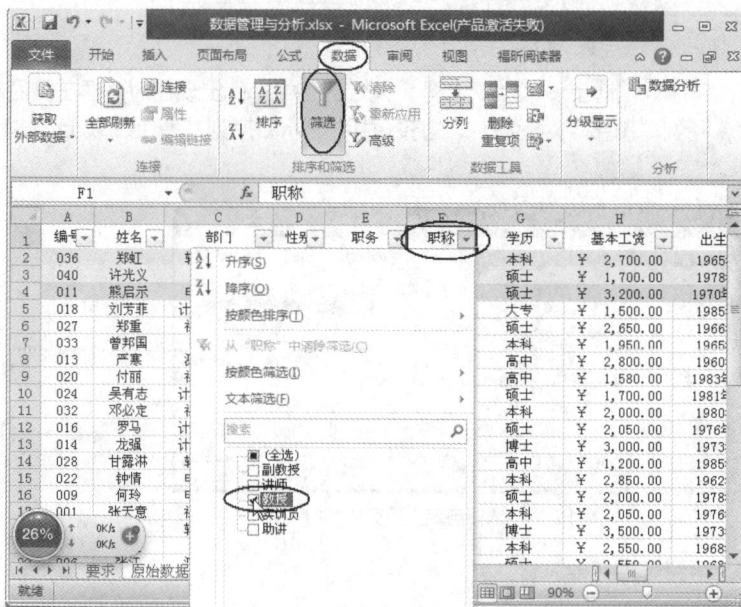

图11-10　设置筛选条件：职称为"教授"

（3）单击【确定】按钮，结果如图11-11所示。

图11-11　职称为"教授"的筛选结果

例2：筛选"工龄"大于25的记录。

（1）单击标题"工龄"右边的下拉箭头，选择【数字筛选】|【大于】命令（见图11-12）。

（2）在打开的"自定义自动筛选方式"对话框中，设置工龄为"大于　25"（见图11-13）。

（3）单击【确定】按钮，结果如图11-14所示。

例3：筛选"籍贯"中含"江"的记录。

（1）单击标题"籍贯"右边的下拉箭头，选择【文本筛选】|【包含】命令（见图11-15）。

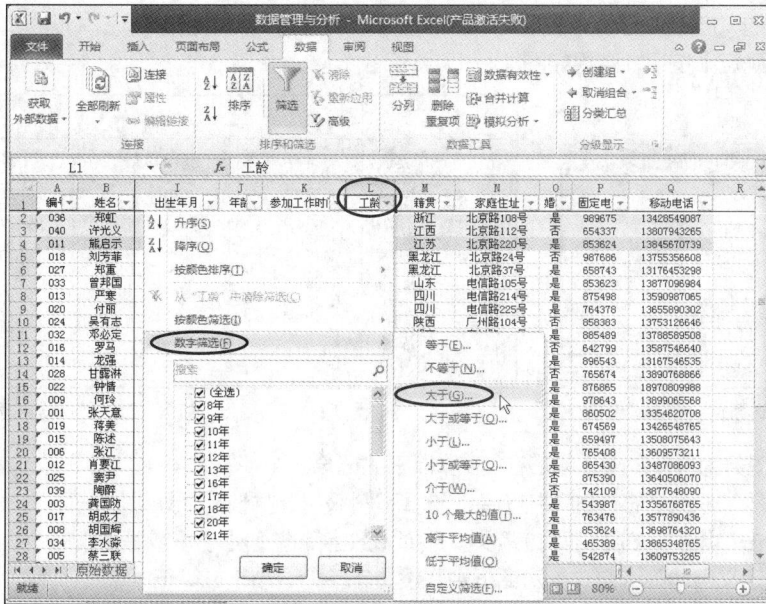

图 11-12　设置筛选条件：工龄“大于...”

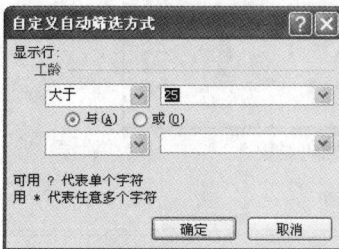

图 11-13　设置筛选条件：工龄“大于 25”

| | A | B | I | J | K | L | M | N | O |
|---|---|---|---|---|---|---|---|---|---|
| 1 | 编号 | 姓名 | 出生年月 | 年龄 | 参加工作时间 | 工龄 | 籍贯 | 家庭住址 | 婚 |
| 2 | 036 | 郑虹 | 1965年7月 | 53岁 | 1984年9月 | 34年 | 浙江 | 北京路108号 | 是 |
| 6 | 027 | 郑重 | 1966年3月 | 53岁 | 1985年5月 | 33年 | 黑龙江 | 北京路37号 | 是 |
| 7 | 033 | 曾邦国 | 1965年6月 | 53岁 | 1984年8月 | 34年 | 山东 | 电信路105号 | 是 |
| 8 | 013 | 严寒 | 1960年6月 | 58岁 | 1974年8月 | 44年 | 四川 | 电信路214号 | 是 |
| 15 | 022 | 钟情 | 1962年9月 | 56岁 | 1971年12月 | 47年 | 湖南 | 南京路301号 | 是 |
| 18 | 019 | 蒋美 | 1973年4月 | 46岁 | 1972年7月 | 46年 | 河北 | 前进路218号 | 是 |
| 19 | 015 | 陈述 | 1968年7月 | 50岁 | 1987年9月 | 31年 | 湖南 | 上海路19号 | 是 |
| 20 | 006 | 张江 | 1968年3月 | 51岁 | 1987年5月 | 31年 | 福建 | 上海路217号 | 是 |
| 24 | 003 | 龚国防 | 1965年6月 | 53岁 | 1984年8月 | 34年 | 山东 | 胜利路207号 | 是 |
| 25 | 017 | 胡成才 | 1970年11月 | 48岁 | 1990年2月 | 29年 | 江西 | 胜利路210号 | 是 |
| 27 | 034 | 李水淼 | 1969年5月 | 49岁 | 1988年8月 | 30年 | 江苏 | 天津路106号 | 是 |
| 29 | 038 | 廖海 | 1970年9月 | 48岁 | 1989年12月 | 29年 | 江苏 | 英雄路110号 | 是 |
| 31 | 004 | 胡有民 | 1974年6月 | 44岁 | 1986年8月 | 32年 | 河北 | 迎宾路206号 | 是 |
| 38 | 010 | 刘国强 | 1967年3月 | 52岁 | 1986年5月 | 32年 | 四川 | 中山路213号 | 是 |
| 39 | 021 | 苏小华 | 1965年4月 | 54岁 | 1985年8月 | 33年 | 广西 | 中山路30号 | 是 |
| 42 | | | | | | | | | |

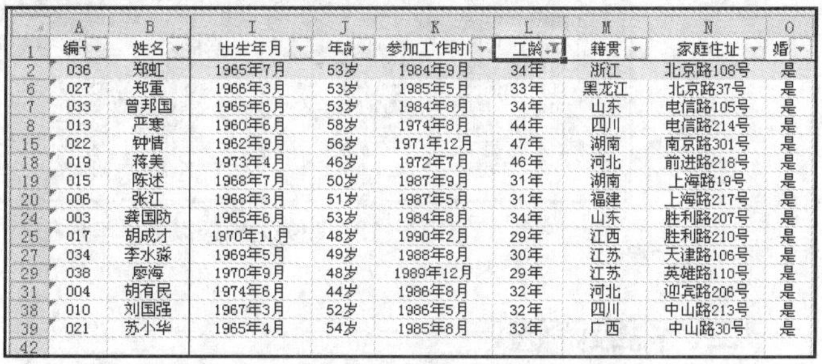

图 11-14　工龄“大于 25”的筛选结果

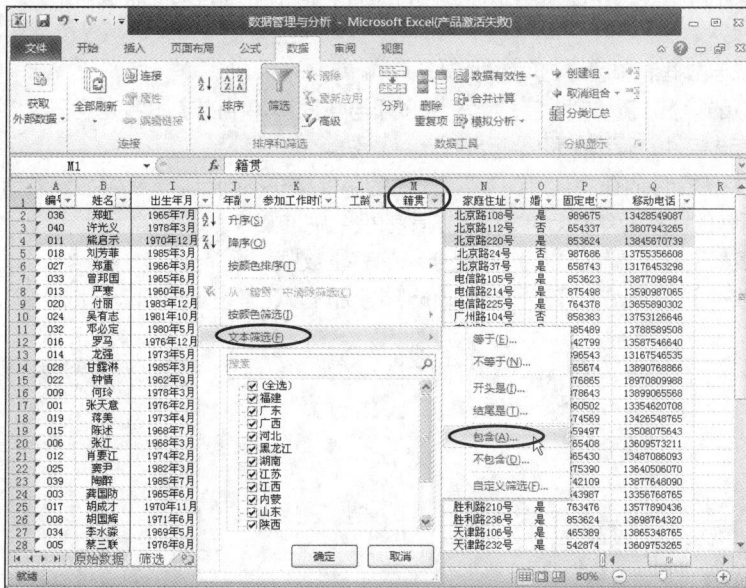

图 11-15　设置筛选条件：籍贯“包含...”

（2）在打开的"自定义自动筛选方式"对话框中，设置籍贯为"包含　江"（见图11-16）。

（3）单击【确定】按钮，结果如图11-17所示。

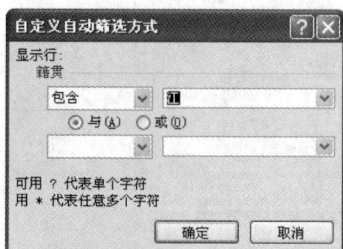

图11-16　设置筛选条件：籍贯"包含　江"　　　　图11-17　籍贯"包含　江"的筛选结果

例4：筛选职务为科级以上、年龄在45岁以下的记录。

（1）单击标题"职务"右边的下拉箭头，选择"科级""副处级""处级"3项。

（2）继续单击"年龄"右边的下拉箭头，选择【数字筛选】|【小于或等于】命令。

（3）在"自定义自动筛选方式"对话框中，设置年龄为"小于或等于　45"。

（4）单击【确定】按钮，结果如图11-18所示。

| | A | B | C | D | E | F | G | H | I | J |
|---|---|---|---|---|---|---|---|---|---|---|
| 1 | 编号 | 姓名 | 部门 | 性别 | 职务 | 职称 | 学历 | 基本工资 | 出生年月 | 年龄 |
| 4 | 011 | 熊启示 | 电子工程系 | 男 | 科级 | 教授 | 硕士 | ¥3,200 | 1970年12月 | 48岁 |
| 13 | 010 | 龙强 | 计算机技术系 | 男 | 科级 | 教授 | 博士 | ¥3,000 | 1973年5月 | 46岁 |
| 17 | 001 | 张天意 | 社会体育系 | 男 | 科级 | 副教授 | 本科 | ¥2,050 | 1976年2月 | 43岁 |
| 18 | 019 | 蒋美 | 软件工程系 | 女 | 科级 | 教授 | 博士 | ¥3,500 | 1973年4月 | 46岁 |
| 25 | 017 | 胡成才 | 气象系 | 男 | 科级 | 副教授 | 硕士 | ¥2,400 | 1970年11月 | 48岁 |
| 31 | 004 | 胡有民 | 气象系 | 男 | 处级 | 教授 | 本科 | ¥3,250 | 1974年6月 | 44岁 |
| 36 | 007 | 胡梦萝 | 电子商务系 | 女 | 科级 | 副教授 | 硕士 | ¥2,050 | 1976年7月 | 42岁 |
| 42 | | | | | | | | | | |

图11-18　职务为科级以上、年龄在45岁以下的筛选结果

## 二、高级筛选

高级筛选要求用户指定一个区域用于存放筛选条件，这个区域叫条件区域。条件区域的设置必须遵循以下原则。

（1）条件区域与数据清单区域之间必须隔开。

（2）条件区域的第1行为字段名，字段名必须与数据清单中的字段名完全一致。其他行放置筛选条件，筛选条件要符合Excel语法。

高级筛选

（3）"且"关系的条件放在同一行，"或"关系的条件放在不同行。

例5：将"所有的教授及年龄50岁以上的副教授"筛选出来。

（1）在工作表某空白区域输入图11-19所示的表格数据。

（2）单击【数据】|　高级，打开"高级筛选"对话框，正确设置"列表区域"和"条件区域"，如图11-20所示。

| 职称 | 年龄 |
|---|---|
| 教授 | |
| 副教授 | >=50 |

图11-19　条件区域

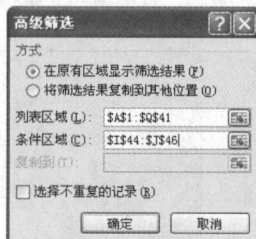

图11-20　高级筛选的条件

（3）单击【确定】按钮，结果如图 11-21 所示。

| | A | B | C | D | E | F | G | H | I | J |
|---|---|---|---|---|---|---|---|---|---|---|
| 1 | 编号 | 姓名 | 部门 | 性别 | 职务 | 职称 | 学历 | 基本工资 | 出生年月 | 年龄 |
| 2 | 036 | 郑虹 | 软件工程系 | 女 | 专职教师 | 副教授 | 本科 | ￥ 2,700.00 | 1965年7月 | 53 |
| 4 | 011 | 熊启示 | 电子工程系 | 男 | 科级 | 教授 | 硕士 | ￥ 3,200.00 | 1970年12月 | 48 |
| 6 | 027 | 郑重 | 社会体育系 | 男 | 专职教师 | 副教授 | 硕士 | ￥ 2,650.00 | 1966年3月 | 53 |
| 13 | 014 | 龙强 | 计算机技术系 | 男 | 科级 | 教授 | 博士 | ￥ 3,000.00 | 1973年5月 | 46 |
| 15 | 022 | 钟情 | 电子工程系 | 女 | 副科级 | 副教授 | 本科 | ￥ 2,850.00 | 1962年9月 | 56 |
| 18 | 019 | 蒋美 | 软件工程系 | 女 | 副科级 | 教授 | 博士 | ￥ 3,500.00 | 1973年4月 | 46 |
| 31 | 004 | 胡有民 | 气象系 | 男 | 处级 | 教授 | 本科 | ￥ 3,250.00 | 1974年6月 | 44 |
| 39 | 021 | 苏小华 | 电子商务系 | 女 | 专职教师 | 副教授 | 硕士 | ￥ 2,700.00 | 1965年4月 | 54 |

图 11-21　所有的教授及年龄 50 岁以上的副教授

# 任务三　分类汇总

## 一、简单分类汇总

每一次分类汇总操作，只能对 Excel 数据库中的数据按一个字段进行分类，按一种方式进行汇总，但可以对多项进行汇总。另外，汇总前必须按分类的字段进行排序。

例 1：统计各个部门的人数。

（1）按"部门"排序。

（2）单击【数据】|【分类汇总】，打开"分类汇总"对话框。

（3）在"分类汇总"对话框中，分类字段选择"部门"，汇总方式选择"计数"，汇总项也选择"部门"，如图 11-22 所示。

（4）单击【确定】按钮，结果如图 11-23 所示。

（5）单击左上角 1 2 3 的数字"2"，结果如图 11-24 所示。

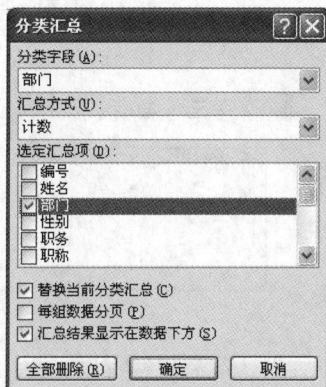

简单分类汇总

图 11-22　分类汇总

| 1 2 3 | | A | B | C | D | E | F | G | H | I | J |
|---|---|---|---|---|---|---|---|---|---|---|---|
| | 1 | 编号 | 姓名 | 部门 | 性别 | 职务 | 职称 | 学历 | 基本工资 | 出生年月 | 年龄 |
| | 2 | 013 | 严寒 | 测绘工程系 | 女 | 副科级 | 副教授 | 高中 | ￥ 2,800.00 | 1960年6月 | 58 |
| | 3 | 006 | 张江 | 测绘工程系 | 男 | 科级 | 副教授 | 硕士 | ￥ 2,550.00 | 1968年3月 | 51 |
| | 4 | 037 | 甘明 | 测绘工程系 | 男 | 科员 | 实训员 | 大专 | ￥ 1,500.00 | 1986年3月 | 33 |
| | 5 | 023 | 廖若星 | 测绘工程系 | 女 | 专职教师 | 讲师 | 本科 | ￥ 3,600.00 | 1975年2月 | 44 |
| | 6 | | | 测绘工程系 计数 | | | 4 | | | | |
| | 7 | 011 | 熊启示 | 电子工程系 | 男 | 科级 | 教授 | 硕士 | ￥ 3,200.00 | 1970年12月 | 48 |
| | 8 | 022 | 钟情 | 电子工程系 | 女 | 副科级 | 副教授 | 本科 | ￥ 2,850.00 | 1962年9月 | 56 |
| | 9 | 003 | 龚国防 | 电子工程系 | 男 | 副处级 | 助讲 | 大专 | ￥ 2,500.00 | 1965年6月 | 53 |
| | 10 | 034 | 李水涨 | 电子工程系 | 女 | 专职教师 | 讲师 | 本科 | ￥ 2,500.00 | 1969年5月 | 49 |
| | 11 | 005 | 蔡三联 | 电子工程系 | 男 | 专职教师 | 助讲 | 大专 | ￥ 1,650.00 | 1976年8月 | 42 |
| | 12 | 026 | 尹小文 | 电子工程系 | 女 | 专职教师 | 讲师 | 本科 | ￥ 1,800.00 | 1973年10月 | 45 |
| | 13 | 031 | 钱旭 | 电子工程系 | 男 | 专职教师 | 副教授 | 硕士 | ￥ 2,050.00 | 1974年6月 | 44 |
| | 14 | | | 电子工程系 计数 | | | 7 | | | | |
| | 15 | 009 | 何玲 | 电子商务系 | 女 | 副科级 | 副教授 | 硕士 | ￥ 2,000.00 | 1978年3月 | 41 |
| | 16 | 012 | 肖要江 | 电子商务系 | 男 | 科级 | 讲师 | 本科 | ￥ 1,800.00 | 1974年2月 | 45 |
| | 17 | 007 | 胡梦萝 | 电子商务系 | 女 | 专职教师 | 副教授 | 硕士 | ￥ 2,050.00 | 1976年7月 | 42 |
| | 18 | 021 | 苏小华 | 电子商务系 | 女 | 专职教师 | 副教授 | 硕士 | ￥ 2,700.00 | 1965年4月 | 54 |
| | 19 | | | 电子商务系 计数 | | | 4 | | | | |
| | 20 | 018 | 刘芳菲 | 计算机技术系 | 女 | 科员 | 助讲 | 大专 | ￥ 1,500.00 | 1985年3月 | 34 |
| | 21 | 024 | 吴有志 | 计算机技术系 | 男 | 专职教师 | 助讲 | 本科 | ￥ 1,700.00 | 1981年10月 | 37 |
| | 22 | 016 | 罗马 | 计算机技术系 | 男 | 副科级 | 副教授 | 硕士 | ￥ 2,050.00 | 1976年12月 | 42 |
| | 23 | 014 | 龙强 | 计算机技术系 | 男 | 科级 | 教授 | 博士 | ￥ 3,000.00 | 1973年5月 | 46 |
| | 24 | 025 | 窦尹 | 计算机技术系 | 女 | 专职教师 | 助讲 | 本科 | ￥ 1,650.00 | 1982年3月 | 37 |
| | 25 | 030 | 柳知春 | 计算机技术系 | 女 | 专职教师 | 副教授 | 本科 | ￥ 1,550.00 | 1985年4月 | 34 |
| | 26 | | | 计算机技术系 计数 | | | 6 | | | | |
| | 27 | 040 | 许光义 | 气象系 | 男 | 专职教师 | 讲师 | 硕士 | ￥ 1,700.00 | 1978年3月 | 41 |
| | 28 | 033 | 曾邦国 | 气象系 | 男 | 专职教师 | 讲师 | 本科 | ￥ 1,950.00 | 1965年6月 | 53 |

原始数据　分类汇总

图 11-23　分类汇总结果（一）

**165**

例2：统计男、女平均工资。

（1）按"性别"排序。

（2）单击【数据】|【分类汇总】，打开"分类汇总"对话框。

（3）在"分类汇总"对话框中，分类字段选择"性别"，汇总方式选择"平均值"，汇总项选择"基本工资"，如图11-25所示。

| 1 2 3 | | A | B | C | D | E |
|---|---|---|---|---|---|---|
| | 1 | 编号 | 姓名 | 部门 | 性别 | 职务 |
| | 6 | | 测绘工程系 计数 | 4 | | |
| | 14 | | 电子工程系 计数 | 7 | | |
| | 19 | | 电子商务系 计数 | 4 | | |
| | 26 | | 计算机技术系 计数 | 6 | | |
| | 33 | | 气象系 计数 | 6 | | |
| | 42 | | 软件工程系 计数 | 8 | | |
| | 48 | | 社会体育系 计数 | 5 | | |
| | 49 | | 总计数 | 40 | | |
| | 50 | | | | | |

图11-24 分类汇总结果（二）

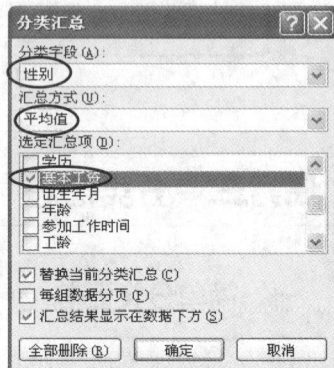

图11-25 设置分类汇总

（4）单击【确定】按钮，汇总结果如图11-26所示。

| 1 2 3 | | A | B | C | D | E | F | G | H | I |
|---|---|---|---|---|---|---|---|---|---|---|
| | 1 | 编号 | 姓名 | 部门 | 性别 | 职务 | 职称 | 学历 | 基本工资 | 出生年月 |
| | 24 | | | | 男 平均值 | | | | ￥ 2,161.36 | |
| | 43 | | | | 女 平均值 | | | | ￥ 2,304.44 | |
| | 44 | | | | 总计平均值 | | | | ￥ 2,225.75 | |
| | 45 | | | | | | | | | |

图11-26 按性别汇总结果

例3：统计各种职称的平均年龄、平均工资。

（1）按"职称"排序。

（2）打开"分类汇总"对话框，在"分类汇总"对话框中，分类字段选择"职称"，汇总方式选择"平均值"，汇总项选择"年龄"和"基本工资"。

（3）单击【确定】按钮，汇总结果如图11-27所示。

| 1 2 3 | | A | B | C | D | E | F | G | H | I | J |
|---|---|---|---|---|---|---|---|---|---|---|---|
| | 1 | 编号 | 姓名 | 部门 | 性别 | 职务 | 职称 | 学历 | 基本工资 | 出生年月 | 年龄 |
| | 21 | | | | | | 副教授 平均值 | | ￥ 2,297.37 | | 46.579 |
| | 29 | | | | | | 讲师 平均值 | | ￥ 2,235.71 | | 46.286 |
| | 34 | | | | | | 教授 平均值 | | ￥ 3,237.50 | | 46 |
| | 40 | | | | | | 实训员 平均值 | | ￥ 1,476.00 | | 37.4 |
| | 46 | | | | | | 助讲 平均值 | | ￥ 1,880.00 | | 40 |
| | 47 | | | | | | 总计平均值 | | ￥ 2,225.75 | | 44.5 |
| | 48 | | | | | | | | | | |

图11-27 按职称汇总结果

## 二、嵌套分类汇总

嵌套分类汇总是指对Excel数据库中的数据进行两次或两次以上分类汇总操作，后面的分类汇总必须取消勾选【替换当前分类汇总】选项。

例4：统计各部门的最大年龄、最小年龄。

（1）按"部门"排序。

（2）打开"分类汇总"对话框，分类字段选择"部门"，汇总方式选择"最大

嵌套分类汇总

值"，汇总项选择"年龄"，并单击【确定】按钮。

（3）再次打开"分类汇总"对话框，分类字段仍选择"部门"，汇总方式选择"最小值"，汇总项仍选择"年龄"（见图 11-28）。

（4）取消勾选【替换当前分类汇总】选项（见图 11-28）。

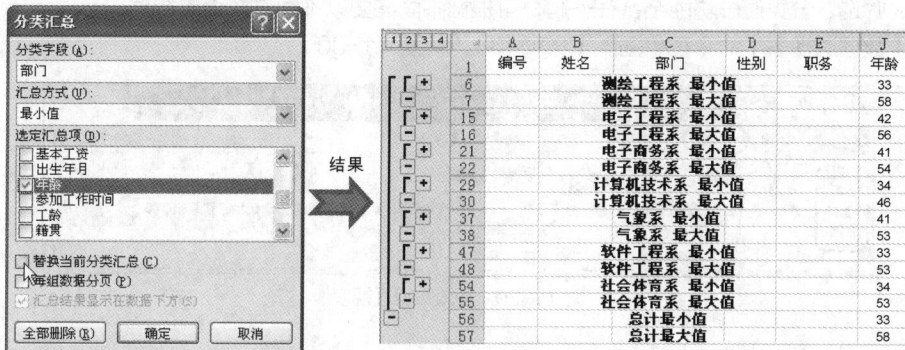

图 11-28　嵌套分类汇总

例 5：统计各部门及部门内不同职称的平均工资。

（1）按主要关键字为"部门"、次要关键字为"职称"进行多关键字排序。

（2）打开"分类汇总"对话框，分类字段选择"部门"，汇总方式选择"平均值"，汇总项选择"基本工资"，并单击【确定】按钮。

（3）再次打开"分类汇总"对话框，这次的分类字段选择"职称"，汇总方式选择"平均值"，汇总项选择"基本工资"。

（4）取消勾选【替换当前分类汇总】选项，再单击【确定】按钮，结果如图 11-29 所示。

图 11-29　嵌套分类汇总结果

**提 示**　删除分类汇总的办法有以下 2 种。

　　**方法一**：即时撤销。

　　**方法二**：再次打开"分类汇总"对话框，单击底部的【全部删除】按钮。

## 任务四　数据透视表

利用数据透视表可以将数据清单中的数据进行重新组合，建立各种形式的交叉数据列表。数据透视表将排序、筛选、分类汇总功能结合在一起，可根据不同需要以不同方式查看数据。

插入【数据透视表】命令在【插入】选项卡中（见图 11-30）。

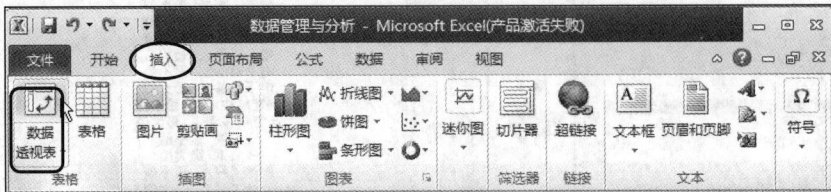

图 11-30　插入数据透视表

### 一、单字段分类、单字段汇总

例 1：统计各个部门的人数。

（1）单击【插入】|【数据透视表】，打开"数据透视表字段列表"窗格。

（2）把"部门"拖到"行标签"里，再把"部门"拖到"数值"里（见图 11-31）。

（3）如果数据源发生改变，在透视表上单击鼠标右键，在弹出的快捷菜单中选择【刷新】命令（见图 11-32），可以更新透视表结果。

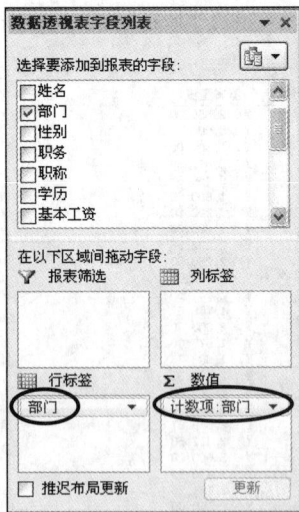

数据透视表一（单字段分类、单字段汇总）

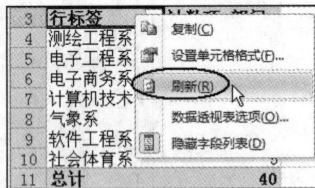

图 11-31　制作数据透视表

图 11-32　刷新透视表

例 2：统计男、女平均工资。

（1）单击【插入】|【数据透视表】。

（2）把"性别"拖到"行标签"里，把"基本工资"拖到"数值"里（见图 11-33 左图）。

（3）单击"数值"框中 求和项:基... ▼ 右边的下三角箭头，选择【值字段设置】命令（见图 11-33 左图）。

（4）在"值字段设置"对话框中，设置汇总的计算类型为"平均值"（见图 11-33 右图）。

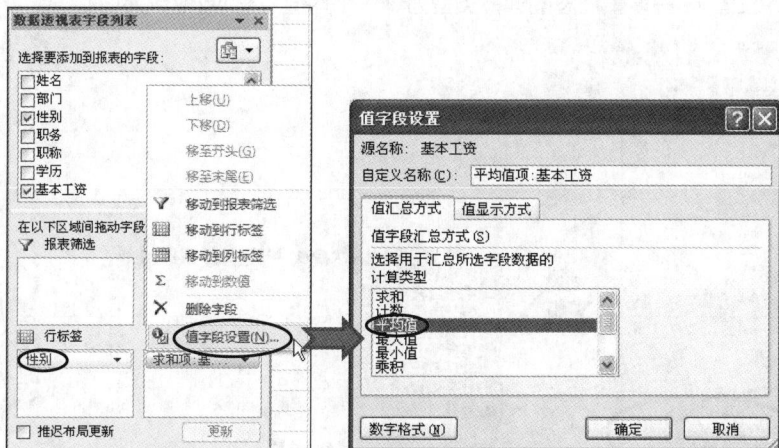

图 11-33　修改汇总方式

（5）单击【数字格式】按钮，打开"设置单元格格式"对话框，将数字格式设置为"数值"，小数位数设为"1"，如图 11-34 所示。

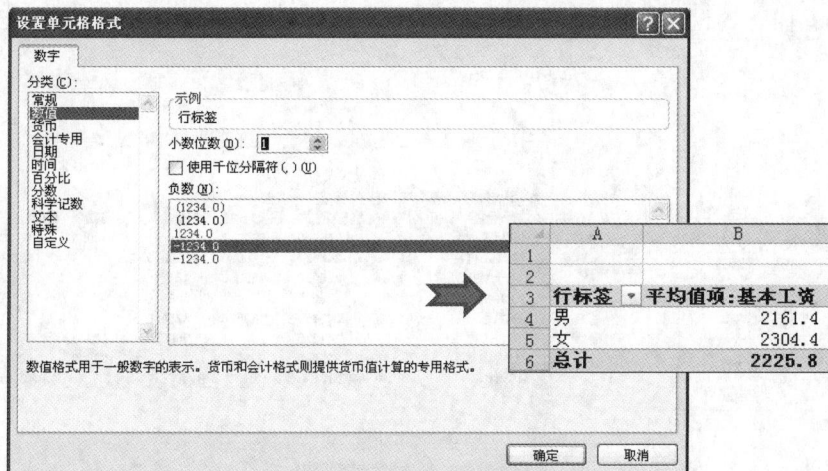

图 11-34　设置汇总结果的格式

## 二、单字段分类、多字段汇总

例 3：统计各部门的最大年龄、最小年龄。

（1）单击【插入】|【数据透视表】。

（2）把"部门"拖到"行标签"里，把 2 个"年龄"拖到"数值"里，一个设置为求"最大值"，另一个设置为求"最小值"（见图 11-35 左图）。

数据透视表二（单字段分类、多字段汇总）

## 三、多字段分类、单字段汇总

例 4：统计各部门及部门内不同职称的平均工资。

（1）单击【插入】|【数据透视表】。

（2）把"部门"拖到"行标签"里，把"职称"拖到"列标签"里，把"基本工资"拖到"数值"

里（见图 11-36 左图），并设置汇总的计算类型为"求平均值"，小数位数为"1"。

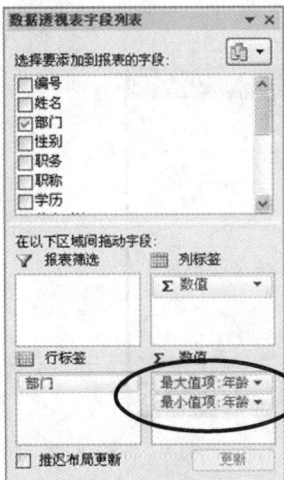

数据透视表三（多字段分类、单字段汇总）

结果

| 行标签 | 最大值项：年龄 | 最小值项：年龄 |
|---|---|---|
| 测绘工程系 | 58 | 33 |
| 电子工程系 | 56 | 42 |
| 电子商务系 | 54 | 41 |
| 计算机技术系 | 46 | 34 |
| 气象系 | 53 | 41 |
| 软件工程系 | 53 | 33 |
| 社会体育系 | 53 | 34 |
| 总计 | 58 | 33 |

图 11-35 制作数据透视表

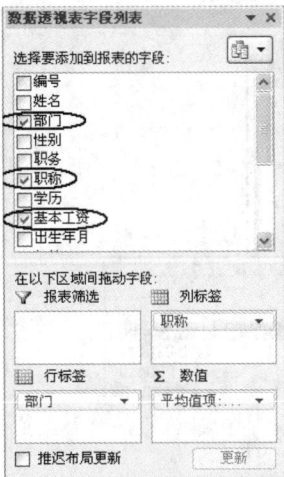

结果

| 平均值项：基本工资 | 列标签 | | | | | |
|---|---|---|---|---|---|---|
| 行标签 | 副教授 | 讲师 | 教授 | 实训员 | 助讲 | 总计 |
| 测绘工程系 | 2550.0 | 3200.0 | | 1500.0 | | 2612.5 |
| 电子工程系 | 2466.7 | 1800.0 | 3200.0 | | 1825.0 | 2292.9 |
| 电子商务系 | 2250.0 | 1800.0 | | | | 2137.5 |
| 计算机技术系 | 1766.7 | | 3000.0 | | 1575.0 | 1908.3 |
| 气象系 | 2433.3 | 1825.0 | 3250.0 | | | 2366.7 |
| 软件工程系 | 2412.5 | | 3500.0 | 1433.3 | | 2181.3 |
| 社会体育系 | 2350.0 | 2000.0 | | 1580.0 | 2600.0 | 2176.0 |
| 总计 | 2297.4 | 2235.7 | 3237.5 | 1476.0 | 1880.0 | 2225.8 |

图 11-36 制作数据透视表

**总结** 制作数据透视表时，把要分类的字段拖到"行标签""列标签""报表筛选"处，把要汇总的字段拖到"数值"处，各字段可重复使用。

透视表的主要功能和分类汇总是相同的，透视表与分类汇总操作的区别体现在以下两个方面。

（1）分类汇总之前要先按分类的字段进行排序，透视表则不需要。

（2）分类汇总每次只能对一个字段分类，汇总方式也只能选一种，汇总项目可以选多个；透视表每次可以同时对多个字段分类，汇总方式也可以选多种，汇总项目也可以选多个。

## 任务五 条件格式

【条件格式】命令在【开始】选项卡中，如图 11-37 所示。

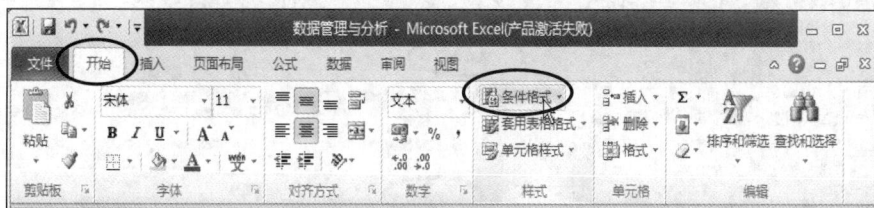

图 11-37　条件格式

## 一、突出显示

（1）选择 H 列"基本工资"，单击【开始】|【条件格式】|【突出显示单元格规则】|【小于】（见图 11-38）。

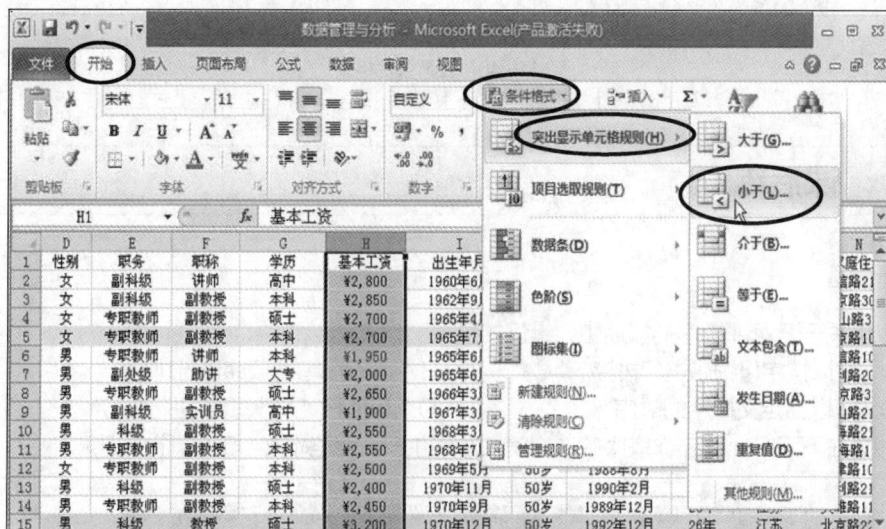

图 11-38　设置条件

（2）在"小于"对话框中，左边文本框中输入 2000，右边选择【浅红填充色深红色文本】（见图 11-39）。

图 11-39　设置条件格式为"浅红填充色深红色文本"

## 二、数据条显示

选择 H 列"基本工资"，单击【开始】|【条件格式】|【数据条】，选择"渐变填充"的【橙色数据条】，如图 11-40 所示。

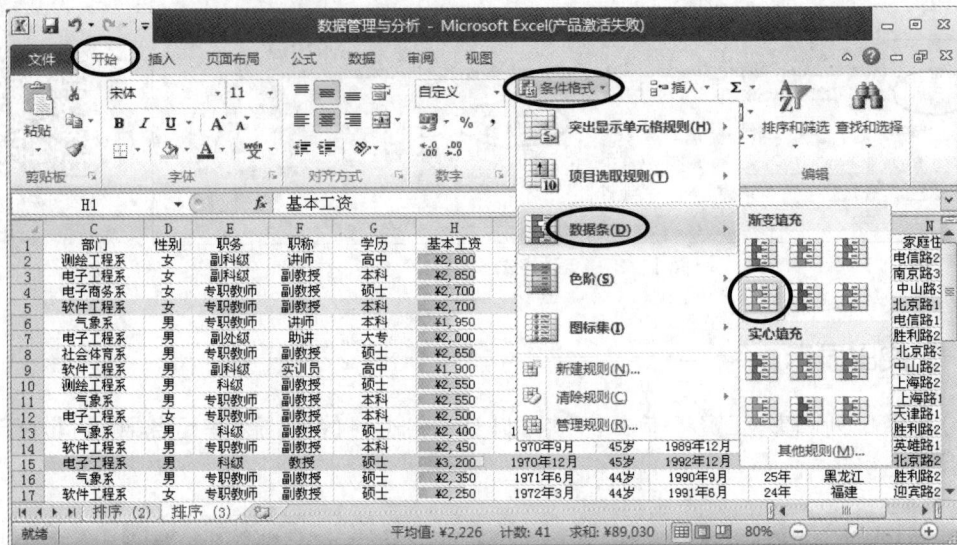

图11-40  设置条件格式

////////// 课后练习

**一、单选题**

（1）以下关于Excel排序的叙述中，错误的是（　　　）。

　　A. 可以按字母顺序进行排序　　　　　　B. 可以按笔划顺序进行排序

　　C. 可以自定义排序的顺序　　　　　　　D. 只能按1个关键字进行排序

（2）如果在下面Excel工作表中筛选出第二车间生产、合格率在95%以上的记录？（　　　）

　　A. 只能使用自动筛选　　　　　　　　　B. 只能使用高级筛选

　　C. 可以使用分类汇总　　　　　　　　　D. 可以使用自动筛选或高级筛选

（3）要在第（2）题工作表中筛选出生产数量在1000以上或者合格率为100%的数据，需要使用高级筛选，而且高级筛选的条件应该设计为（　　　）。

A.

| 生产数量 | 合格率 |
|---|---|
| >1000 | 100 |

B.

| 生产数量 | >1000 |
|---|---|
| 合格率 | 100 |

C.

| 生产数量 | 合格率 |
|---|---|
| >1000 | |
| | 100 |

D.

| 生产数量 | |
|---|---|
| >1000 | |
| 合格率 | |
| 100 | |

（4）以下关于 Excel 分类汇总的叙述中，错误的是（　　）。

A. 分类汇总前必须对要分类的字段进行排序

B. 分类汇总前必须对数据区域的第一个字段进行排序

C. 每次分类汇总操作，只能对数据区域的某一个字段进行分类

D. 每次分类汇总操作，只能选择一种汇总方式

（5）以下关于 Excel 数据透视表的叙述中，错误的是（　　）。

A. 插入数据透视表之前，需要对数据进行排序

B. 在一个数据透视表中，可以同时对多个字段进行分类

C. 在一个数据透视表中，可以同时进行多种方式的汇总

D. 在一个数据透视表中，可以同时对多个字段进行汇总

## 二、操作题

打开文件“教学资源\项目十一　Excel 数据分析与管理\数据分析实训.xlsx”（见图 11-41），在工作表“竞赛成绩”中完成以下操作。

| | A | B | C | D | E | F | G | H |
|---|---|---|---|---|---|---|---|---|
| 1 | 姓名 | 性别 | 学校 | 年级 | 数学 | 物理 | 化学 | 总分 |
| 2 | 杨祖爱 | 女 | 三中 | 高二 | 26 | 23 | 28 | |
| 3 | 杨丽萍 | 女 | 一中 | 高一 | 40 | 28 | 28 | |
| 4 | 杨荣斌 | 男 | 一中 | 高一 | 21 | 28 | 31 | |
| 5 | 许丽波 | 男 | 三中 | 高二 | 23 | 31 | 31 | |
| 6 | 杨杏蕊 | 女 | 四中 | 高二 | 25 | 27 | 35 | |
| 7 | 许冬艳 | 女 | 一中 | 高二 | 23 | 22 | 36 | |
| 8 | 杨连泰 | 男 | 二中 | 高二 | 24 | 34 | 40 | |
| 9 | 李早转 | 男 | 三中 | 高二 | 57 | 44 | 44 | |
| 10 | 杨艳秋 | 男 | 二中 | 高二 | 44 | 36 | 45 | |

竞赛成绩

图 11-41　数据分析实训

（1）用公式计算“总分”。

（2）排序练习。

① 按总分由高到低进行排序。

② 按姓氏笔划进行排序。

③ 按年级由低到高进行排序（高一、高二、高三）。

④ 按“总分”由高到低排列，总分相同的情况下按年级由低到高进行排序。

（3）条件格式：将单科成绩为 95 分以上的数据突出显示为“浅红填充色深红色文本”。

（4）筛选练习。

① 筛选出一中所有高三学生。

② 筛选“总分”在 250 分以上的学生名单。

③ 筛选所有姓“杨”的学生名单。

④ 筛选出每门功课均为 100 分的学生名单。

⑤ 筛选出至少有一门为满分 100 分的学生名单。

（5）分别用分类汇总和数据透视表的方法完成以下汇总统计。

① 统计各个学校参赛人数（见图 11-42）。

| | A | B | C | D |
|---|---|---|---|---|
| 1 | 姓名 | 性别 | 学校 | 年级 |
| 27 | | 一中 计数 | 25 | |
| 50 | | 二中 计数 | 22 | |
| 68 | | 三中 计数 | 17 | |
| 85 | | 四中 计数 | 16 | |
| 86 | | 总计数 | 80 | |

| 3 | 行标签 | 计数项:学校 |
|---|---|---|
| 4 | 一中 | 25 |
| 5 | 二中 | 22 |
| 6 | 三中 | 17 |
| 7 | 四中 | 16 |
| 8 | 总计 | 80 |

图 11-42　各个学校参赛人数统计

② 统计各个学校各科平均分（见图 11-43）。

| 1 2 3 | | A | B | C | D | E | F | G | H |
|---|---|---|---|---|---|---|---|---|---|
| | 1 | 姓名 | 性别 | 学校 | 年级 | 数学 | 物理 | 化学 | 总分 |
| + | 27 | | | 一中 平均值 | | 68.0 | 59.2 | 66.4 | |
| + | 50 | | | 二中 平均值 | | 68.9 | 63.3 | 67.1 | |
| + | 68 | | | 三中 平均值 | | 72.3 | 68.1 | 69.2 | |
| + | 85 | | | 四中 平均值 | | 70.9 | 63.6 | 68.8 | |
| - | 86 | | | 总计平均值 | | 69.7 | 63.1 | 67.7 | |

| 行标签 ▼ | 平均值项:数学 | 平均值项:物理 | 平均值项:化学 |
|---|---|---|---|
| 一中 | 68.0 | 59.2 | 66.4 |
| 二中 | 68.9 | 63.3 | 67.1 |
| 三中 | 72.3 | 68.1 | 69.2 |
| 四中 | 70.9 | 63.6 | 68.8 |
| 总计 | 69.7 | 63.1 | 67.7 |

图 11-43　各校平均分统计

③ 统计比较各个学校各年级的参赛人数（见图 11-44）。

| 1 2 3 4 | | A | B | C | D |
|---|---|---|---|---|---|
| | 1 | 姓名 | 性别 | 学校 | 年级 |
| + | 9 | 7 | | | 高一 计数 |
| + | 17 | 7 | | | 高二 计数 |
| + | 29 | 11 | | | 高三 计数 |
| - | 30 | 25 | | 一中 计数 | |
| + | 36 | 5 | | | 高一 计数 |
| + | 42 | 5 | | | 高二 计数 |
| + | 55 | 12 | | | 高三 计数 |
| - | 56 | 22 | | 二中 计数 | |
| + | 60 | 3 | | | 高一 计数 |
| + | 71 | 10 | | | 高二 计数 |
| + | 76 | 4 | | | 高三 计数 |
| - | 77 | 17 | | 三中 计数 | |
| + | 83 | 5 | | | 高一 计数 |
| + | 89 | 5 | | | 高二 计数 |
| + | 96 | 6 | | | 高三 计数 |
| - | 97 | 16 | | 四中 计数 | |
| | 98 | 80 | | 总 计数 | |

| 计数项:姓名 | 列标签 ▼ | | | |
|---|---|---|---|---|
| 行标签 ▼ | 高一 | 高二 | 高三 | 总计 |
| 一中 | 7 | 7 | 11 | 25 |
| 二中 | 5 | 5 | 12 | 22 |
| 三中 | 3 | 10 | 4 | 17 |
| 四中 | 5 | 5 | 6 | 16 |
| 总计 | 20 | 27 | 33 | 80 |

图 11-44　各校、各年级参赛人数统计

# 项目十二
## 制作Excel图表

12

项目目标

Excel 的图表功能是用图形的方式来表现数据与数据之间的关系,从而使数据的展示更加直观。本项目通过制作"成绩统计表""销量统计表"的相关图表,帮助读者掌握各种 Excel 图表的制作和编辑。

相关知识

※ 插入图表、迷你图
※ 更改与美化图表
※ 添加趋势线、预测数据

## 任务一 制作与美化"成绩分布结构图"

"成绩分布饼图"和"成绩分布柱形图"如图 12-1 和图 12-2 所示。

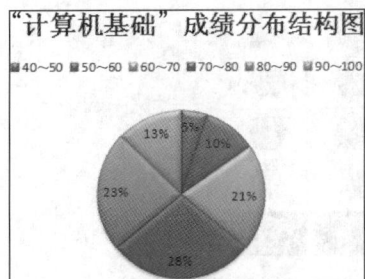

图 12-1 成绩分布饼图

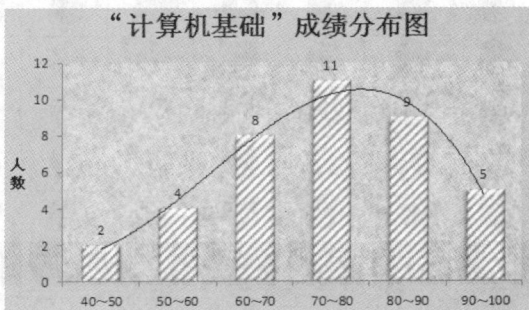

图 12-2 成绩分布柱形图

制作成绩分布图表

### 一、插入图表

(1)打开文件"教学资源\项目十二 制作 Excel 图表\Excel 图表.xlsx",找到工作表"比重计算"。
(2)选择数据区域 A3:B8,单击【插入】|【饼图】|【二维饼图】(见图 12-3)。

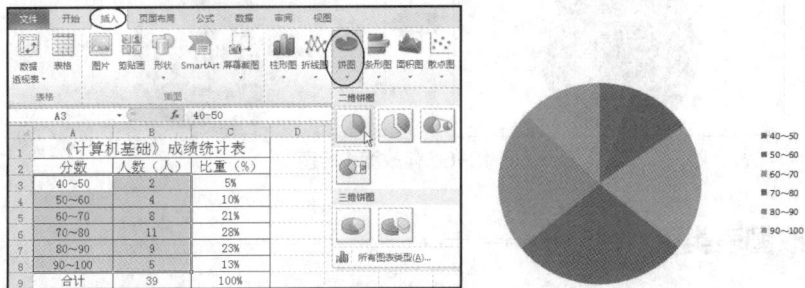

图 12-3 插入饼图

## 二、使用快速布局

单击【设计】|【图表布局】|【布局2】（见图 12-4）。

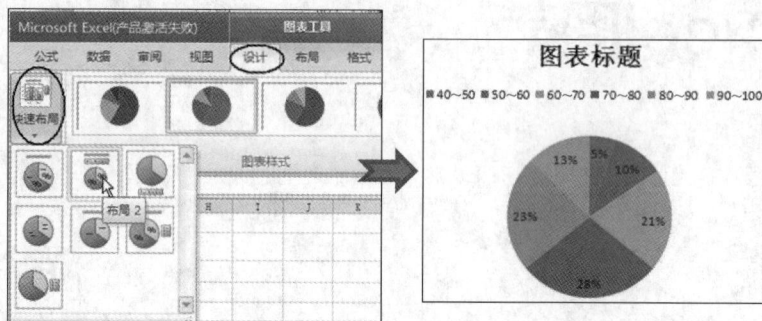

图 12-4　选择快速布局"布局 2"

## 三、使用快速样式

（1）单击【设计】|【图表样式】|【样式 26】（见图 12-5）。

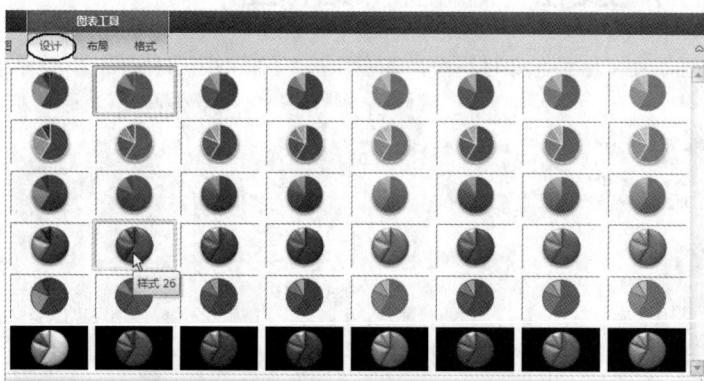

图 12-5　选择图表样式【样式 26】

（2）将图表标题修改为""计算机基础"成绩分布结构图"，如图 12-6 所示。

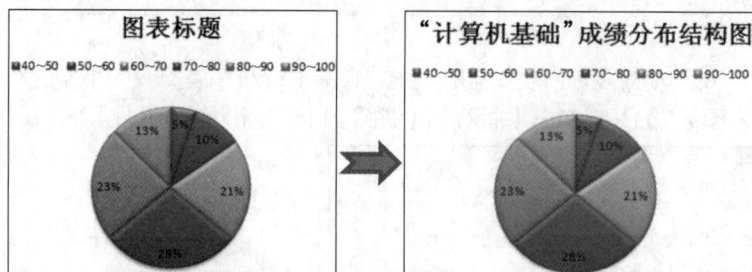

图 12-6　修改图表标题

## 四、更改图表类型

（1）复制、粘贴一个做好的饼图。

（2）选择复制得到的饼图，单击【设计】|【更改图表类型】，如图 12-7 所示。

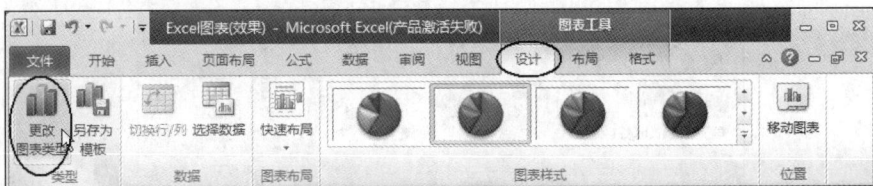

图 12-7 更改图表类型

（3）选择【饼图】|【簇状柱形图】，如图 12-8 所示。

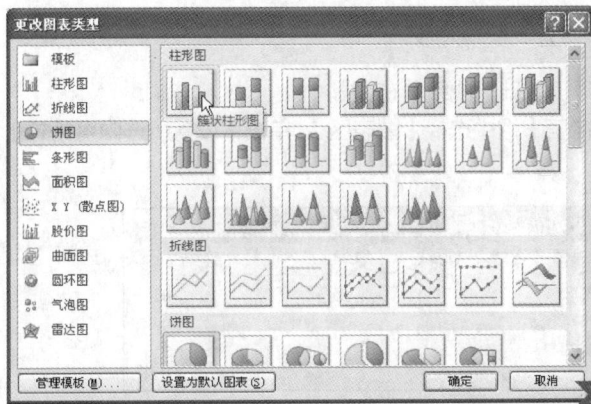

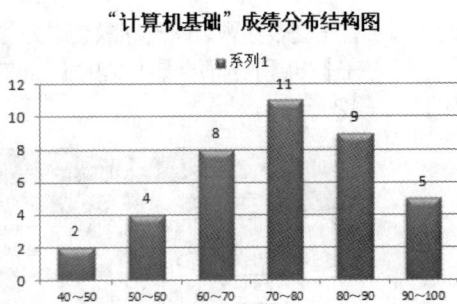

图 12-8 将"饼图"更改为"簇状柱形图"

## 五、个性化美化图表

（1）选择图表，单击【布局】|【坐标轴标题】|【主要纵坐标轴标题】|【竖排标题】（见图 12-9）。

（2）单击【布局】|【图例】|【无】（见图 12-10）。

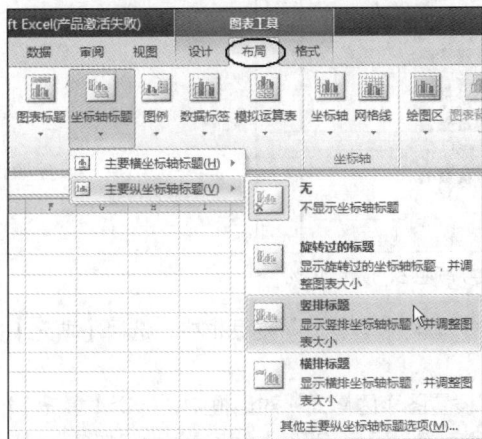

图 12-9 修改为"竖排标题"

图 12-10 修改为"无图例"

个性化美化图表

（3）单击【布局】|【网格线】|【主要横网格线】|【无】（见图 12-11）。

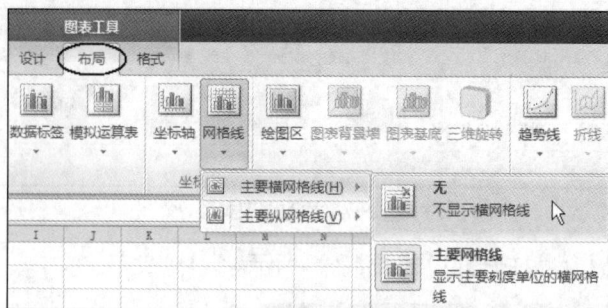

图 12-11　修改为"无横网格线"

（4）单击图表标题，修改标题文本为""计算机基础"成绩分布图"。

（5）在【布局】选项卡最左边的【当前所选内容】组中选择【图表区】，单击【设置所选内容格式】，如图 12-12 所示。

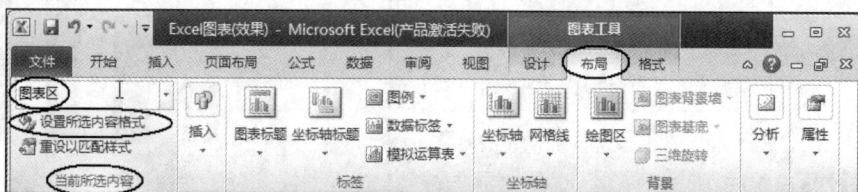

图 12-12　设置所选内容格式

（6）在随后打开的"设置图表区格式"对话框中，选择【填充】|【纯色填充】，颜色选择【橄榄色，强调文字颜色 3，淡色 40%】，如图 12-13 所示。

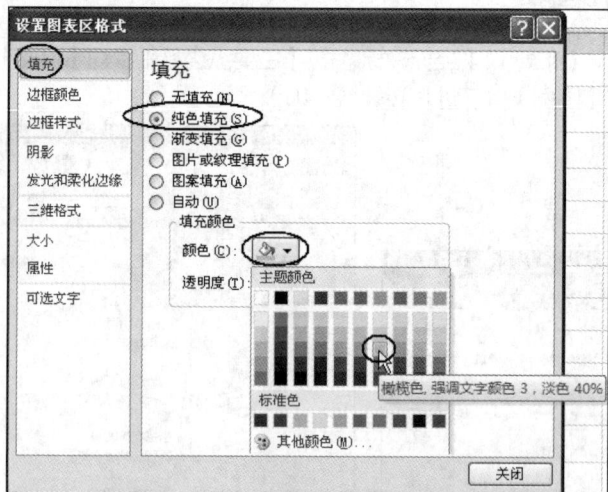

图 12-13　填充颜色为"橄榄色，强调文字颜色 3，淡色 40%"

（7）选择【绘图区】，单击【设置所选内容格式】，在"设置图表区格式"对话框中，选择【填充】|【图片或纹理填充】|【花束】，如图 12-14 所示。

（8）选择【系列 1】，单击【设置所选内容格式】，在"设置图表区格式"对话框中，选择【填充】|【图案填充】|【宽上对角线】，前景色为"橙色，强调文字颜色 6，深色 25%"，背景色为"白色"，如图 12-15 所示。

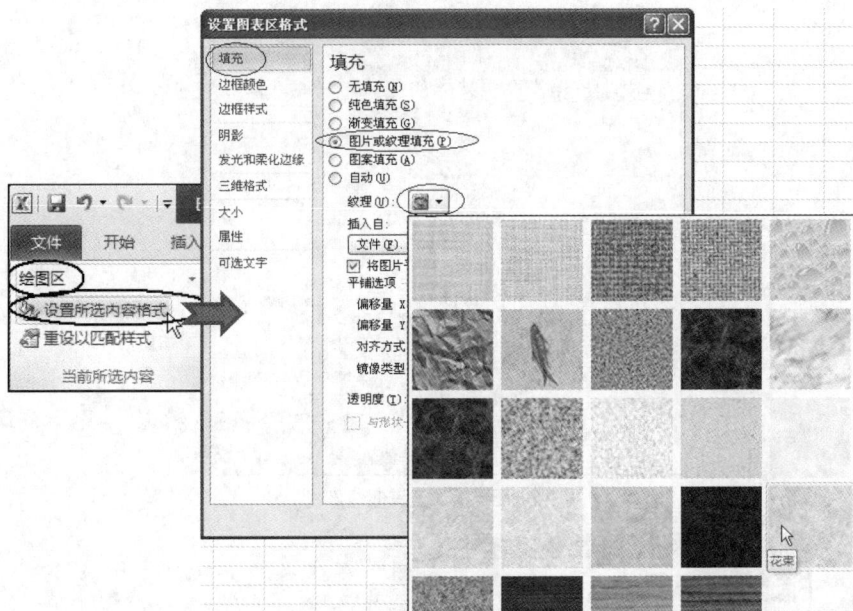

图 12-14 填充纹理 "花束"

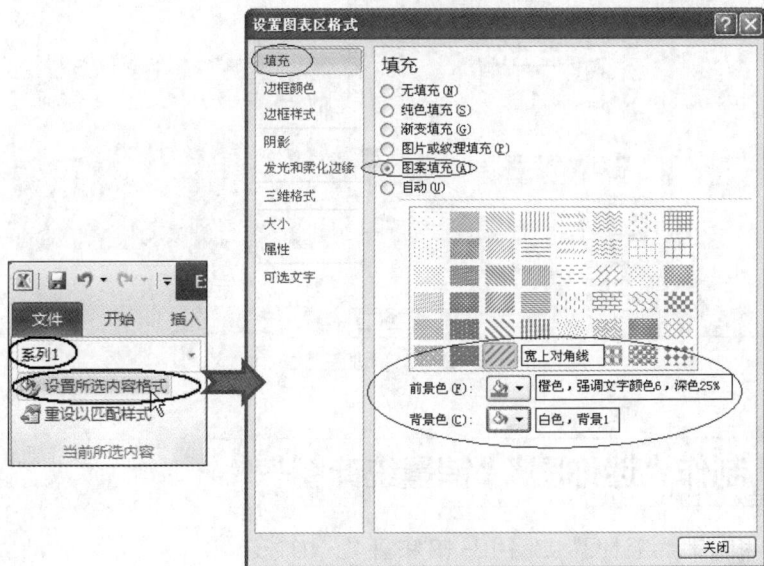

图 12-15 填充图案 "宽上对角线"

## 六、添加趋势线

（1）选择图表，单击【布局】|【趋势线】|【其他趋势线选项】（见图 12-16）。

（2）在 "设置趋势线格式" 对话框中，选择趋势线为【多项式】，顺序设为 "3"（表示趋势线方程为 3 次多项式），如图 12-17 所示。

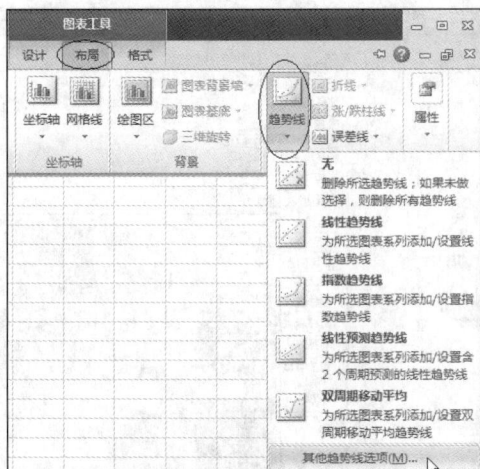

图 12-16 添加"其他趋势线"

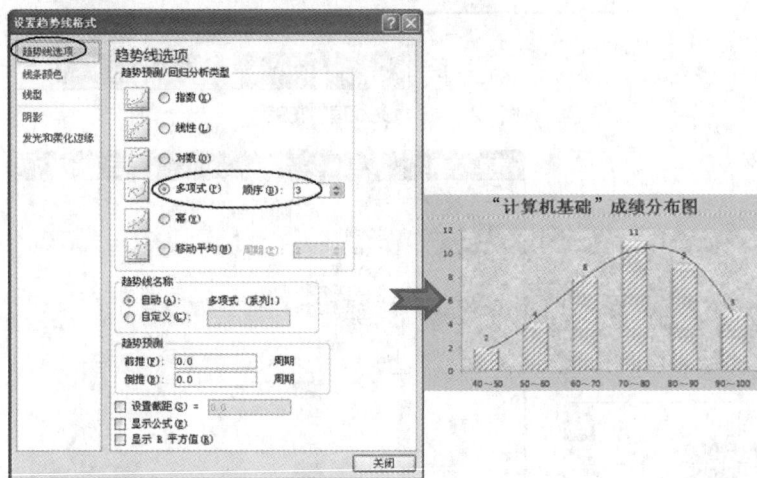

图 12-17 添加趋势线

## 任务二 制作"迷你图""销量统计图"

"迷你图"和"销量统计图"如图 12-18 和图 12-19 所示。

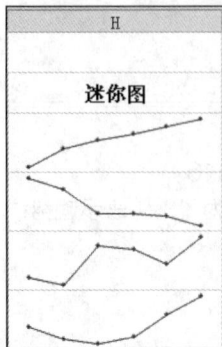

图 12-18 迷你图

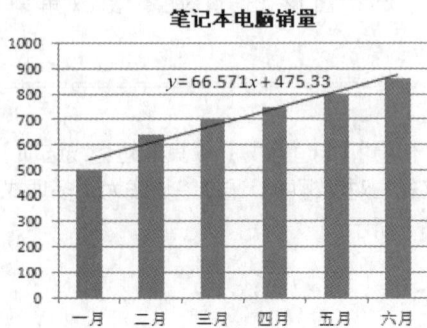

图 12-19 销量统计图

$y = 66.571x + 475.33$

笔记本电脑销量

制作"迷你图"

制作"销量统计图"

## 一、迷你图

（1）单击放置"迷你图"的单元格 H3。

（2）单击【插入】|【迷你图】|【折线图】（见图 12-20）。

（3）选择创建迷你图的数据范围 B3:G3，如图 12-21 所示。

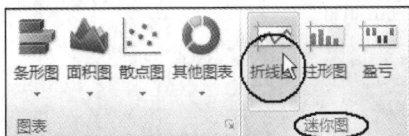

图 12-20　插入迷你折线图

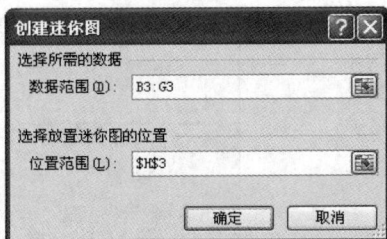

图 12-21　设置迷你图数据范围

（4）在【设计】选项卡中单击【显示组】的【标记】按钮，并选择一种快速样式【迷你图样式深色 #3】（见图 12-22）。

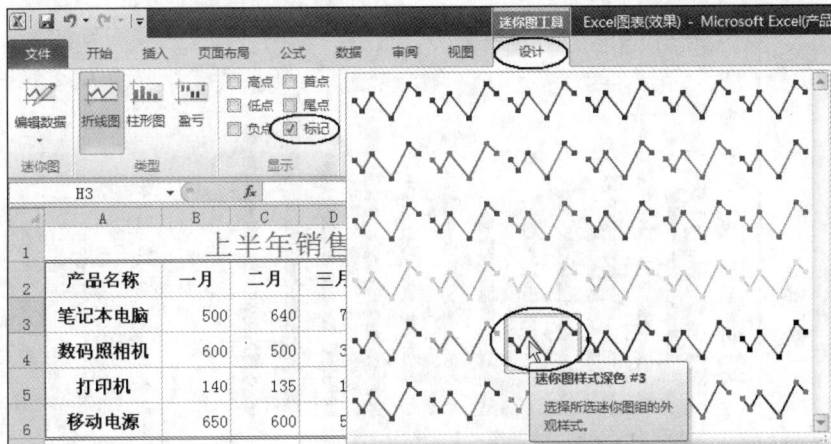

图 12-22　设置迷你图样式

（5）用鼠标抓住 H3 的填充柄往下填充到 H6，结果如图 12-23 所示。

图 12-23　迷你图效果

## 二、多系列图表

选择数据 A2:G6，单击【插入】|【柱形图】|【二维簇状柱形图】（见图 12-24），得到图 12-25

所示的柱形图，这是一个多系列图表，每一行数据为一个系列，共4个系列。

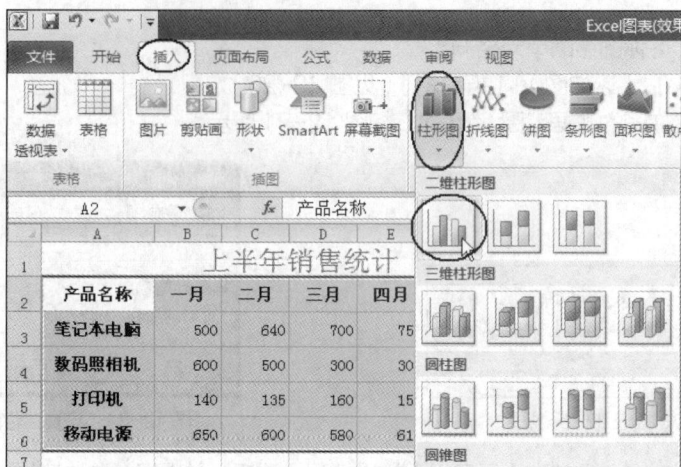

图 12-24　插入柱形图

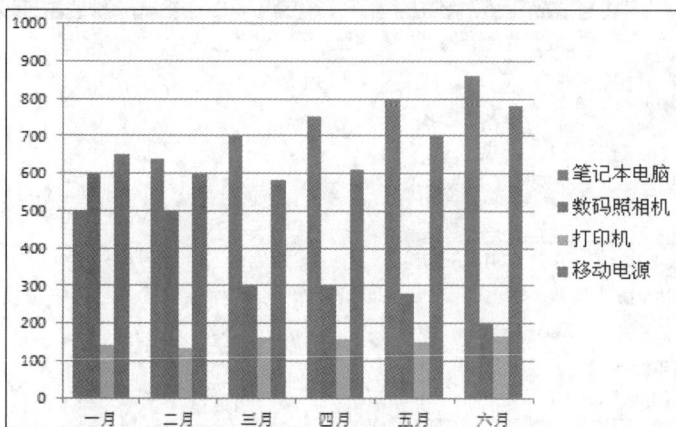

图 12-25　柱形图效果

## 三、切换行/列

（1）复制前面的柱形图。

（2）选中复制得到的柱形图，单击【设计】|【切换行/列】（见图12-26），得到图12-27所示的柱形图，该柱形图的特点是，每一列数据为一个系列，共6个系列。

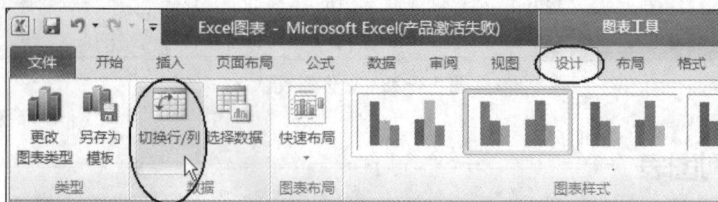

图 12-26　切换行/列

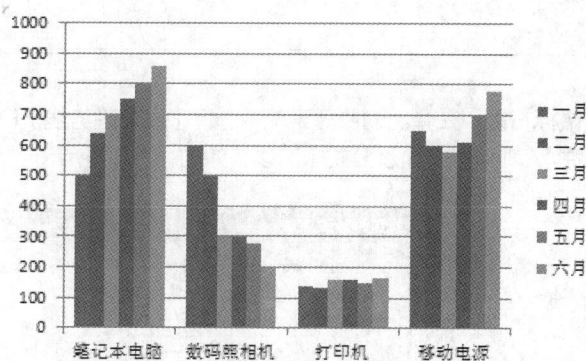

图 12-27　柱形图效果（以列为系列）

## 四、更改数据

（1）再复制前面的第 1 张柱形图。

（2）选中复制得到的柱形图，单击【设计】|【选择数据】，打开"选择数据源"对话框。

（3）依次选择左边的"数码照相机""打印机""移动电源"，再单击【删除】按钮将其逐一删除，如图 12-28 所示。

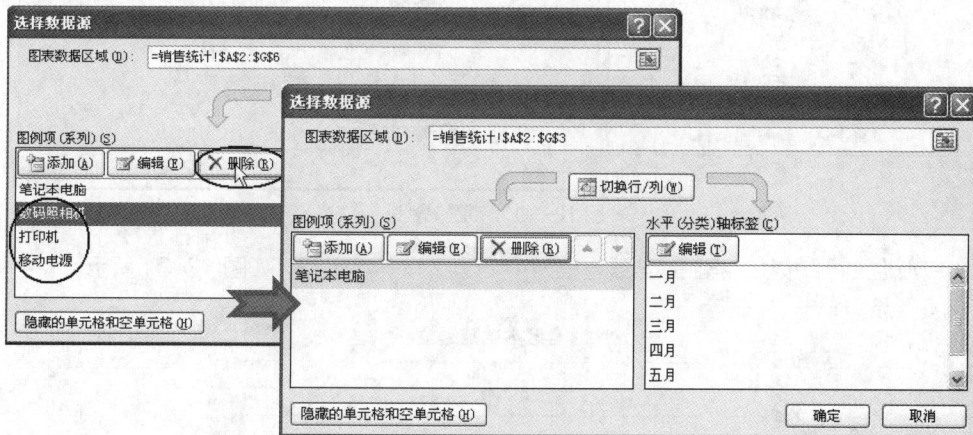

图 12-28　删除系列

（4）修改标题为"笔记本电脑销量"，在右侧的图例上单击鼠标右键，在弹出的快捷菜单中选择【删除】命令，如图 12-29 所示。

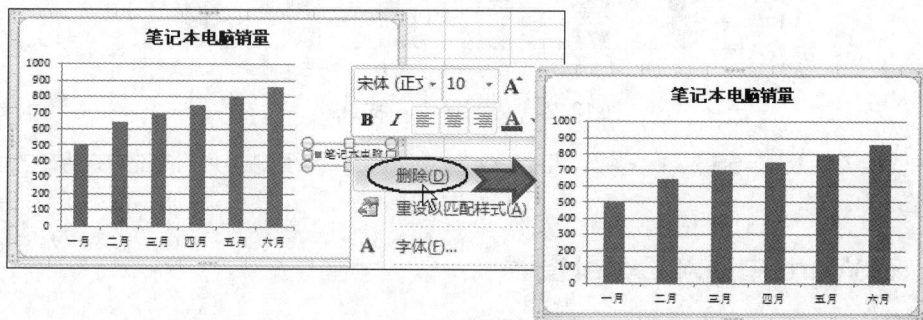

图 12-29　删除图例

## 五、预测数据

（1）在某柱子上单击鼠标右键，在弹出的快捷菜单中选择【添加趋势线】命令，在"设置趋势线格式"对话框中，选择【线性】，并勾选【显示公式】选项，如图 12-30 所示。

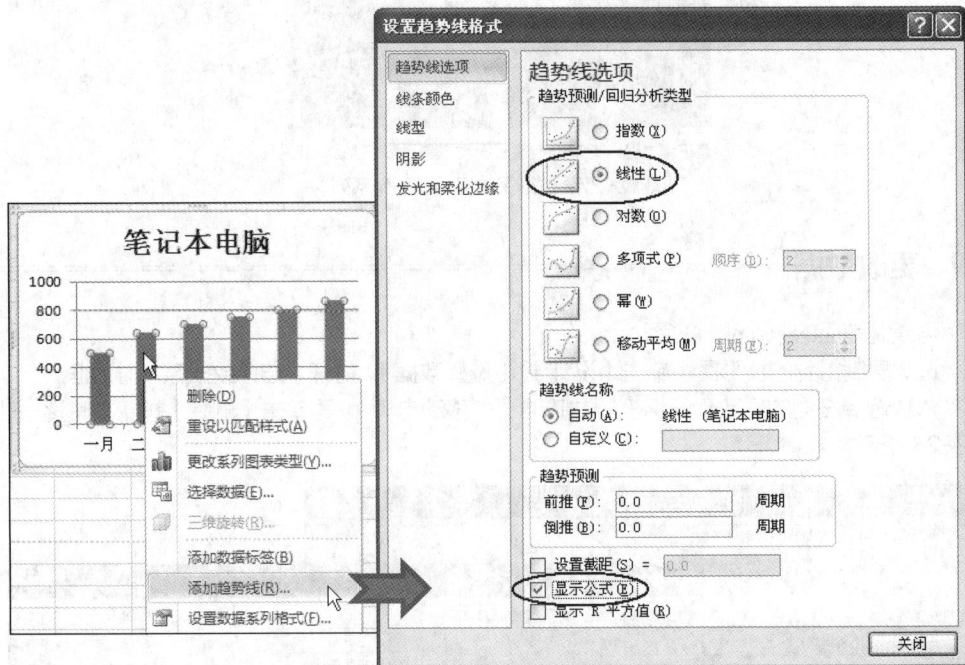

图 12-30　添加趋势线

（2）单击【关闭】按钮，得到趋势线方程为 $y=66.571x+475.33$，如图 12-31 所示。

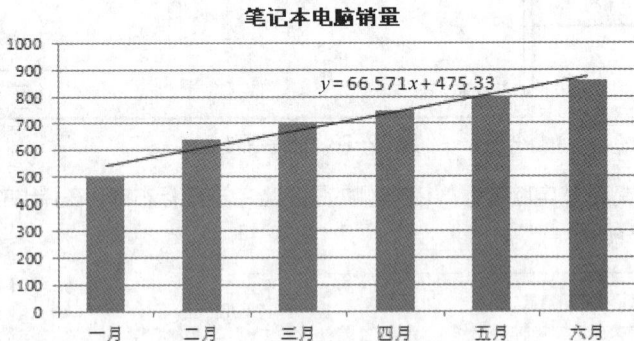

图 12-31　趋势线及趋势线方程

（3）把 $x=7$ 代入 $y=66.571x+475.33$，得到 $y=941.3$。即预测 7 月份笔记本电脑的销量可达 941 台左右。

## 六、在 Word 中插入 Excel 图表

（1）启动 Word，单击【插入】|【图表】（见图 12-32）。

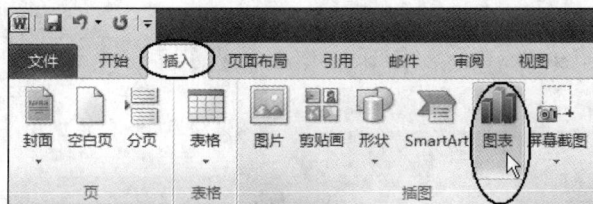

图 12-32　在 Word 中插入图表

在 Word 中插入 Excel
图表

（2）选择图表类型【折线图】（见图 12-33）。

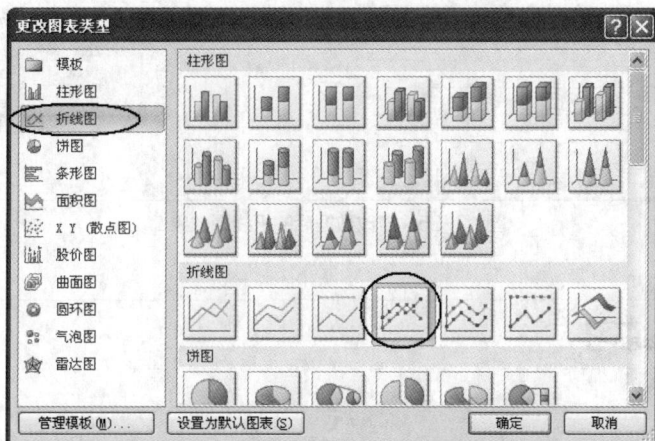

图 12-33　选择图标类型【折线图】

（3）在 Word 中自动添加一个默认的折线图，同时自动打开 Excel（见图 12-34）。

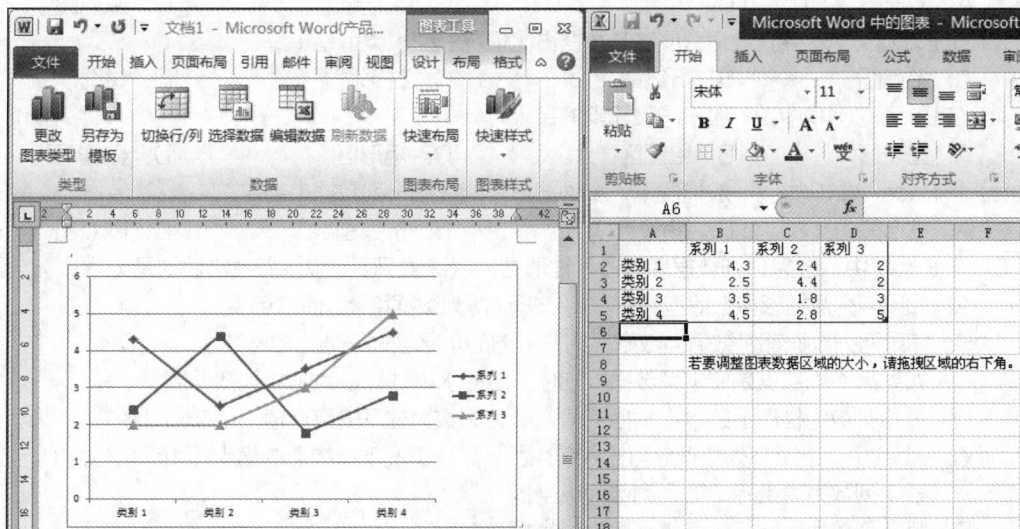

图 12-34　默认折线图

（4）修改 Excel 中的数据，可自动得到需要的图表，如图 12-35 所示。

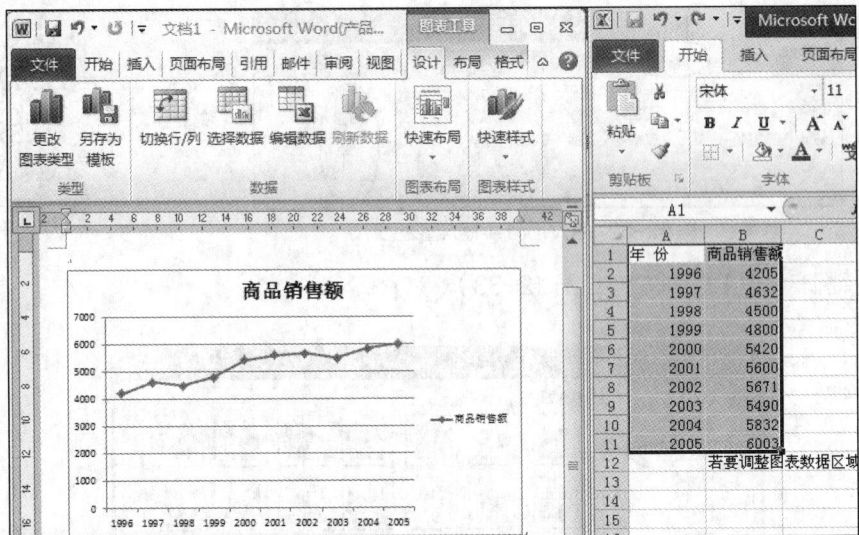

图 12-35　修改数据后的折线图效果

## 课后练习

### 一、单选题

（1）在 Excel 2010 中，根据数据制作图表后，如果对数据进行修改，则对应的图表（　　）。

    A. 自动修改　　　　　B. 不会改变　　　　　C. 会报警　　　　　D. 会出错

（2）在 Excel 2010 中不能插入（　　）图表。

    A. 方形图　　　　　B. 饼图　　　　　C. 雷达图　　　　　D. 散点图

（3）在 Excel 2010 中，最适合反映各数据占比情况的图表类型是（　　）。

    A. 散点图　　　　　B. 折线图　　　　　C. 柱形图　　　　　D. 饼图

（4）在 Excel 2010 中，不属于图表元素的是（　　）。

    A. 图表区　　　　　B. 绘图区　　　　　C. 矩形区　　　　　D. 数据系列

（5）在 Excel 2010 中，一般情况下，哪种图形只能根据一列数据来制作？（　　）

    A. 柱形图　　　　　B. 饼图　　　　　C. 折线图　　　　　D. 散点图

（6）在 Excel 中，选择 2 列数据后再插入柱形图，默认情况下，以下叙述错误的是（　　）。

    A. 如果两列数据都是数值型数据，将依这两列数据绘制出两个系列

    B. 如果两列数据都是数值型数据，则柱形图的水平轴标签值为自然数 1、2、3……

    C. 如果第 1 列数据是文本型数据，则柱形图的水平轴标签为第 1 列数据值

    D. 第 1 列数为柱形图的水平轴标签值，第 2 列数为柱子的高度值

（7）在 Excel 中，选择 2 列数据后再插入散点图，默认情况下所得点的横坐标和纵坐标为（　　）。

    A. 第 1 列数为横坐标，第 2 列数为纵坐标

    B. 第 2 列数为横坐标，第 1 列数为纵坐标

    C. 以自然数 1、2、3……为横坐标，所选数据为纵坐标

    D. 第 1 行数为横坐标，其他数为纵坐标

（8）在 Excel 中，根据 3 行 5 列的数据制作柱形图，下列说法中错误的是（　　）。

  A. 将得到一个多系列的柱形图

  B. 默认得到一个以行为系列的柱形图，共 3 个系列

  C. 默认得到一个以列为系列的柱形图，共 5 个系列

  D. 为了区分系列，通常要保留图例

（9）下面关于 Excel 2010 图表的说法中，错误的是（  ）。

  A. 可以先选择数据，再执行插入图表命令

  B. 可以先执行插入图表命令，再选择数据

  C. 可以给图表添加趋势线

  D. 图例一经删除，就不能再添加了

（10）下面关于 Excel 2010 图表的说法中，错误的是（  ）。

  A. Excel 图表做好以后，可以更改图表的类型

  B. Excel 图表做好以后，可以将其改成迷你图

  C. Excel 图表做好以后，可以更改使用的数据

  D. Excel 图表做好以后，可以更改坐标轴的刻度值

## 二、操作题

打开文件"教学资源\项目十二  制作 Excel 图表\图表实训.xlsx"。

（1）根据工作表"淘宝销量"（见图 12-36），绘制图 12-37 所示的散点图。

| 2009—2015年淘宝双11销量统计 | | | | | | | |
|---|---|---|---|---|---|---|---|
| 年份 | 2009 | 2010 | 2011 | 2012 | 2013 | 2014 | 2015 |
| 销量（亿元） | 0.5 | 9.36 | 33.6 | 191 | 350.19 | 571 | 912 |

图 12-36 淘宝销量

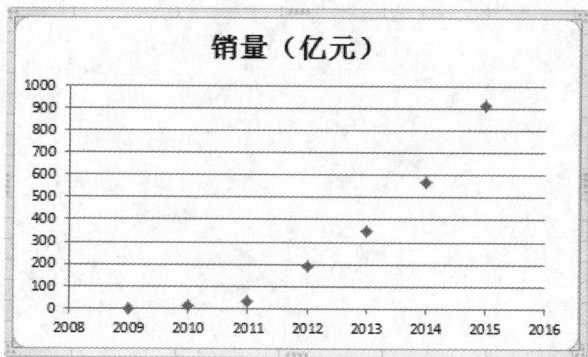

图 12-37 淘宝销量散点图

（2）根据工作表"每月销量分析"（见图 12-38），绘制图 12-39 所示的迷你图和条形图。

| | 每月产品销量分析表 | | | | | | | | | | | | |
|---|---|---|---|---|---|---|---|---|---|---|---|---|---|
| 地区 | 1月 | 2月 | 3月 | 4月 | 5月 | 6月 | 7月 | 8月 | 9月 | 10月 | 11月 | 12月 | 合计 |
| 上海 | 593 | 443 | 369 | 626 | 629 | 903 | 471 | 719 | 556 | 446 | 741 | 623 | 7119 |
| 北京 | 392 | 311 | 494 | 577 | 686 | 670 | 739 | 409 | 663 | 608 | 537 | 675 | 6761 |
| 广州 | 517 | 732 | 750 | 605 | 753 | 597 | 961 | 624 | 575 | 469 | 782 | 305 | 7670 |
| 天津 | 607 | 693 | 705 | 585 | 725 | 703 | 522 | 380 | 620 | 388 | 753 | 690 | 7371 |

图 12-38 每月销量分析

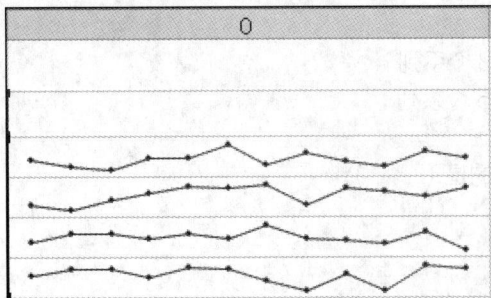

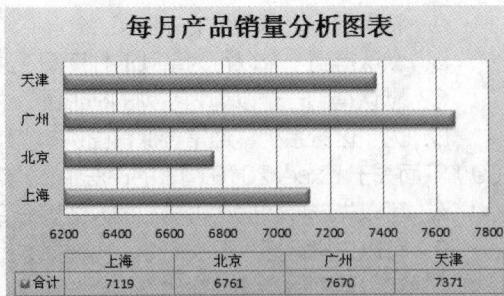

图 12-39　销量分析迷你图、条形图

具体要求如下。

① 利用 B2:M6 的数据，在 O3:O6 绘制迷你图。

a. 显示标记。

b. 迷你图样式为"深色 #5"。

② 利用 A2:A6 和 N2:N6 的数据，绘制条形图。

a. 图表类型为"簇状条形图"。

b. 图表布局为"布局 5"。

c. 图表样式为"样式 28"。

d. 图表区的形状样式为"细微效果–橙色，强调颜色 6"。

# 项目十三
# 制作PowerPoint演示文稿

项目目标

在演讲或会议中，人们常利用 PowerPoint 演示文稿美丽的画面、丰富的动画和多媒体效果、多功能的放映方式和传播方式，最大限度地向观众展示自己的意图，从而使演讲更具说服力和感染力。本项目通过制作演示文稿"职业规划""精美动画""触发器效果"，帮助读者熟练掌握演示文稿的制作与放映。

相关知识

※ 幻灯片版式

※ 幻灯片设计与母版

※ 幻灯片插入对象

※ 幻灯片动画制作

※ 幻灯片放映与排练计时

※ 幻灯片视图模式

## 任务一 制作演示文稿"职业规划"

制作演示文稿"职业规划"，内容如图 13-1 所示。

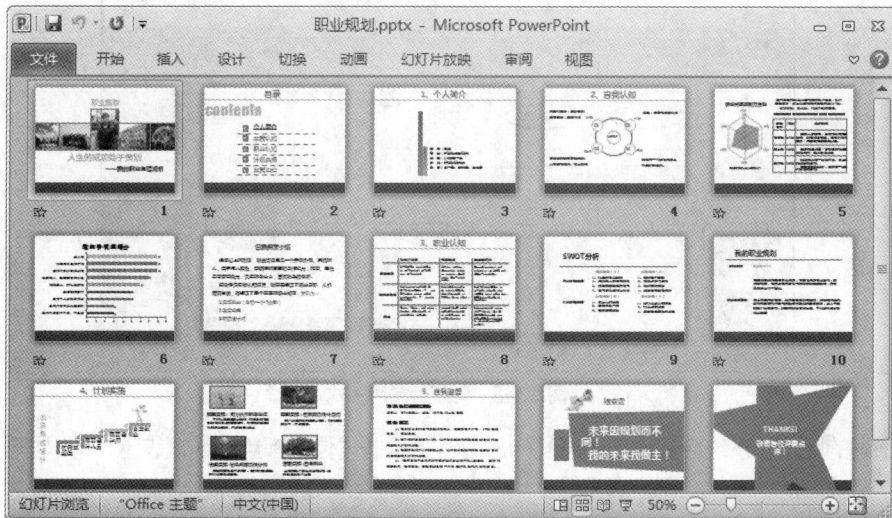

图 13-1 幻灯片浏览视图下的"职业规划"

## 一、启动 PowerPoint 2010

（1）单击【开始】|【所有程序】|【Microsoft Office】|【Microsoft Office PowerPoint 2010】

命令，启动 PowerPoint 2010。PowerPoint 2010 启动后，自动新建"演示文稿 1"，并自动添加一张版式为"标题幻灯片"的幻灯片页，如图 13-2 所示。

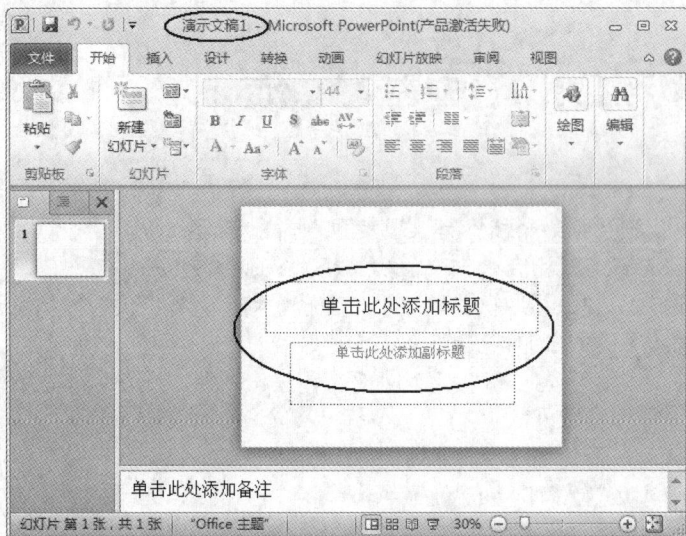

启动 PowerPoint 2010

图 13-2　幻灯片普通视图

（2）单击【开始】|【新建幻灯片】按钮右侧的三角箭头，列出所有幻灯片版式，如图 13-3 所示。常用的版式有标题幻灯片、标题和内容、仅标题、空白。

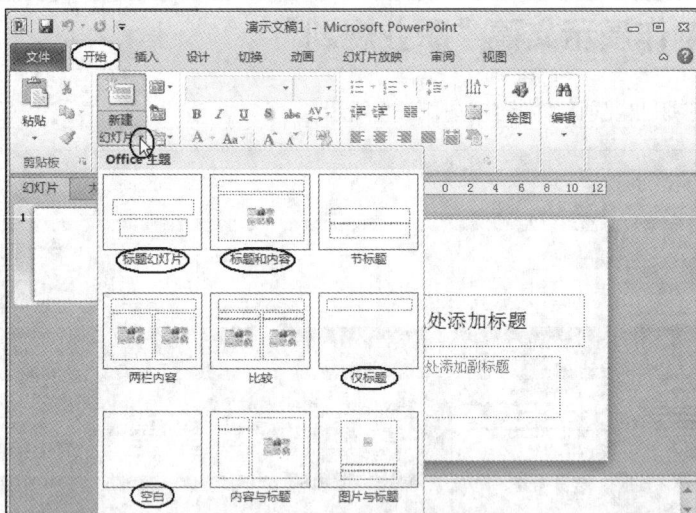

图 13-3　幻灯片常用版式

选择不同的版式，系统会提供不同形式的占位符，这些占位符都用虚线框表示，可以根据提示在占位符中输入文字、插入图片、制作表格等。

在占位符中输入的文字，会出现在大纲视图中，其他文字都不会在大纲视图中出现；所有的非文字对象（如图片、表格等）都不会出现在大纲视图中。所以一般情况下，标题性文字在占位符中输入；而长篇大段的文字，往往不希望在大纲视图中显示，建议先插入文本框，再输入文字。

（3）保存文件：单击"快速访问工具栏"的 🖫 按钮，打开"另存为"对话框，将文件保存为"我的职业规划"（文件的扩展名为 pptx）。"教学资源\项目十三　制作 PowerPoint 演示文稿\职业规划.pptx"。

（4）打开文件：单击【文件】｜【打开】，选择文件"职业规划.pptx"。

## 二、幻灯片放映

### 1. 从头播放与从当前播放

（1）单击任务栏右侧的按钮 （见图 13-4），可以实现"从当前幻灯片开始"放映。

（2）按【F5】键实现"从头开始"放映。

图 13-4　从当前幻灯片开始放映

幻灯片放映

### 2. 继续放映、终止放映

（1）放映过程中，单击鼠标左键，继续放映后面的内容，按键盘上的【Backspace】键可倒放前面的内容，按键盘上的【Esc】键可退出放映状态。

（2）也可以单击鼠标右键，在弹出的快捷菜单中选择播放【下一张】【上一张】【结束放映】命令（见图 13-5）。

### 3. 鼠标指针设置

单击鼠标右键，在弹出的快捷菜单中选择【指针选项】命令，可设置鼠标指针在放映时的形状（见图 13-6）。

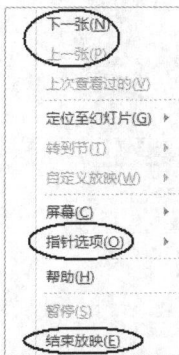

图 13-5　播放快捷菜单

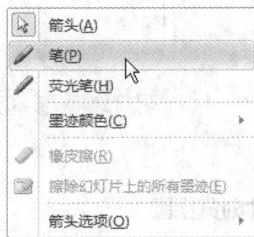

图 13-6　指针选项

## 三、幻灯片视图模式

PowerPoint 2010 视图模式主要有：普通视图、大纲视图、幻灯片浏览视图、幻灯片放映视图。

### 1. 普通视图

"普通视图"下的窗口分成 3 个窗格（见图 13-7）：主编辑区显示当前正在编辑的幻灯片，左侧显示幻灯片/大纲窗格，底部是备注窗格。

### 2. 大纲视图

单击幻灯片/大纲窗格的【大纲】选项卡，显示"大纲视图"（见图 13-8）。大纲视图下，可以看出

幻灯片视图模式

**191**

整个文档的纲要。

图13-7　幻灯片普通视图

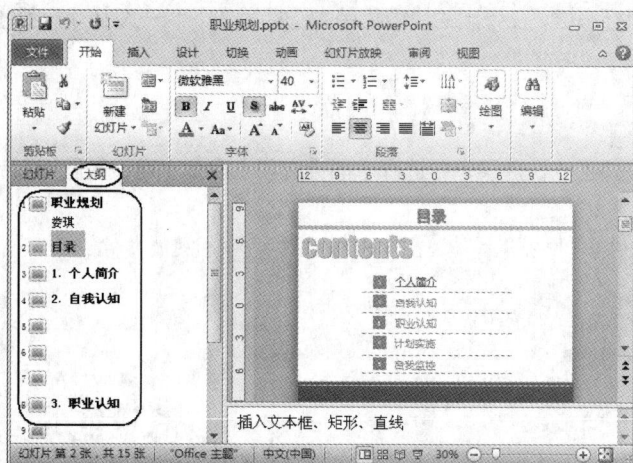

图13-8　幻灯片大纲视图

### 3. 幻灯片浏览视图

单击【视图】|【幻灯片浏览】，打开"幻灯片浏览视图"。"幻灯片浏览视图"可以将演示文稿中的所有幻灯片以缩略图的形式全部显示出来，如图13-1所示。

### 4. 幻灯片放映视图

单击【幻灯片放映】选项卡的【从头开始】或【从当前幻灯片开始】（见图13-9），进入"幻灯片放映视图"。"放映幻灯片视图"以最大化方式显示当前幻灯片的内容。

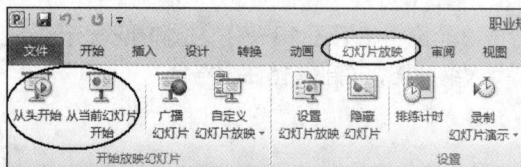

图13-9　从头放映和从当前放映

## 四、设计母版

### 1. 设计"Office 主题 幻灯片母版"母版

（1）单击【视图】|【幻灯片母版】，进入母版视图（见图 13-10）。

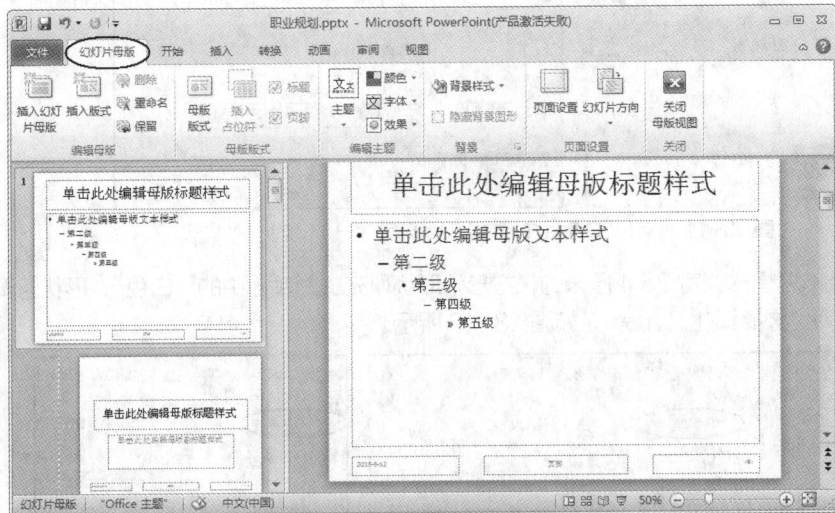

图 13-10　幻灯片母版视图

PowerPoint 2010 为每一种版式提供了一个相应的母版，凡是采用了该版式的幻灯片都将拥有母版上任何的效果。PowerPoint 2010 的第一张母版叫"Office 主题 幻灯片母版"，可供任何版式的幻灯片使用。

（2）在"Office 主题 幻灯片母版"的底部插入一个高 2.4 厘米，宽 25.4 厘米的长方形，形状填充标准色中的"蓝色"，形状轮廓亦为"蓝色"，形状效果为"发光""蓝色，5pt 发光，强调文字颜色 1"，如图 13-11 所示。

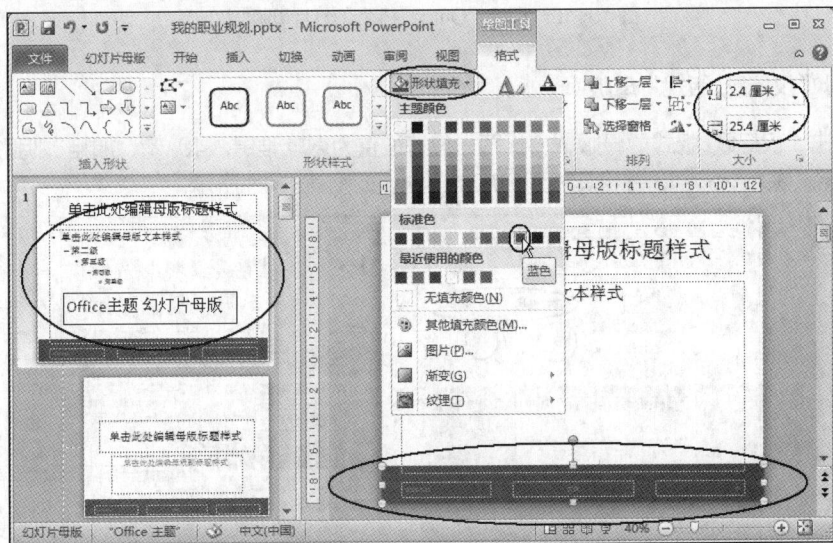

图 13-11　设计"Office 主题 幻灯片母版"（一）

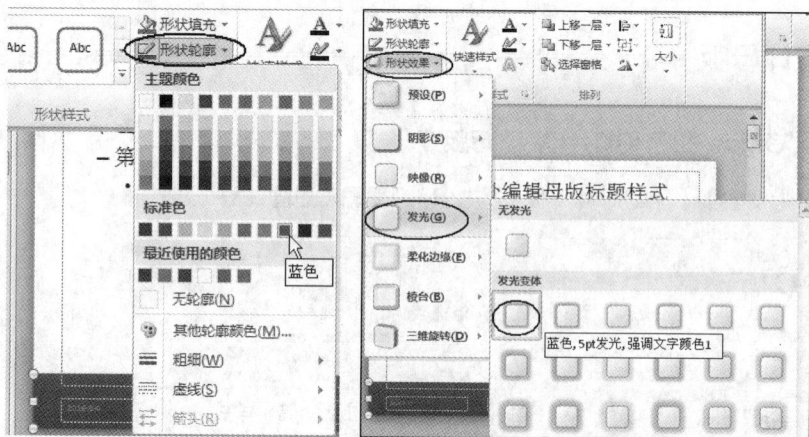

图 13-11　设计"Office 主题 幻灯片母版"（一）（续）

（3）再插入一个高 0.2 厘米，宽 25.4 厘米的长方形，形状填充主题颜色中的"白色"，形状轮廓亦为"白色"，形状效果为"边缘柔化 2.5 磅"，如图 13-12 所示。

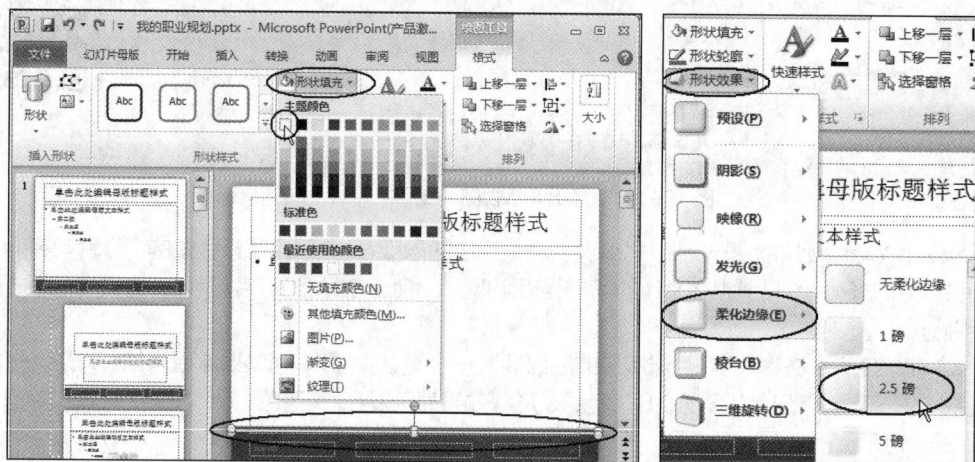

图 13-12　设计"Office 主题 幻灯片母版"（二）

## 2. 设计"仅标题 版式"母版

（1）单击"仅标题 版式"母版，将标题占位符设置为微软雅黑、40 磅、加粗、阴影、"橙色，强调文字颜色 6，深色 25%"，并将其移到幻灯片顶端，如图 13-13 所示。

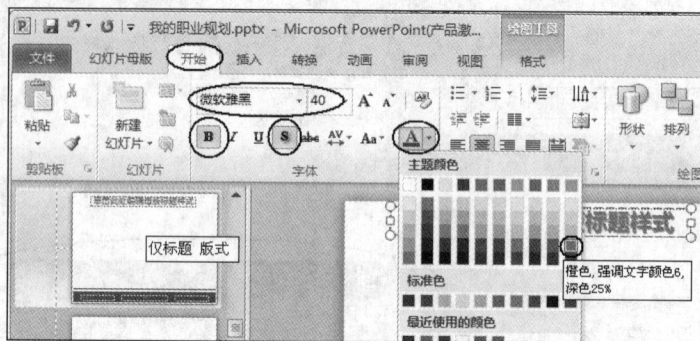

图 13-13　设计"仅标题母版"

（2）在标题占位符下方插入一个高 0.3 厘米，宽 25.4 厘米的长方形，形状填充主题颜色中的"白色，背景 1，深色 25%"，形状轮廓亦为"白色，背景 1，深色 25%"（见图 13-14）。

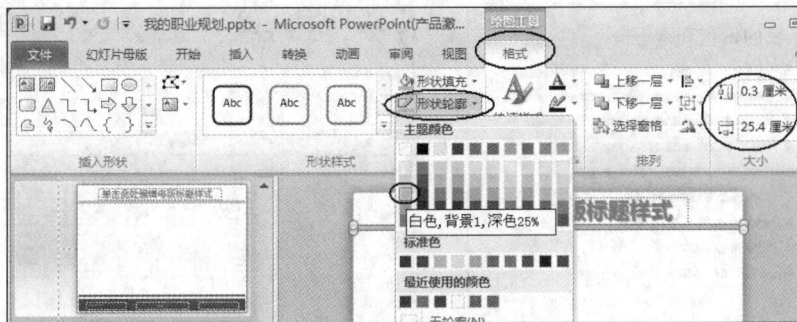

图 13-14　设计"仅标题母版"

### 3. 关闭母版视图

单击【幻灯片母版】|【关闭母版视图】（见图 13-15），关闭母版视图，回到普通视图。

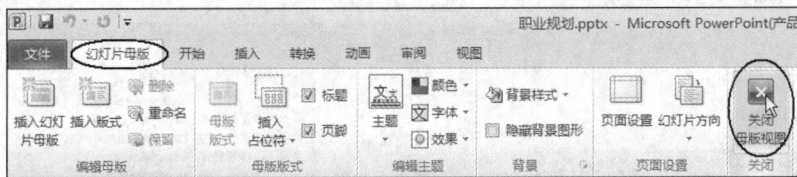

图 13-15　关闭母版视图

## 五、制作幻灯片

### 1. 制作第 1 张幻灯片（效果如图 13-16 所示）

（1）在标题占位符中输入文本"职业规划"，并将其设置为微软雅黑、36 磅、加粗、阴影、橙色，并将该文本框向上移动到最顶端。

（2）在副标题占位符中输入"作者：\*\*\*"，并将其设置为微软雅黑、30 磅、加粗、蓝色，并将该文本框向上移动到主标题的下面。

（3）依次插入 5 张图片，中间图片盖住副标题。

（4）单击【插入】|【文本框】|【横排文本框】，在图片下方绘制一个文本框，输入文本"人生的成功始于策划"，并将其设置为微软雅黑、44 磅、加粗、阴影、橙色、居中对齐。

（5）再插入一个"横排文本框"，输入文本"——我的职业生涯规划"，并将其设置为微软雅黑、32 磅、加粗、阴影、蓝色、右对齐。

图 13-16　第 1 张幻灯片效果图

### 2. 制作第 6 张幻灯片（效果如图 13-17 所示）

（1）单击【开始】|【新建幻灯片】按钮的三角箭头，选

制作幻灯片　　插入图表

择"空白"版式的幻灯片。

（2）单击【插入】|【图表】，选择【条形图】（见图 13-18）。

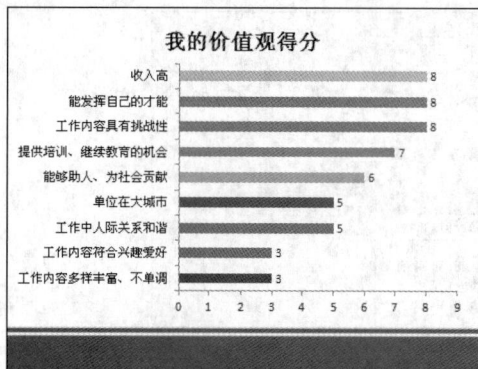

图 13-17　第 6 张幻灯片效果图

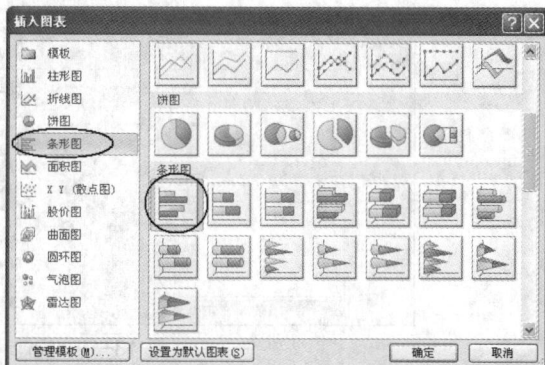

图 13-18　插入"条形图"

（3）在随即打开的 Excel 中输入图 13-19 所示的数据。

（4）关闭 Excel 窗口，得到图 13-20 所示的条形图。

图 13-19　录入 Excel 数据

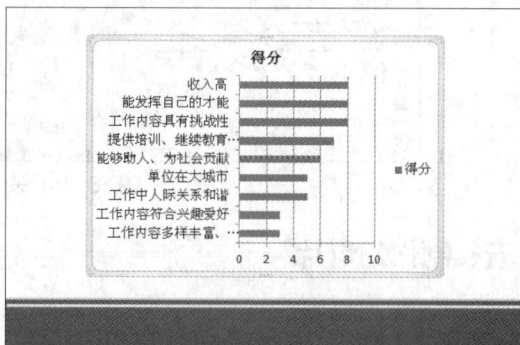

图 13-20　最初的条形图

（5）删除图表区右边的"图例"文本框，将"标题"文本框的内容修改为"我的价值观得分"，字号设置为 32 磅，调整图表的大小到整个屏幕，如图 13-21 所示。

（6）单击【布局】|【网格线】|【主要纵网格线】|【无】（见图 13-22）。

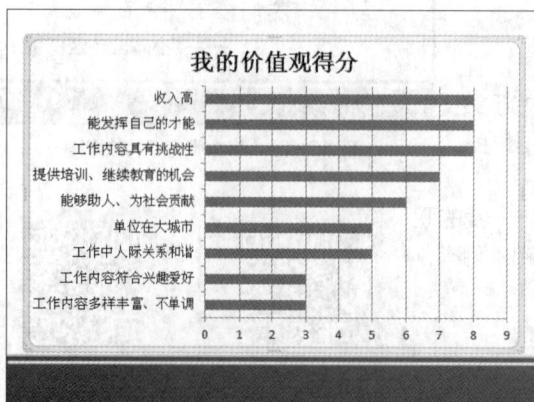

图 13-21　修改后的条形图

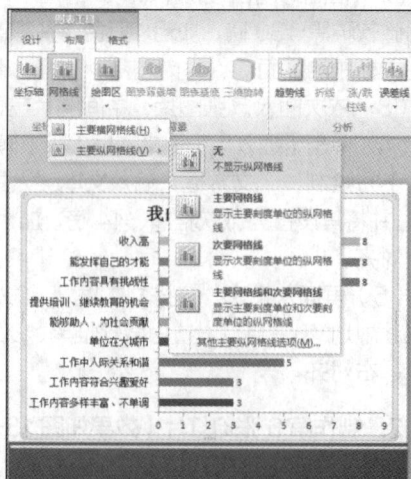

图 13-22　设置网格线

（7）用鼠标右键单击某一矩形条，在弹出的快捷菜单中选择命令【设置数据系列格式】，如图 13-23 所示。

（8）在打开的"设置数据系列格式"对话框中，单击【填充】选项卡，选择【依数据点着色】选项，如图 13-24 所示。

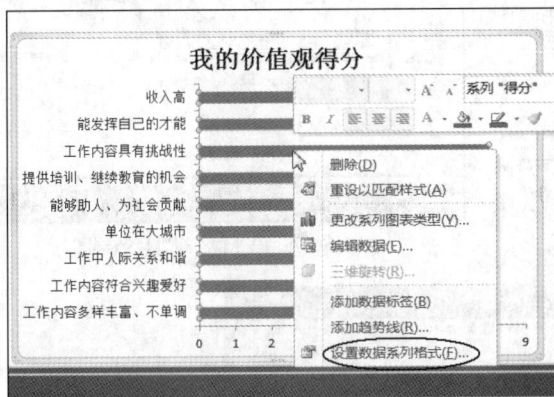

图 13-23　设置数据系列格式

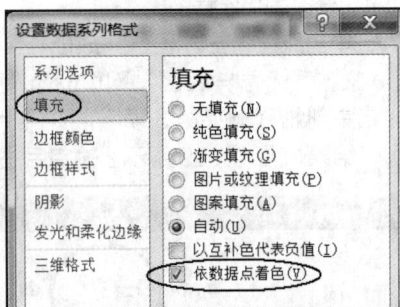

图 13-24　依数据点着色

## 3. 制作第 8 张幻灯片（效果如图 13-25 所示）

图 13-25　第 8 张幻灯片效果图

（1）插入一张新幻灯片，版式为"仅标题"。

（2）在标题占位符中输入标题文字"3.职业认知"。

（3）插入一个 4 行 4 列的表格，录入以上文字，字号 14 磅，将边框设置为"无框线"。

（4）在表格内部框线位置另外绘制 3 条横线、3 条竖线，设置样式为"中等线-强调文字颜色 1"（见图 13-26）。

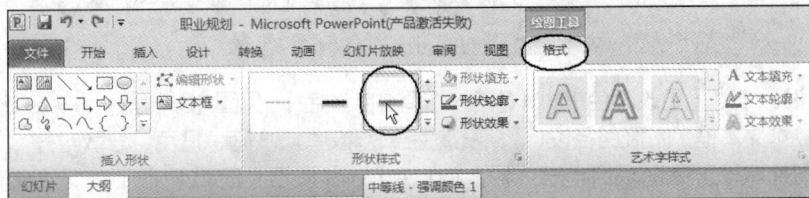

图 13-26　设置线条样式为"中等线-强调文字颜色 1"

### 4．制作第11张幻灯片（效果如图13-27所示）

（1）插入一张新幻灯片，版式为"仅标题"。

（2）在标题占位符中输入标题文字"4.计划实施"。

（3）插入 SmartArt 图形，选择流程中的【步骤上移流程】，如图13-28所示。

（4）修改美化流程图。

① 单击流程图左边框上的按钮，在打开的录入框中输入文本"优秀毕业生""网页设计人员""网页设计师""自主创业"（输完第3项后，按【Enter】键输入第4项），结果如图13-29所示。输完后关闭录入框。

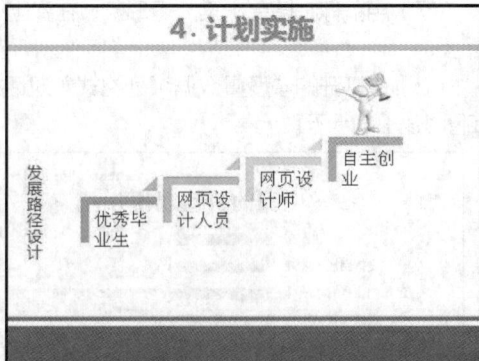

图13-27　第11张幻灯片效果图

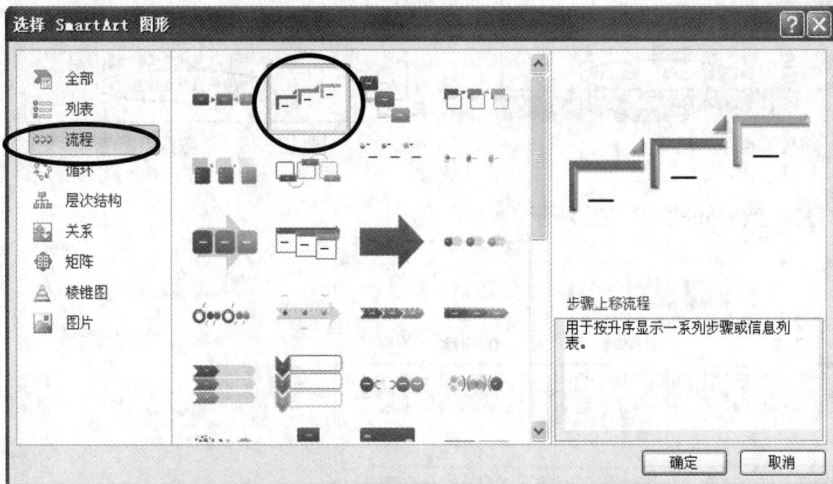

图13-28　插入 SmartArt 图形：步骤上移流程

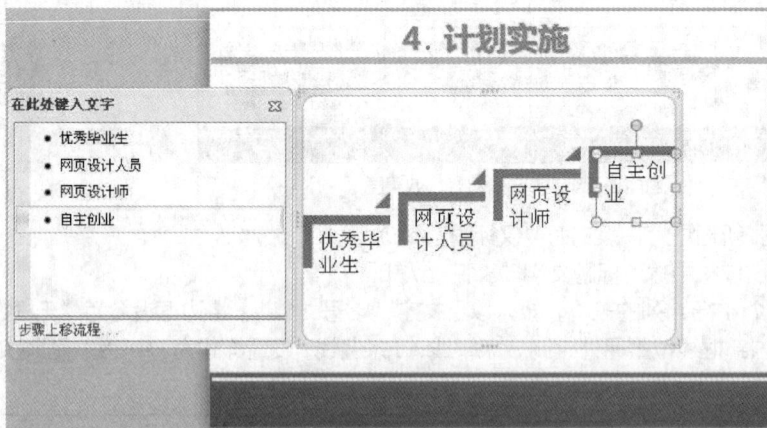

插入 SmartArt 图形

图13-29　在 SmartArt 图形中录入文本

② 单击【设计】|【更改颜色】|【彩色-强调文字颜色】（见图13-30）。

（5）插入竖排文本框"发展路径设计"，设置为微软雅黑、30磅、橙色、分散对齐。

（6）插入图片"教学资源\项目十三　制作 PowerPoint 演示文稿\成功者.jpg"，放在流程图的最高级别上方。

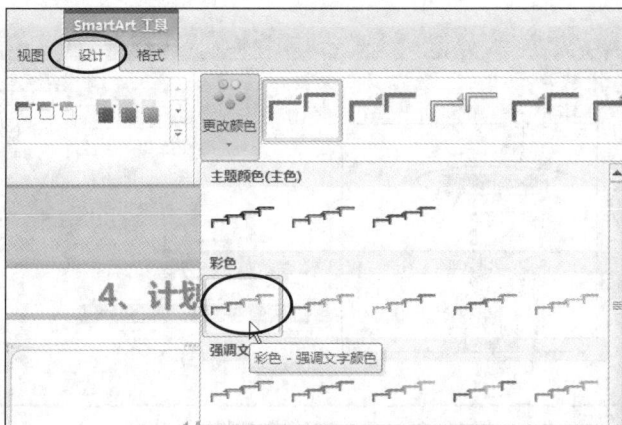

图 13-30　更改 SmartArt 图形的颜色

## 六、添加背景音乐

（1）选择第 1 页幻灯片，单击【插入】|【音频】|【文件中的音频】（见图 13-31）。

图 13-31　插入音频文件

（2）选择音频文件"教学资源\项目十三　制作 PowerPoint 演示文稿\明天会更好.mp3"。

（3）单击【播放】|【跨幻灯片播放】，并勾选【放映时隐藏】选项（见图 13-32）。

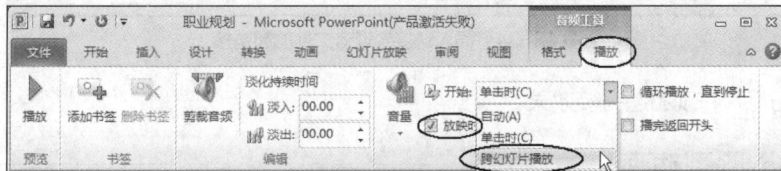

图 13-32　设置音频播放方式

## 任务二　制作丰富多彩的幻灯片效果

### 一、设置超链接

（1）打开文件"教学资源\项目十三　制作 PowerPoint 演示文稿\职业规划.pptx"，选择第 2 页幻灯片上的文本"个人简介"，单击【插入】|【超链接】。

（2）在"插入超链接"对话框中，选择链接到"本文档中的位置"，并选择第 3 张幻灯片"个人简介"（见图 13-33）。

添加背景音乐

设置超链接

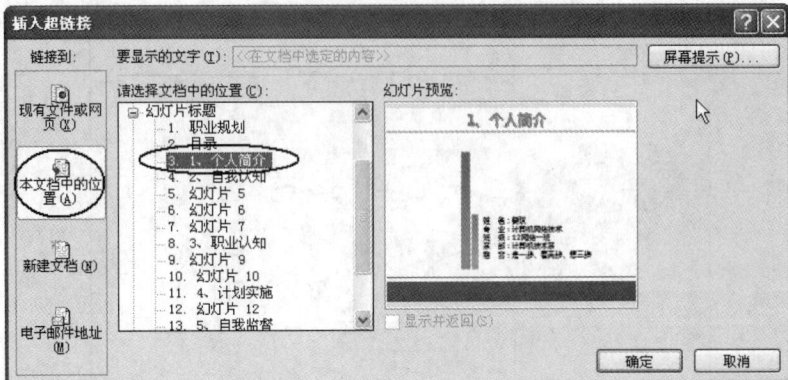

图 13-33　插入链接到本文档的超链接

（3）用同样的方法插入"目录"上的其他超链接。

（4）选择第 5 页幻灯片的文本"霍兰德职业兴趣测评"，单击【插入】|【超链接】，选择链接到"现有文件或网页"，并选择文档"教学资源\项目十三　制作 PowerPoint 演示文稿\霍兰德职业兴趣测评.docx"（见图 13-34）。

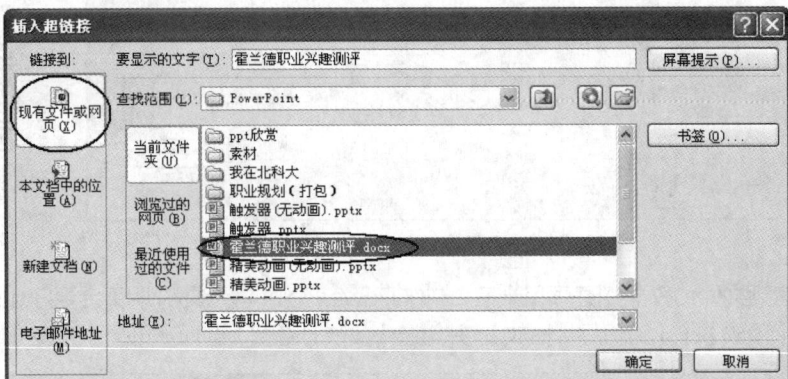

图 13-34　插入链接到现有文件的超链接

（5）放映幻灯片，观看超链接效果。

## 二、"进入"型动画

动画效果是指通过给文本或图片对象添加特殊视觉和声音效果，来突出重点，控制信息流，增加演示文稿的趣味性和动画效果。

【动画】选项卡一共提供了 4 种类型的动画效果：进入、强调、退出、动作路径。通常情况下，"进入"动画图标颜色为绿色，"退出"动画图标颜色为红色，"强调"动画图标为橙色，"动作路径"的图标则是一条起点为绿色、终点为红色的线段。

一般情况下，给幻灯片上的各对象设置各种"进入"效果就够用了。

设置动画

### 1. 第 4 张幻灯片的动画制作

（1）选择中间的组合图形，单击【动画】选项卡，选择进入动画【轮子】；"效果选项"为【1 轮辐图案】；"开始"方式为【上一动画之后】，如图 13-35 所示。

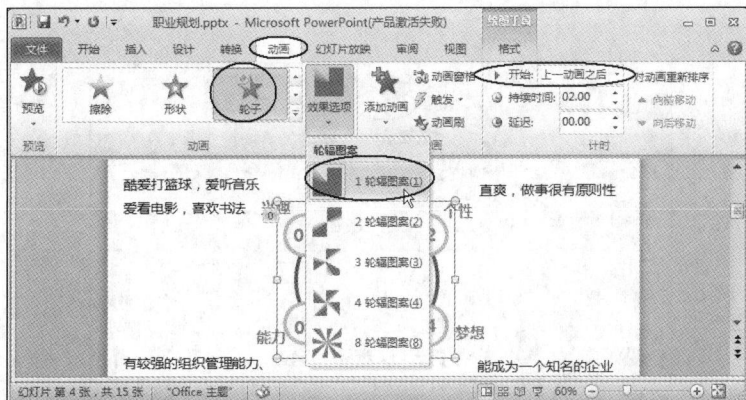

图 13-35　设置动画效果

（2）选择文本框"兴趣"，单击【动画】样式组中的下三角箭头（见图 13-36）。

（3）在随后打开的动画列表中选择【更多进入效果】（见图 13-37）。

（4）在打开的"更改进入效果"对话框中选择"温和型"中的【基本缩放】（见图 13-38）。

图 13-36　打开其他动画列表

图 13-37　动画列表

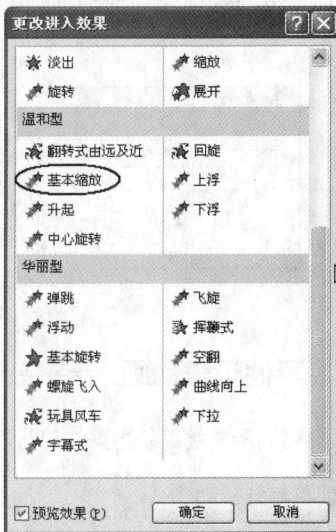

图 13-38　选择动画【基本缩放】

（5）设置动画的"开始"方式为【上一动画之后】。

（6）选择文本框"兴趣"，双击【动画刷】按钮，鼠标指针变成 后，依次单击文本框"个性""能力""梦想"，这 3 个文本框都获得和第 1 个文本框同样的动画效果。再次单击【动画刷】按钮取消"动画刷"功能，鼠标指针变回正常状态。再将动画的"开始"方式修改为【与上一动画同时】。

（7）选择左上角的文本框"酷爱打篮球……"，设置其进入动画为"缩放"，其余为默认。

（8）利用"动画刷"功能将其动画效果复制给其他角上 3 个文本框。

## 2. 第 7 张幻灯片的动画制作

（1）选择文本框，设置其进入动画为"擦除"；"效果选项"为【自左侧】【按段落】，如图 13-39

所示。

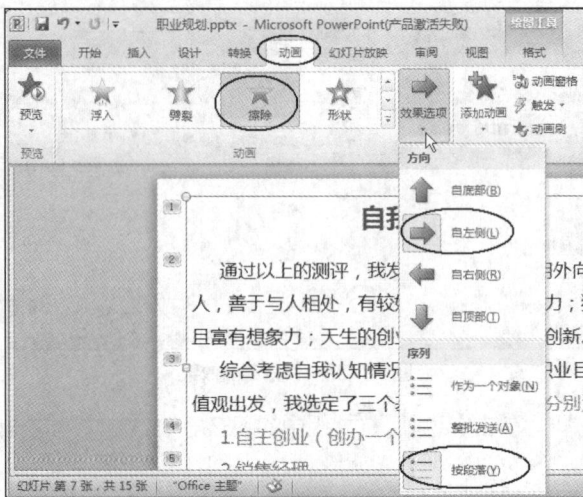

图 13-39　动画设置

（2）单击【动画窗格】按钮，打开动画窗格（见图 13-40 左图）。

（3）单击 ⏷ 按钮展开所有动画（见图 13-40 中图）。

（4）单击选择第 1 个动画，修改其"开始"方式为【上一动画之后】，结果如图 13-40 右图所示。

图 13-40　动画窗格

## 三、其他精美动画

如果希望演示文稿具备更强的可观赏性，可综合使用"进入""强调""退出""动作路径"动画效果。

### 1. 观看与分析动画

观看演示文稿"教学资源\项目十三　制作 PowerPoint 演示文稿\我在北科大.pptx"，分析第 3 页的动画效果与顺序如下。

（1）红色通知书装入信封。

（2）信封封口。

（3）信封变小移到右侧。

（4）学生从右边进入。

（5）学生宣告"爸！妈！我被录取了！"，稍停后消失。

（6）父母的叮嘱依次出现。

（7）稍停后，父母的叮嘱一起消失。

（8）学生的答复"嗯！爸妈放心！"出现。

精美动画

（9）学生眼泪流下来。

## 2. 动画实现

打开文件"教学资源\项目十三　制作 PowerPoint 演示文稿\精美动画.pptx"，完成上述动画。

（1）红色通知书装入信封。

① 选择幻灯片上的信封，单击【格式】|【选择窗格】，打开"选择窗格"（见图 13-41）。"选择窗格"上显示该幻灯片上的所有形状，其中"组合 2"有底纹显示，表明编号为"组合 2"的形状就是幻灯片上的信封。

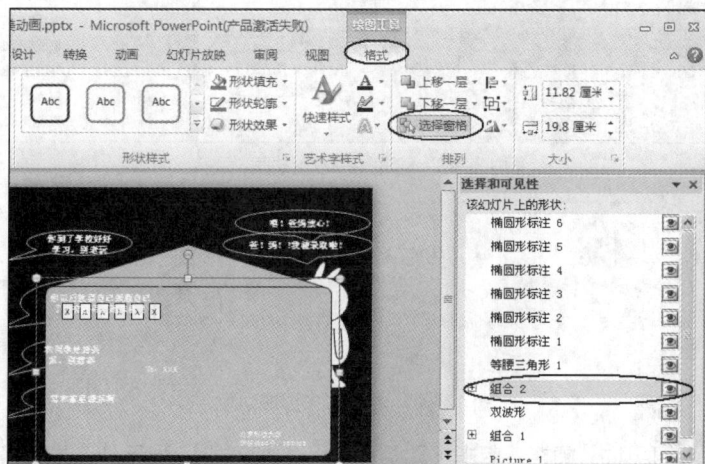

图 13-41　打开选择窗格

② 单击其右边的"眼睛"按钮，将信封隐藏起来，露出下面被覆盖的红色通知书，如图 13-42 所示。

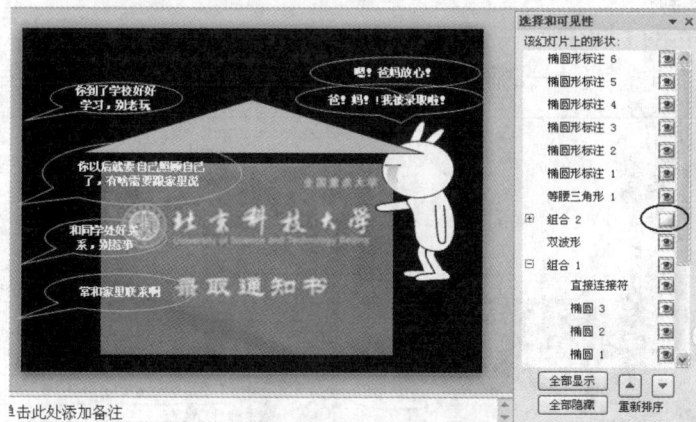

图 13-42　利用选择窗格隐藏信封

③ 选择红色通知书，单击【动画】选项卡，给其设置第 1 个动画：进入中的【飞入】，方向为【自顶部】，开始方式为【上一动画之后】，持续时间为 01.00，如图 13-43 所示。

④ 仍然选择通知书，单击【动画】|【添加动画】（见图 13-44）。给通知书添加第 2 个动画：退出中的【消失】，开始方式为【上一动画之后】。

⑤ 通知书的动画做好之后，再次单击"选择窗格"上"组合 2"右边的空框，使之前隐藏的信封显示出来。

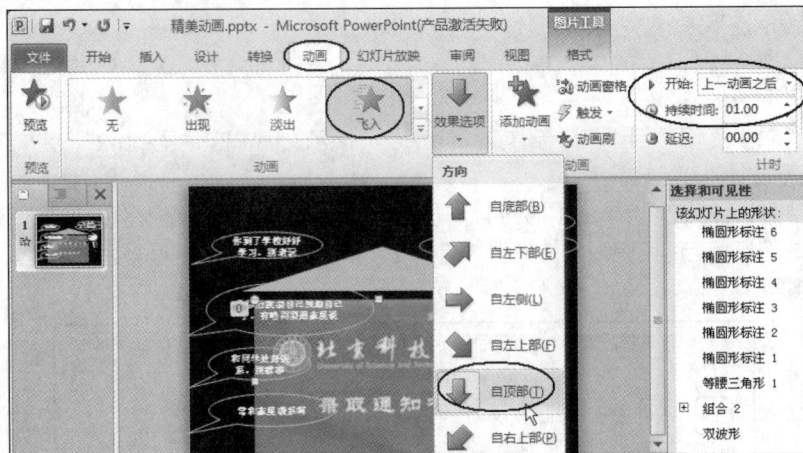

图 13-43　给通知书设置动画：飞入

图 13-44　给通知书添加动画

⑥ 关闭"选择和可见性"窗格，单击【动画】|【动画窗格】，显示"动画窗格"。

（2）信封封口。

选择信封上面的等腰三角形，设置其动画为退出中的【擦除】，方向为【自顶部】，开始方式为【上一动画之后】。

（3）信封变小移到右侧。

① 选择信封，单击【动画】选项卡，给其设置第 1 个动画：强调中的【放大/缩小】，方向为【两者】，数量为【微小】，开始方式为【上一动画之后】，如图 13-45 所示。

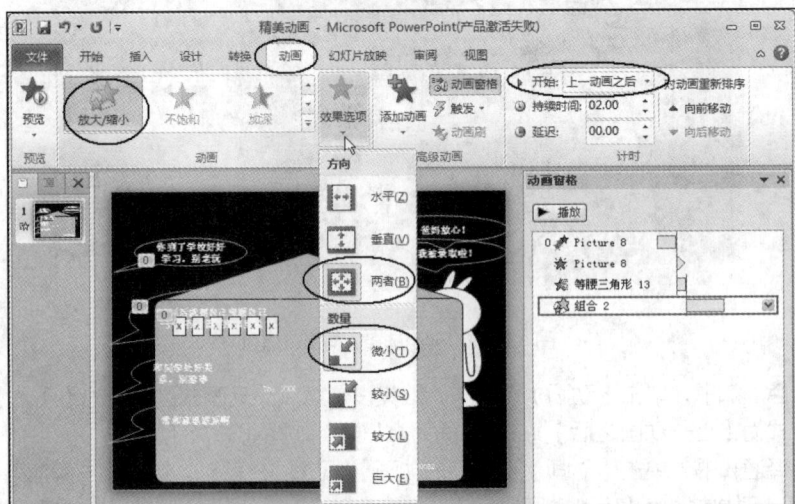

图 13-45　给信封设置变小的动画效果

② 仍然选择信封，单击【动画】|【添加动画】，选择命令【其他动作路径】，在随后打开的对话框

中选择【向右上转】，如图 13-46 所示。

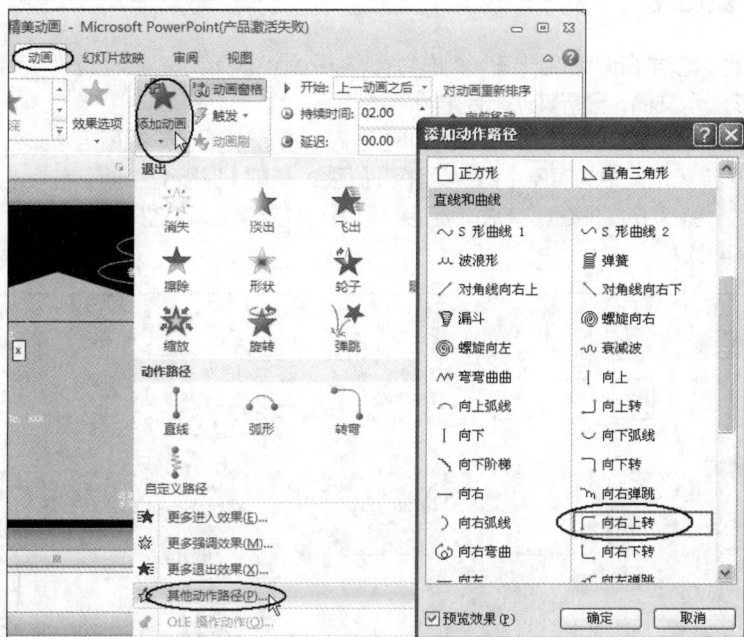

图 13-46　给信封添加移动的动画效果

③ 修改动画的开始方式为【与上一动画同时】，调整路径终点（红色箭头）的位置，使信封最终能送到学生的手中。

（4）学生从右边进入。

选择学生，设置其动画为进入中的【飞入】，方向是【自右侧】，开始方式是【上一动画之后】。

（5）学生宣告"爸！妈！我被录取了！"，稍停后消失。

① 选择自选图形"爸！妈！我被录取了！"，设置其动画为进入中的【浮入】，开始方式为【上一动画之后】。

② 选择自选图形"爸！妈！我被录取了！"，单击【添加动画】，选择动画为退出中的【消失】，开始方式为【上一动画之后】，延迟为 00.50。

（6）父母的叮嘱逐一出现。

① 选择第 1 条叮嘱，设置其动画为进入中的【飞入】，方向是【自左侧】，开始方式是【上一动画之后】。

② 选择做好动画的第 1 条叮嘱，双击【动画刷】，再依次单击其他 3 条叮嘱，最后单击【动画刷】取消"动画刷"功能。

（7）父母的 4 条叮嘱一起消失。

① 选择第 1 条叮嘱，添加动画为退出中的【淡出】，开始方式为【上一动画之后】，延迟 00.50。

② 选择第 2 条叮嘱，添加动画为退出中的【淡出】，开始方式为【与上一动画同时】。

③ 选择第 3 条叮嘱，添加动画为退出中的【淡出】，开始方式为【与上一动画同时】。

④ 选择第 4 条叮嘱，添加动画为退出中的【淡出】，开始方式为【与上一动画同时】。

（8）学生的答复"嗯！爸妈放心！"出现。

选择自选图形"嗯！爸妈放心！"，设置动画为进入中的【浮入】，开始方式为【上一动画之后】。

（9）学生眼泪流下来。

打开"选择窗格"，选择表示眼泪的"双波形"，设置其动画为进入中的【擦除】，方向为【自顶部】，开始方式为【上一动画之后】，持续时间为 01.00。

## 四、触发器应用

（1）打开文件"教学资源\项目十三　制作 PowerPoint 演示文稿\触发器效果.pptx"，放映该演示文稿，分析其动画效果。

（2）单击标题"计划实施"，单击【格式】|【选择窗格】，打开"选择窗格"。

（3）单击"选择窗格"中的对象【组合 终极】【组合 长期】【组合 中期】右边的眼睛按钮，将它们暂时隐藏。单击"组合 短期"文字部分，可选择【组合 短期】（见图 13-47）。

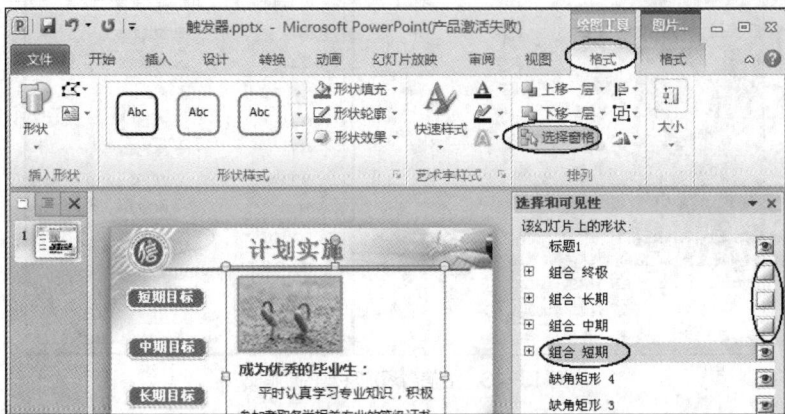

图 13-47　利用选择窗格隐藏和选择对象

（4）给"组合 短期"制作两个动画：①进入中的【切入】，方向为【自左侧】；②退出中的【切出】，方向为【到左侧】。

（5）选择【组合 短期】，单击【动画】|【触发】|【单击】|【缺角矩形 1】（见图 13-48）。

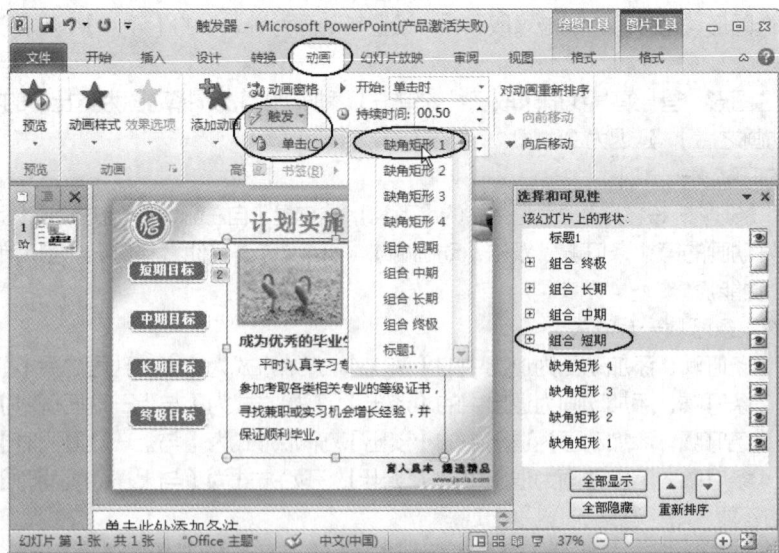

图 13-48　设置触发器为"缺角矩形 1"

（6）选择【组合 短期】，双击【动画刷】，复制其动画效果。

（7）利用"选择窗格"，隐藏"组合 短期"，显示"组合 中期"，单击幻灯片上相应的对象，将复制好的动画格式赋予该对象（不包含触发器效果）。

（8）用同样的方法，使其他 2 个对象获得相同的动画效果，最后单击【动画刷】取消"动画刷"功能。

（9）选择【组合 中期】，单击【触发】|【单击】|【缺角矩形 2】。

（10）选择【组合 长期】，单击【触发】|【单击】|【缺角矩形 3】。

（11）选择【组合 终极】，单击【触发】|【单击】|【缺角矩形 4】。

## 五、幻灯片切换

幻灯片切换是指演示文稿播放过程中的幻灯片进入和退出屏幕时产生的视觉效果，幻灯片默认的换片方式为"单击鼠标时"。

（1）打开文件"职业规划.pptx"，单击【切换】选项卡，设置换片方式为自动（2 秒），切换效果为【推进】，切换声音为【推动】，最后单击【全部应用】，如图 13-49 所示。

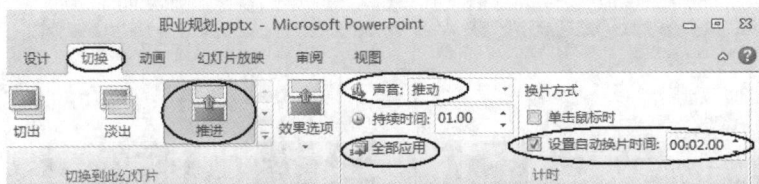

图 13-49　设置幻灯片切换效果

（2）按【F5】键从头放映，观看放映效果。

## 六、排练计时

除了可"设置自动换片时间"让幻灯片自动连续放映外，我们还可以利用"排练计时"功能设置整个演示文稿的放映过程。

（1）单击【幻灯片放映】|【排练计时】（见图 13-50），启动"排练计时"功能。

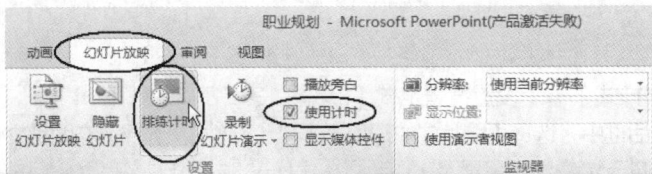

图 13-50　设置排练计时

（2）"排练计时"录制完成后，保存"排练计时"，并勾选【使用计时】选项（见图 13-50）。

（3）按【F5】键从头放映，观看放映效果。

## 七、幻灯片设计

### 1. 页面设置

单击【设计】|【页面设置】，将幻灯片大小设置为"全屏显示（16:10）"，如图 13-51 所示。按【F5】键观看放映效果。

### 2. 幻灯片主题

单击【设计】|【主题】，选择快速主题【流畅】，如图 13-52 所示。

**207**

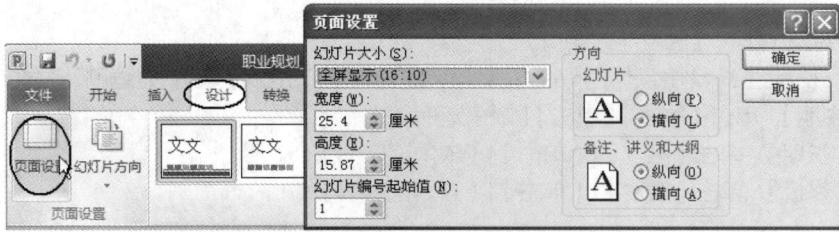

图 13-51　幻灯片页面设置

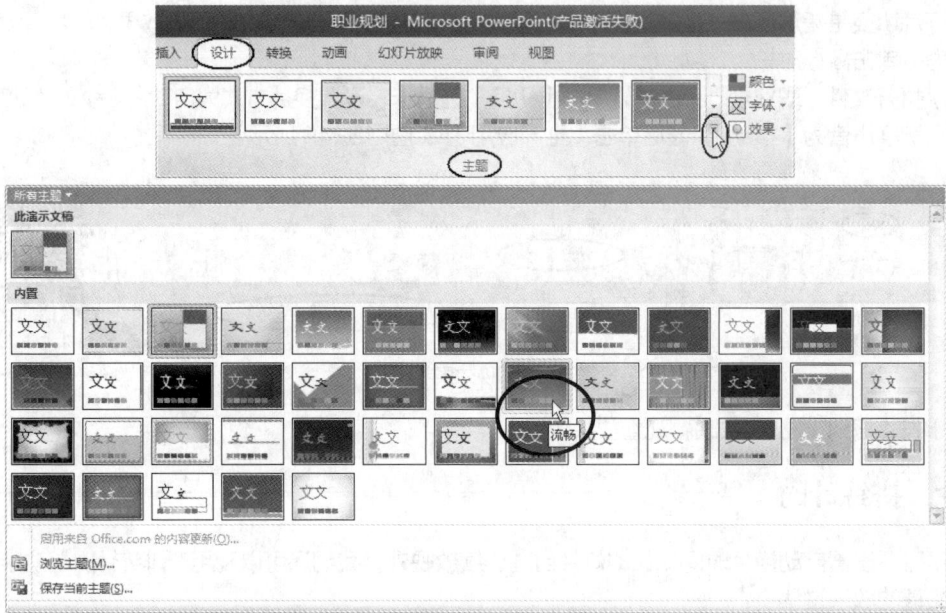

图 13-52　选择快速主题【流畅】

### 3. 幻灯片背景

（1）单击【设计】|【背景样式】|【设置背景格式】（见图 13-53）。

（2）在"设置背景格式"对话框中，选择【图片或纹理填充】|【文件】，选择填充图片文件"教学资源\项目十三　制作 PowerPoint 演示文稿\学院背景.jpg"后，单击【全部应用】按钮，如图 13-54 所示。

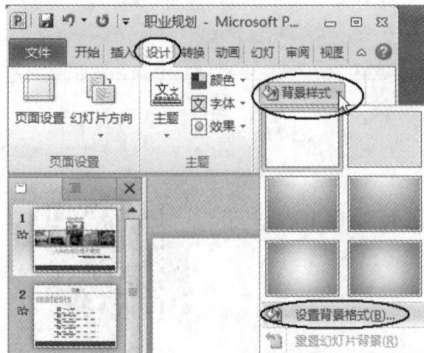

图 13-53　设置幻灯片背景

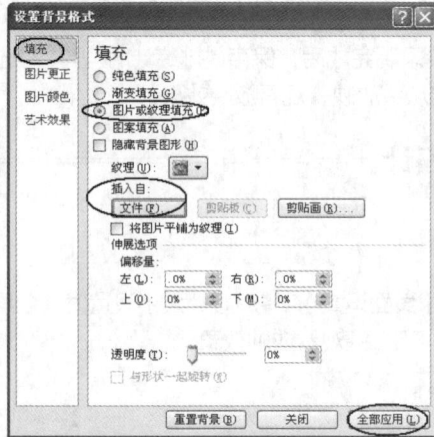

图 13-54　选择图片填充

## 八、演示文稿的打包

文件"教学资源\项目十三 制作 PowerPoint 演示文稿\职业规划.pptx"中第 5 页上设置了一个超链接，链接到 Word 文档"霍兰德职业兴趣测评"，如果将文件拿到别的计算机上放映，单击超链接是打不开链接文件的。这时，可以将文件进行打包操作。

（1）单击【文件】|【保存并发送】|【将演示文稿打包成 CD】|【打包成 CD】（见图 13-55）。

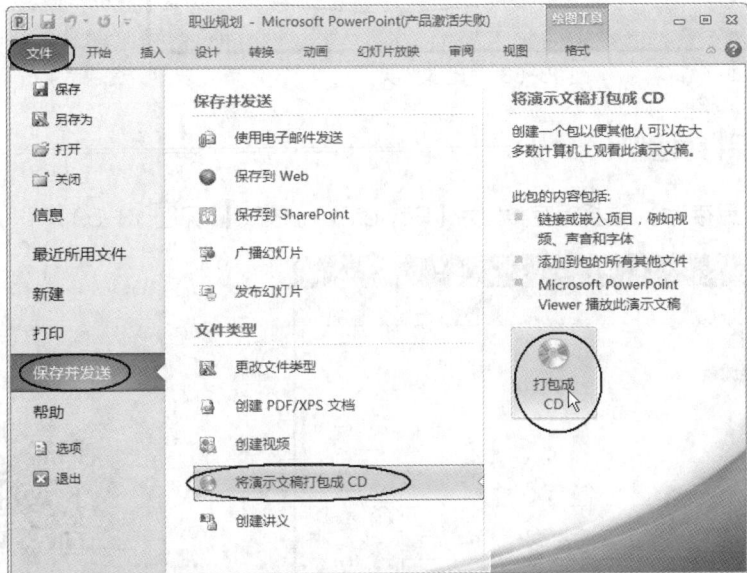

图 13-55 打包成 CD

（2）单击【复制到文件夹】按钮，将文件夹命名为"职业规划"，如图 13-56 所示。

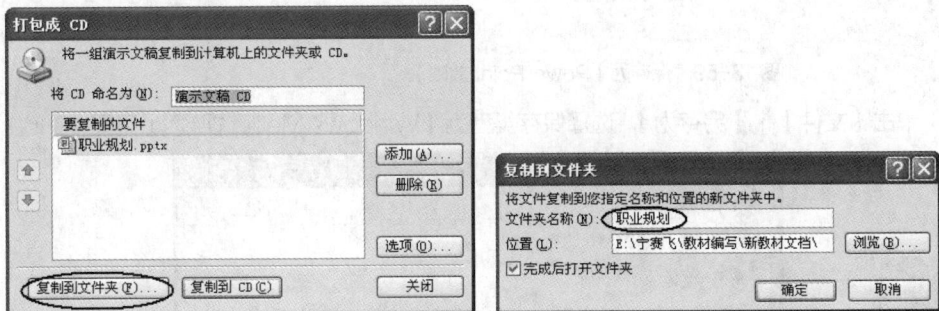

图 13-56 复制到文件夹"职业规划"

（3）单击【确定】按钮后，打开图 13-57 所示的对话框，单击【是】按钮。

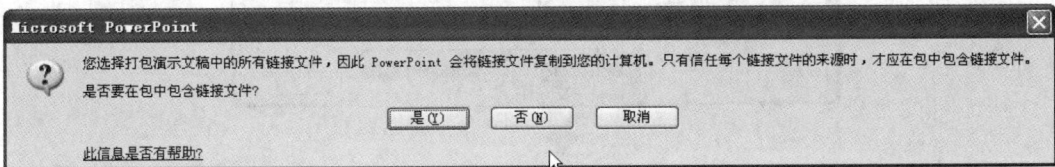

图 13-57 确认打包

（4）打包的文件夹中包含了链接文件"霍兰德职业兴趣测评"，如图 13-58 所示。

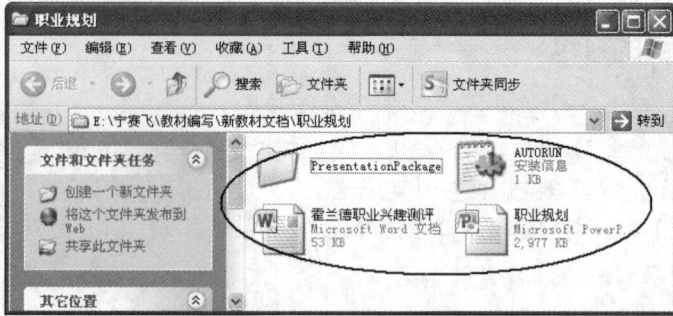

图 13-58　打包文件夹

## 九、演示文稿的保存类型

（1）单击【文件】|【另存为】，选择保存类型为【PowerPoint 放映】（见图 13-59）。

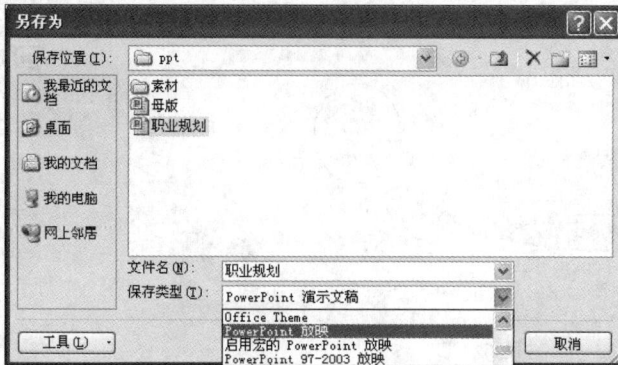

演示文稿的保存类型

图 13-59　保存为【PowerPoint 放映】

（2）单击【文件】|【另存为】，选择保存类型为【Windows Media 视频】（见图 13-60）。

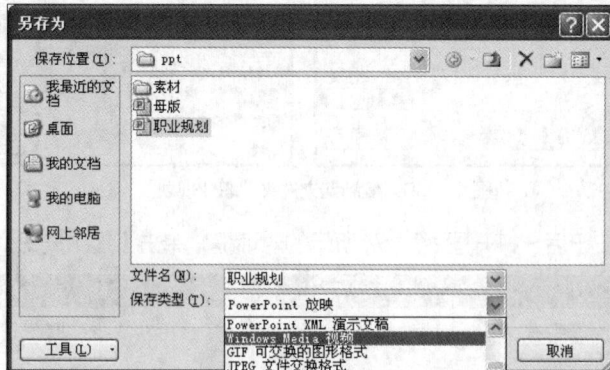

图 13-60　保存为视频文件

将演示文稿制作成视频文件，不仅可以在没有安装 PowerPoint 的计算机上播放，也可以通过电视进行播放。

## 课后练习

**一、单选题**

（1）PowerPoint 2010 演示稿默认的文件扩展名是（　　）。
　　A．PPt　　　　　　　B．ppsx　　　　　　　C．pptx　　　　　　　D．html

（2）在 PowerPoint 2010 中，幻灯片中占位符的作用是（　　）。
　　A．标识文本的长度　　　　　　　　　　B．为文本、图形预留位置
　　C．标识图形大小　　　　　　　　　　　D．限制插入对象的数量

（3）在 PowerPoint 2010 中，不属于文本占位符的是（　　）。
　　A．标题　　　　　　　B．副标题　　　　　　C．图表　　　　　　　D．普通文本框

（4）在 PowerPoint 2010 中，执行"新建幻灯片"命令后，新幻灯片将出现在（　　）。
　　A．当前幻灯片之前　　　　　　　　　　B．当前幻灯片之后
　　C．最前　　　　　　　　　　　　　　　D．最后

（5）某 PowerPoint 文档共有 10 张幻灯片，先选中第 6 张幻灯片，再改变背景设置，单击【全部应用】命令后，则第（　　）张幻灯片的背景被改变。
　　A．6　　　　　　　　B．1～6　　　　　　　C．6～10　　　　　　D．1～10

（6）在 PowerPoint 2010 中，可以通过插入（　　）来完成统计、计算等功能。
　　A．图表　　　　　　　B．Excel 表格　　　　C．所绘制的表格　　　D．SmartArt 图形

（7）为将演示文稿置于另一台不带 PowerPoint 系统的计算机上放映，那么在放映前应该对演示文稿进行（　　）。
　　A．复制　　　　　　　B．打包　　　　　　　C．压缩　　　　　　　D．打印

（8）在 PowerPoint 2010 中，不可以在（　　）上设置超级链接。
　　A．文本　　　　　　　B．背景　　　　　　　C．艺术字　　　　　　D．剪贴画

（9）在 PowerPoint 2010 中，插入超级链接时，所链接的目标不能是（　　）。
　　A．另一个演示文稿　　　　　　　　　　B．同一演示文稿的某一张幻灯片
　　C．其他应用程序的文档　　　　　　　　D．某张幻灯片中的某个对象

（10）在 PowerPoint 2010 中，幻灯片母版是模板的一部分，它存储的信息不包括（　　）。
　　A．文稿内容　　　　　　　　　　　　　B．颜色、主题、效果和动画
　　C．文本和对象占位符的大小　　　　　　D．文本和对象在幻灯片上的放置位置

（11）PowerPoint 2010 提供了多种（　　），它包含了相应的配色方案、母版和字体样式等，可供用户快速生成风格统一的演示文稿。
　　A．版式　　　　　　　B．模板　　　　　　　C．背景　　　　　　　D．幻灯片

（12）在 PowerPoint 2010 中，演示文稿中的每一张演示的单页称为（　　），它是演示文稿的核心。
　　A．版式　　　　　　　B．模板　　　　　　　C．母版　　　　　　　D．幻灯片

（13）在 PowerPoint 2010 中，"设置放映方式"不能设置（　　）。
　　A．演示文稿循环放映　　　　　　　　　B．演示文稿的放映类型
　　C．幻灯片的换片方式　　　　　　　　　D．幻灯片切换的声音效果

（14）在 PowerPoint 2010 中，为精确控制幻灯片的放映时间，可使用（　　）功能。

        A．幻灯片效果切换         B．自定义动画

        C．排练计时         D．录制旁白

（15）在 PowerPoint 2010 中，若想在一屏内观看多张幻灯片的大致效果，可采用的方法是（　　）。

        A．缩小幻灯片         B．切换到幻灯片放映视图

        C．切换到大纲视图         D．切换到幻灯片浏览视图

（16）在 PowerPoint 2010 中，某一个 pptx 文档共有 8 张幻灯片，现选中第 4 张幻灯片，进行改变幻灯片背景设置后，单击【应用】按钮，以下哪些幻灯片的背景会改变？（　　）

        A．第 4 张         B．第 4 张到第 8 张

        C．第 1 张到第 4 张         D．所有幻灯片

（17）在 PowerPoint 2010 中，用户设置幻灯片放映时，不能做到的是（　　）。

        A．设置幻灯片的放映范围         B．选择观众自行浏览方式放映

        C．设置放映幻灯片大小的比例         D．选择以演讲者放映方式放映

（18）在 PowerPoint 2010 中，下列关于演示文稿和幻灯片的叙述中，不正确的是（　　）。

        A．一个演示文稿对应一个义件         B．每个对象由若干张幻灯片组成

        C．一张幻灯片对应演示文稿中的一页       D．一个演示文稿由若干张幻灯片组成

（19）下列关于 PowerPoint 2010 幻灯片放映的叙述中，不正确的是（　　）。

        A．可以进行循环放映

        B．可以自定义幻灯片放映

        C．只能从头开始放映

        D．可以使用排练计时功能，实行幻灯片自动放映

（20）在 PowerPoint 2010 中，如果每张幻灯片中的图表和数据太多，放映时给人非常凌乱的视觉感受，为使其能给人优美的视觉感受，合理的做法是（　　）。

        A．用动画分批展示图表和数据

        B．减小字号，重新排版，以容纳所有表格和数据

        C．制作统一的模板，保持风格一致

        D．以多种颜色和不同的背景图案展示不同的表格

## 二、操作题

在网上收集资料，制作一个演示文稿，要求含有以下操作或内容。

（1）设计一个有个性的、丰富多彩的母版。

（2）为每一张幻灯片选择合适的版式，制作美观大方的幻灯片页面。

（3）设置必要的超链接。

（4）插入声音文件、视频文件。

（5）设置精美的动画效果。

（6）设置幻灯片自动切换。

（7）设置合适的幻灯片切换效果。

（8）对演示文稿进行排练计时。

（9）将演示文稿制作成视频文件。

（10）将演示文稿进行打包。

# 项目十四

## Access数据库应用

**14**

项目目标

数据库（Database，DB），顾名思义，就是组织、存储和管理数据的仓库。数据库分为层次型、网状形、关系型 3 类，其中关系型数据库应用得最为广泛，Access 数据库就是关系数据库。本项目通过制作数据表"图书""销售记录""销售人员"，帮助读者熟练掌握 Access 数据库的应用。

相关知识

※ 数据库基本知识

※ 创建 Access 数据表

※ 创建 Access 查询

※ 创建 Access 窗体

※ 创建 Access 报表

---

### 任务一　掌握数据库基本知识

#### 一、实体、实体的属性

实体是现实世界中任何存在且可以相互区分的事物，它可以是客观对象，如学生、教师、图书等，也可以是抽象的事件，如一次借书记录、一场足球比赛。

实体都具有一定的属性特征，例如"学生"这个实体，就具备"姓名、性别、身高、体重、出生日期、民族、家庭住址、身份证号码、班级、学号"等诸多属性。数据库中，每个实体都可选择若干有用的属性来刻画该实体，比如创建一个管理成绩的数据库，要描述学生这个实体，用"姓名、性别、班级、学号"这 4 个属性即可。

#### 二、实体间的联系

实体间的联系是指一个实体集中的一个实体与另一个实体集中的多少个实体存在联系。实体间的联系有 3 种：一对一、一对多、多对多。

例如，一个班级有许多学生，一个学生只能属于某一个班级，所以班级和学生之间的关系就是一对多的关系。

再如，一个教师可以教授多个学生、一个学生也可以被多个老师教授，所以，学生和教师之间的关系是多对多的关系。

#### 三、数据库对象

打开文件"图书销售.accdb"，了解 Access 的工作界面，除去常规的标题栏、选项卡区、功能区、状态栏外，其个性化部分就是导航窗格和编辑窗格。导航窗格列出数据库中所有对象，Access 对象主要有 4 类：表、查询、窗体、报表，如图 14-1 所示。

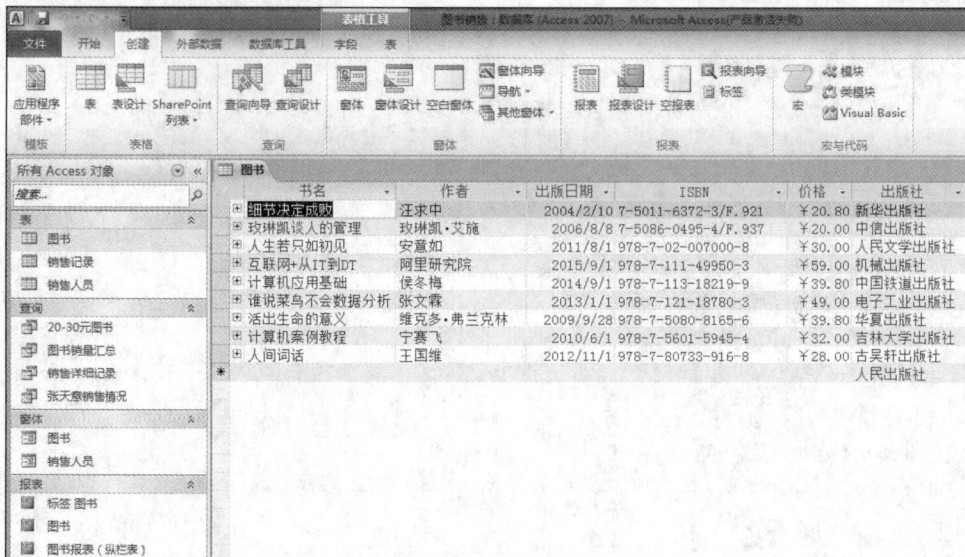

图 14-1　Access 窗口

双击导航窗格中的某一对象，可在编辑窗格打开该对象进行编辑。编辑窗格右上角的【关闭】按钮是用于关闭当前对象的，标题栏上的【关闭】按钮是用于关闭数据库文件的。

## 四、数据表、记录、字段

数据表（简称表）是最基本的 Access 对象，用于存储数据用。一般情况下，一个数据库文件会包含若干表，一个表只存储一类实体，表中的每一行数据都描述了这个实体中的一个个体，这一行数据在数据库中称作一条记录；表中的每一列数据都对应实体的一个属性，在数据库中称作一个字段，第一行叫字段名，如图 14-2 所示。

图书

| 书名 | 作者 | 出版日期 | ISBN | 价格 | 出版社 |
|---|---|---|---|---|---|
| 细节决定成败 | 汪求中 | 2004-2-10 | 7-5011-6372-3/F.921 | ¥20.80 | 新华出版社 |
| 玫琳凯谈人的管理 | 玫琳凯·艾施 | 2006-8-8 | 7-5086-0495-4/F.937 | ¥20.00 | 中信出版社 |
| 人生若只如初见 | 安意如 | 2011-8-1 | 978-7-02-007000-8 | ¥30.00 | 人民文学出版社 |
| 互联网+从IT到DT | 阿里研究院 | 2015-9-1 | 978-7-111-49950-3 | ¥59.00 | 机械出版社 |
| 计算机应用基础 | 侯冬梅 | 2014-9-1 | 978-7-113-18219-9 | ¥39.80 | 中国铁道出版社 |
| 谁说菜鸟不会数据分析 | 张文霖 | 2013-1-1 | 978-7-121-18780-3 | ¥49.00 | 电子工业出版社 |
| 活出生命的意义 | 维克多·弗兰克林 | 2009-9-28 | 978-7-5080-8165-6 | ¥39.80 | 华夏出版社 |
| 计算机案例教程 | 宁赛飞 | 2010-6-1 | 978-7-5601-5945-4 | ¥32.00 | 吉林大学出版社 |
| 人间词话 | 王国维 | 2012-11-1 | 978-7-80733-916-8 | ¥28.00 | 古吴轩出版社 |

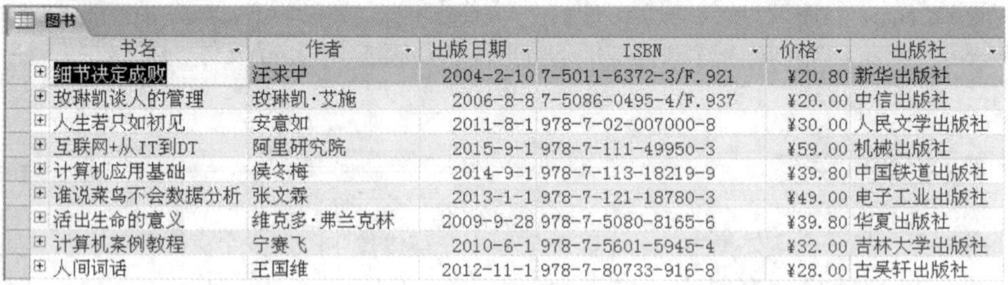

图 14-2　数据表

# 任务二　创建 Access 数据表

## 一、新建数据库文件

（1）如果 Access 已经启动，单击【文件】|【新建】；如果 Access 没有启动，则单击【开始】

|【所有程序】|【Microsoft Office】|【Microsoft Access 2010】。

（2）修改模板中默认的"空数据库"的文件名为"图书销售.accdb"，accdb 为其扩展名；并修改保存位置，如图 14-3 所示。

图 14-3　创建空白数据库

（3）单击【创建】，得到一个名为"图书销售.accdb"的数据库文件，默认状态下，该文件下有一个名为"表 1"的空白数据表，如图 14-4 所示。

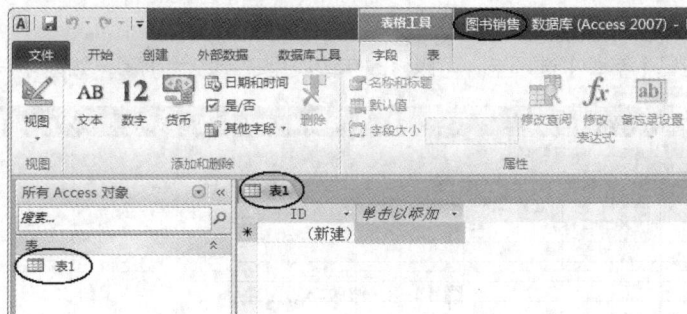

图 14-4　空白数据表

在编辑窗格里，右击"表 1"，在快捷菜单中选择【保存】命令，在"另存为"对话框中输入表的名称"图书"，如图 14-5 所示。

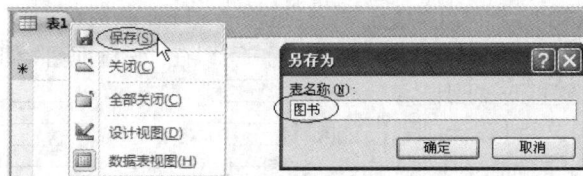

图 14-5　保存表

提示：要删除或重命名某张表，必须先在编辑窗格"关闭"该表，然后在导航窗格右击该表，选择相应的命令来完成。

## 二、设置字段类型、字段名

在设计表的时候，不仅要确定表的字段名称，而且要确定每个字段的数据类型，Access 中的数据类型分为：数字、文本、备注、日期/时间、货币、自动编号、是/否、附件、OLE 对象和超链接等。

在编辑窗格中完成以下字段的设置。

| 字段名 | 书名 | 作者 | 出版日期 | ISBN | 价格 | 出版社 |
|---|---|---|---|---|---|---|
| 数据类型 | 文本 | 文本 | 日期/时间 | 文本 | 货币 | 文本 |

（1）单击【单击以添加】按钮，选择字段的类型为【文本】，输入字段名"书名"替换默认的字段名"字段1"，如图 14-6 所示。

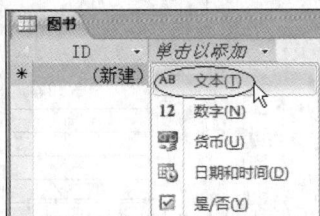

图 14-6　设置字段"书名"

（2）依此类推，完成其他字段类型的选择和字段名的输入，结果如图 14-7 所示。

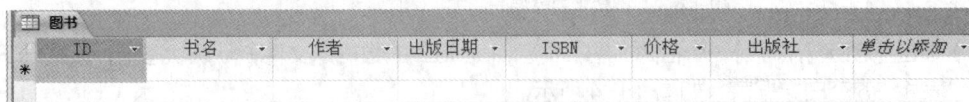

图 14-7　设置其他字段

（3）单击表格工具【字段】选项卡，可以修改字段类型、字段大小等，如图 14-8 所示。

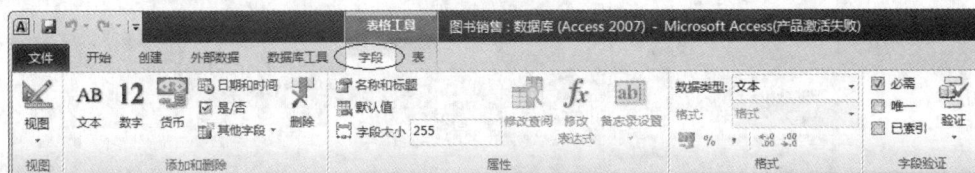

图 14-8　修改字段属性

## 三、设置主键

数据表中某个字段如果能唯一标识一条记录，该字段就可以成为一个主键。一个表只能有一个主键，主键的值不可以重复且不允许取空值（Null）。

默认情况下使用自动编号的 ID 字段作为主键，用户可以在"设计视图"修改主键。被设置主键的字段将显示一把钥匙🔑。

（1）右击表"图书"，选择【设计视图】，如图 14-9 所示。

（2）右击字段"ISBN"，选择【主键】命令，如图 14-10 所示。

（3）主键修改后，原来自动编号的 ID 字段就没有存在的必要了，利用快捷菜单中的【删除行】命

令将其删除，如图 14-11 所示。

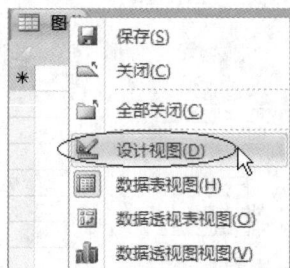

图 14-9　进入设计视图　　　　图 14-10　设置 ISBN 为主键　　　　图 14-11　删除 ID 字段

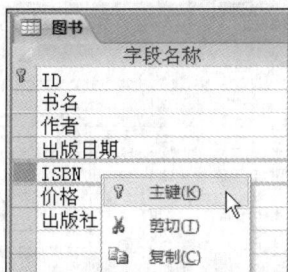

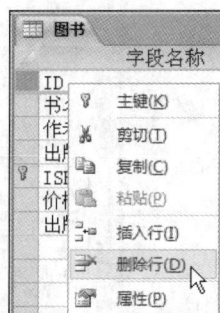

（4）选一本教材，将其信息添加到表"图书"中。

## 四、导入外部数据

### 1. 导入 Excel 数据到表"图书"

（1）单击【外部数据】|【Excel】，如图 14-12 所示。

（2）选择文件"图书销售.xlsx"，并选择【向表中追加一份记录的副本】选项，被追加的表为"图书"，如图 14-13 所示。

（3）选择数据为 Excel 文件中的工作表"图书"，如图 14-14 所示。

图 14-12　导入 Excel 数据

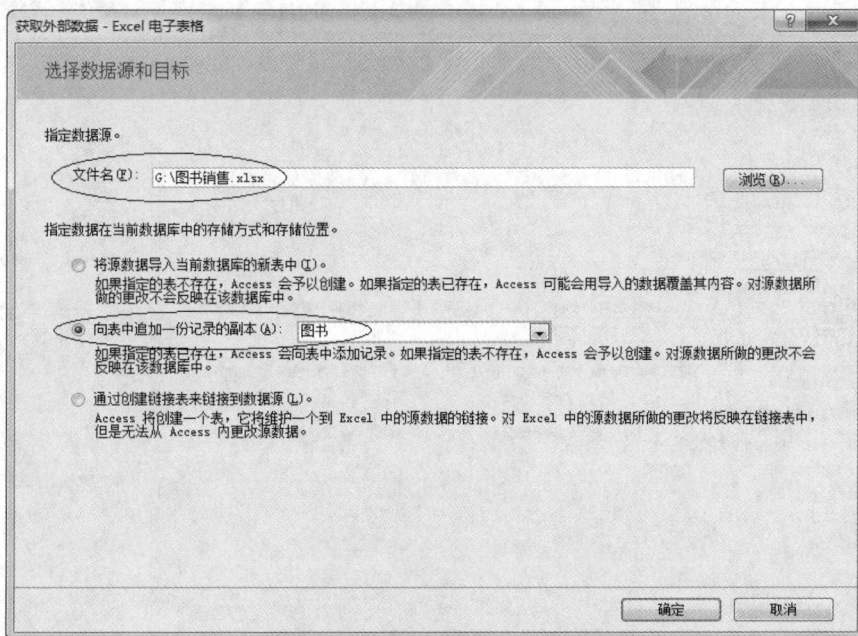

（4）因为 Excel 工作表"图书"中的字段与 Access 数据表"图书"的字段完全一致，所以我们直接单击图 14-14 所示的【完成】按钮即可，如图 14-15 所示。

图 14-13　指定数据源和目标位置

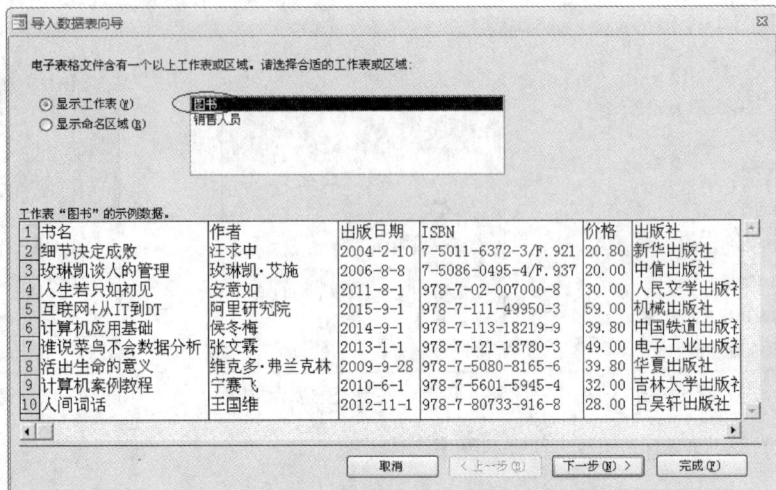

图 14-14　选择要导入的工作表

图 14-15　导入数据后的表"图书"

### 2. 导入 Excel 数据到新表

（1）单击【外部数据】|【Excel】，选择文件"图书销售.xlsx"，并选择【将源数据导入当前数据库的新表中】选项，如图 14-16 所示。

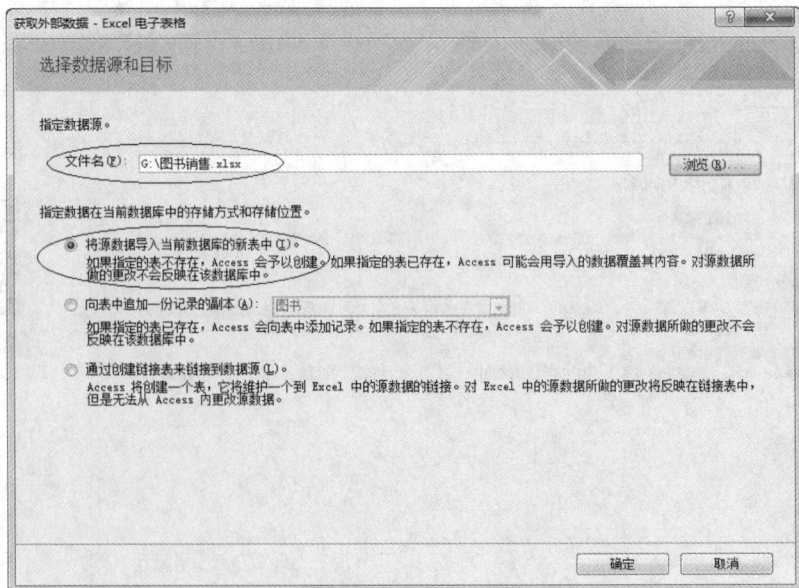

图 14-16　指定数据源和目标位置

（2）确定需要导入的数据为 Excel 文件中的工作表"销售人员"，如图 14-17 所示。

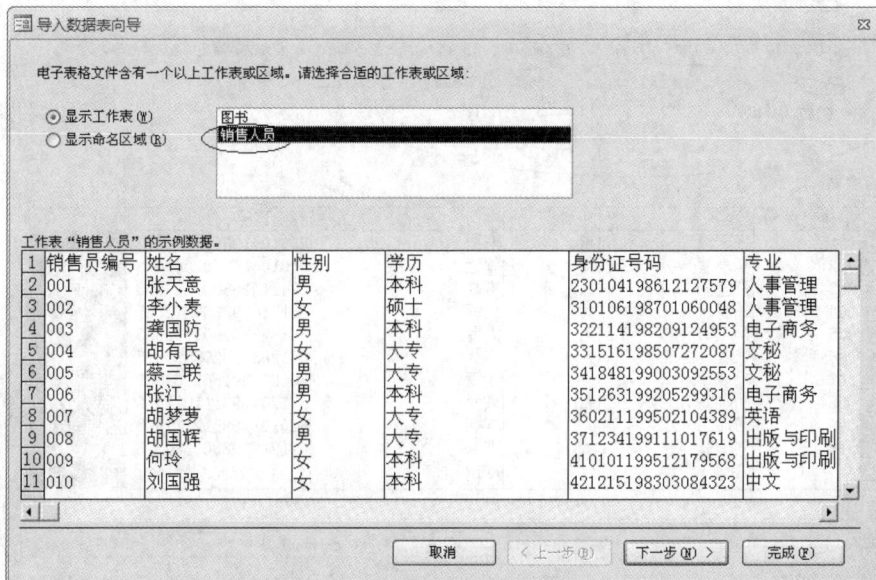

图 14-17 选择工作表"销售人员"

（3）下一步，确定导入的数据"第一行包含列标题"，如图 14-18 所示。

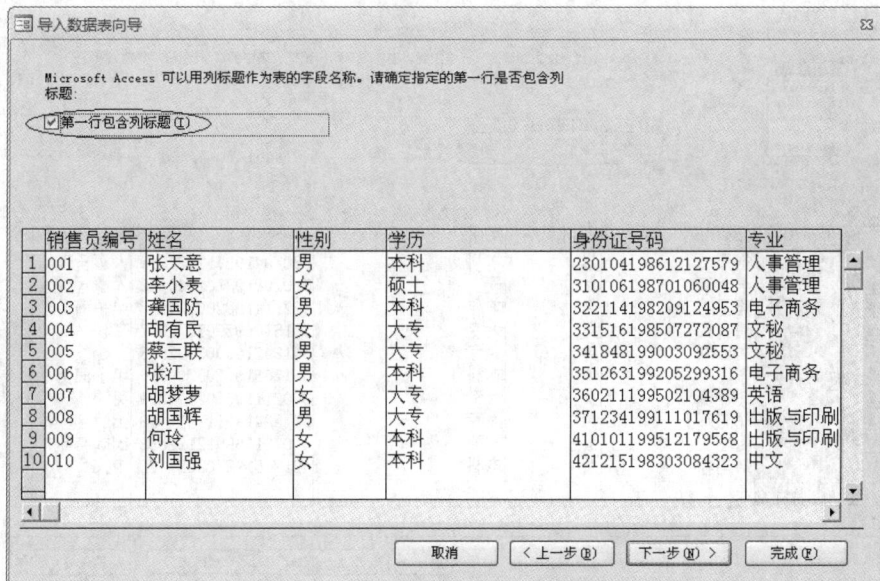

图 14-18 勾选【第一行包含列标题】选项

（4）下一步，确定需要的字段及其数据类型，不需要的字段可以选择不导入。此处前面字段均不做修改，选择"专业"字段，单击选中【不导入字段】选项，如图 14-19 所示。

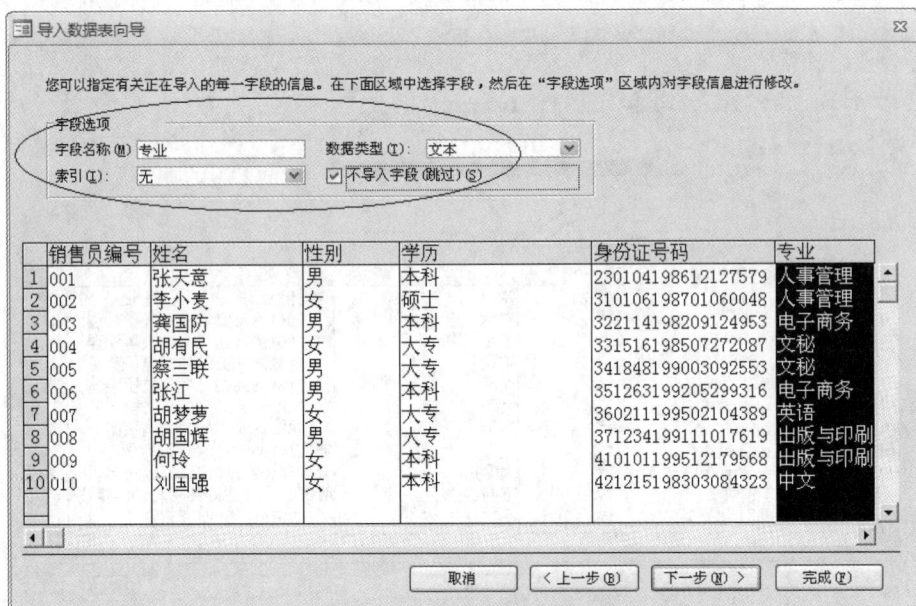

图 14-19　不导入"专业"字段

（5）下一步，确定主键为"销售员编号"，如图 14-20 所示。

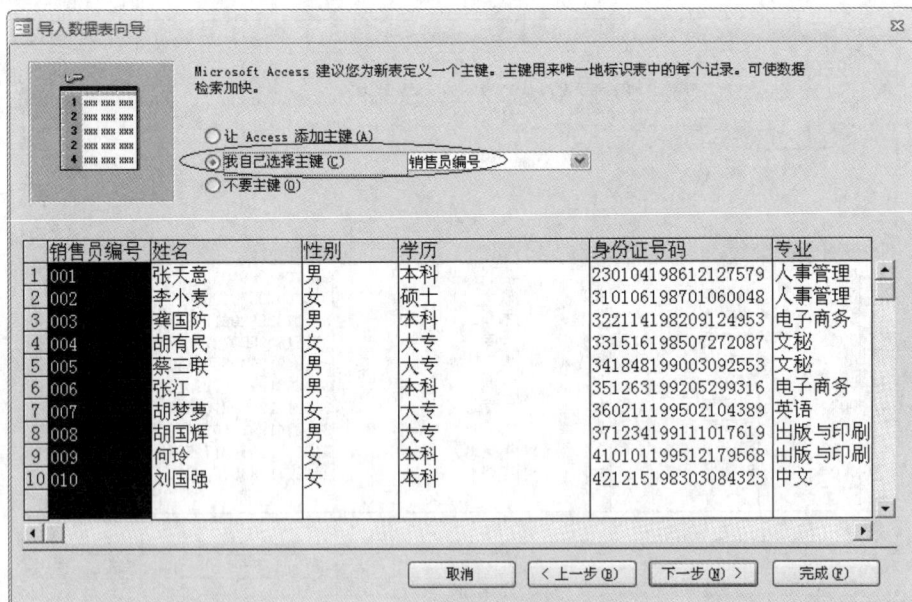

图 14-20　确定主键

（6）下一步，确定新数据表的名称为"销售人员"，如图 14-21 所示。

（7）完成后的数据表"销售人员"如图 14-22 所示。

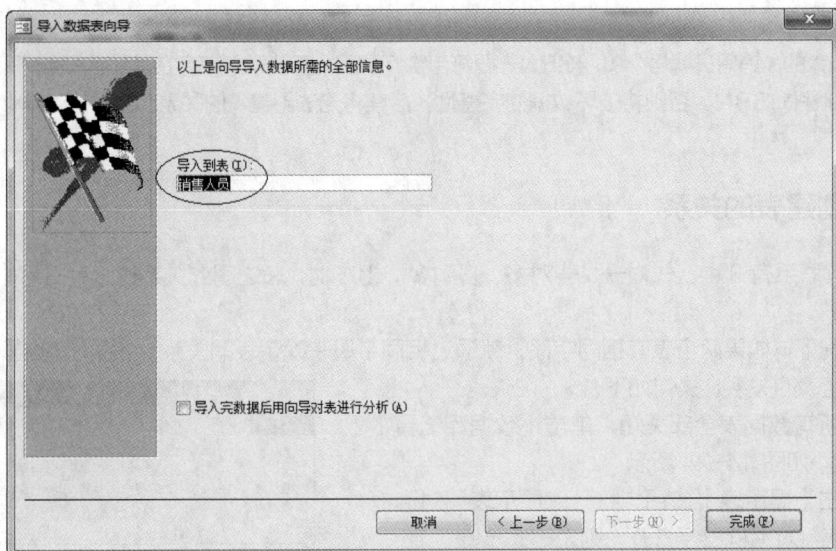

图 14-21　确定表的名称

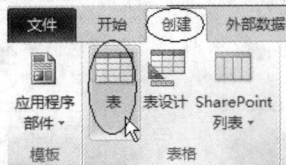

图 14-22　表"销售人员"

## 五、添加数据表

（1）单击【创建】|【表】，如图 14-23 所示，添加一张新表。

图 14-23　创建新表

（2）将新表命名为"销售记录"，给其添加如下字段。

| 字段名 | 销售记录编号 | 销售员编号 | ISBN | 销售数量 | 销售日期 |
|---|---|---|---|---|---|
| 数据类型 | 自动编号（主键） | 文本 | 文本 | 数字 | 日期/时间 |

因为一个销售人员可以有多次销售行为，一本图书也可以被重复销售，所以"销售员编号""ISBN"都可能重复，"销售数量""销售日期"也是可能重复的，这 4 个字段都不可以做主键，所以保留自动添加的字段"ID"，但将其字段名改成"销售记录编号"，数据类型仍然为"自动编号"。

（3）给表"销售记录"添加若干记录。

> **注意** 录入的"销售员编号"和"ISBN"要符合实际情况，不能录入不存在的销售员编号和不存在的图书 ISBN，否则将破坏数据的完整性，后续将无法创建表的关系。

## 六、创建表的关系

实体间的联系有 3 种：一对一、一对多、多对多。相应地，表之间的关系也分为 3 种：一对一、一对多、多对多。

通常情况下，如果两个表有相同字段，就通过相同字段来确定表的关系，如果没有相同字段，则通过主键来确定表的关系。操作如下。

（1）将所有数据表全部关闭，单击【数据库工具】|【关系】命令，如图 14-24 所示。

（2）单击【显示表】按钮，打开"显示表"对话框。如果"显示表"对话框已经打开，则忽略此步骤。

图 14-24　创建数据库关系

（3）依次双击"显示表"对话框中的表"图书""销售记录""销售人员"，将它们添加到编辑窗口，如图 14-25 所示。然后关闭"显示表"对话框。

（4）"图书"和"销售记录"2 张表有一个相同字段"ISBN"，用鼠标抓住"图书"的 ISBN 字段，将其拖到"销售记录"的 ISBN 上，随后会自动打开"编辑关系"对话框，对话框的下面显示 2 张表的关系为"一对多"，勾选该对话框中【实施参照完整性】和【级联更新相关字段】选项，如图 14-26 所示。

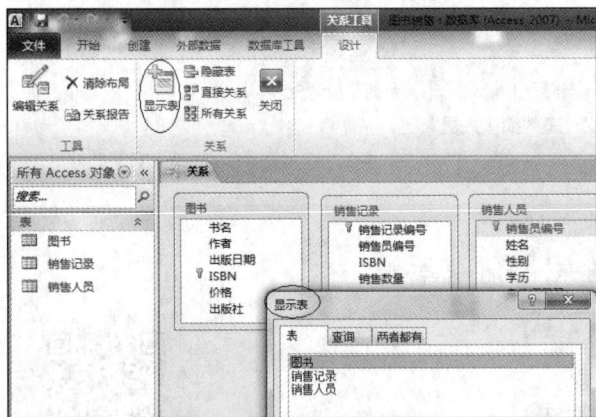

图 14-25　添加表到编辑窗口

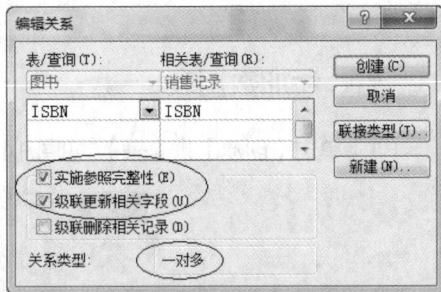

图 14-26　勾选【实施参照完整性】
【级联更新相关字段】选项

补充：选择【实施参照完整性】意味着 2 个表中的 ISBN 字段必须一致；选择【级联更新相关字段】意味着如果"图书"中某本图书的 ISBN 发生改变，系统会自动修正"销售记录"中该书的 ISBN；不选择【级联删除相关记录】是因为有时一本书从"图书"中删除了，但这本书过去的销售记录还要保存下来。

（5）把表"销售记录"上的"销售员编号"拖到表"销售人员"上的"销售员编号"上，同样勾选【实施参照完整性】和【级联更新相关字段】选项。最后，这 3 张表之间的关系如图 14-27 所示。

分析：ISBN 在表"图书"中不能重复，在表"销售记录"中可以重复，所以表"图书"和表"销售记录"是一对多的关系。

"销售员编号"在表"销售人员"中不能重复，在表"销售记录"中可以重复，所以表"销售人员"和表"销售记录"也是一对多的关系。

表"图书"和"销售记录"、"销售人员"和"销售记录"的关系创建好了之后,"图书"和"销售人员"之间也就有了关系,无须再创建了。事实上,一本图书可以被多个销售人员销售,一个销售人员亦可销售多本图书,所以"图书"和"销售人员"是多对多的关系。

(6)如果要删除某个关系,可以在该关系线上右击鼠标,在弹出的快捷菜单中选择【删除】命令,如图 14-28 所示。

图 14-27 表"图书""销售记录""销售人员"之间的关系    图 14-28 删除关系

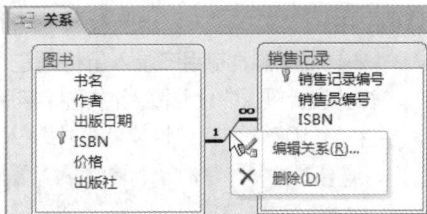

## 七、主键与外键

虽然数据表可以没有主键,但应尽量给表设置主键。通常情况下,我们选择一个字段作为主键,但如果某数据表中需要多个字段组合才能唯一标识一条记录,那么可以将这个字段组合设置为主键。

比如,某个成绩管理数据库中有一个记录学生成绩的表"成绩",该表有 5 个字段(学号、姓名、课程编号、课程名称、分数),这 5 个字段都不是唯一的,"学号"和"课程编号"的组合才可以唯一标识一条记录,所以"学号"和"课程编号"的组合就是这个表的主键。

如果某字段是 A 表的主键,同时它又出现在 B 表中但不是 B 表的主键,那么该字段就是 B 表的外键。

例如,"图书"表中的"ISBN"是主键,"销售记录"中的也有"ISBN"这个字段,但不是其主键,则"ISBN"字段是"销售记录"的外键。

主键和外键的区别如下。

(1)主键是能确定一条记录的唯一标识。

(2)外键用于与另一张表关联,保持数据的完整性。

(3)一个表只能有一个主键,而外键可以有多个。

## 八、索引

设置索引是为了提高查找效率,假如数据表中某个字段的索引被设置为"有",那么会显著加快查询的速度,当然我们一般并不需要了解程序是如何加快查询速度的。一个表可以设置多个索引,但是设置过多的索引会占用程序过多的资源,反而使速度下降。

如果表的主键是单个字段,Access 会自动将该字段的索引属性设置为"有(无重复)",如表"图书"中的字段"ISBN"。

一般来说,某个字段经常需要查询,而且内容较多,就建议给其添加索引。例如,我们经常要根据书名查找图书,那么可以为表"图书"中的字段"书名"设置索引,但书名可能重复,所以应该设置为"有(有重复)"。

所以,索引可分为以下 3 种。

(1)普通索引,设置为"有(有重复)"的索引,一个表可以有多个普通索引。

(2)唯一索引,设置为"有(无重复)"的索引,一个表也可以有多个唯一索引。

(3)主索引,既是主键又是索引的索引,一个表只能有一个主索引,一个表若设置了多个索引,则当前起作用的只能是主索引。

## 九、数据录入技巧

（1）如果大部分图书的出版社是某一个出版社，可以将这个出版社设置为字段"出版社"的默认值，操作如下。

进入表"图书"的设计视图，在上面窗格中选中字段"出版社"，在下面网格的【常规】选项卡"默认值"中输入文本"人民出版社"，如图 14-29 所示。

（2）如果想限制用户录入价格超过 100 元的图书，可对字段"价格"做有效性设置，操作如下。

在"设计视图"上面窗格中选择字段"价格"，在下面网格的【常规】选项卡的"有效性规则"中输入条件"<100"，"有效性文本"中输入提示信息"价格不允许超过 100 元"，如图 14-30 所示。

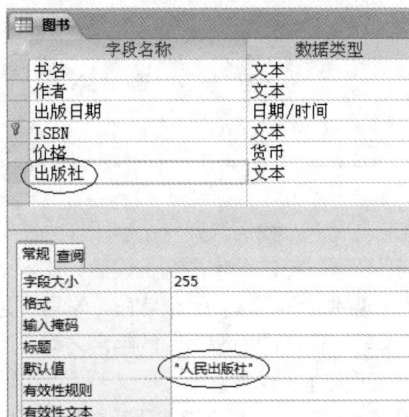

图 14-29　设置"出版社"的默认值

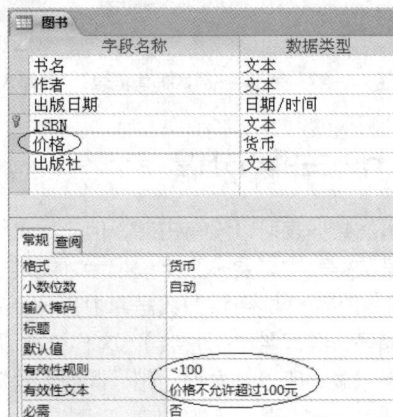

图 14-30　设置"价格"的有效性规则、有效性文本

（3）如果要限定用户输入的身份证号码必须是 18 位，可对字段"身份证号码"做有效性设置，操作如下。

在"设计视图"上面窗格中选择字段"身份证号码"，在下面网格的【常规】选项卡的"有效性规则"中输入条件"Len([身份证号码])=18"，"有效性文本"中输入提示信息"身份证号码必须是 18 位"，如图 14-31 所示。

（4）如果希望"学历"字段显示"硕士、本科、大专、其他"供用户选择，如图 14-32 所示。

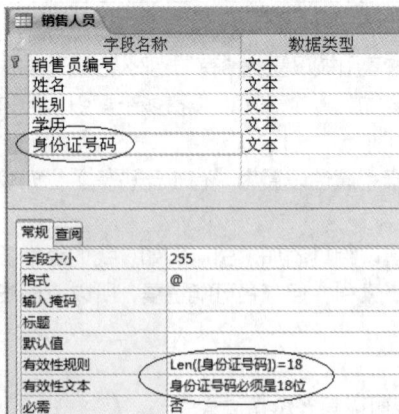

图 14-31　设置"身份证号码"的有效性规则、有效性文本

图 14-32　学历选项

操作如下。

① 进入表"销售人员"的"设计视图"，选中"学历"字段，切换至【查阅】选项卡，将"显示控

件"设置为【列表框】，如图 14-33 所示。

② 设置"行来源类型"为【值列表】，将"允许编辑列表"设置为【是】，如图 14-34 所示。

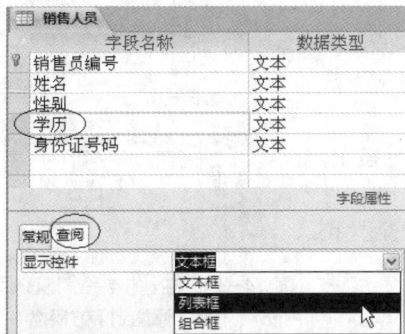

图 14-33 设置"学历"显示的控件为"列表框"

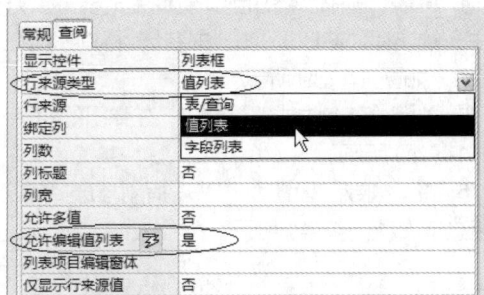

图 14-34 设置行来源类型为"值列表"

③ 单击"行来源"后面的 ... 按钮，打开"编辑列表项目"对话框。在"编辑列表项目"对话框中输入所有的学历选项（每个一行），默认值设置为"本科"，如图 14-35 所示。

（5）如果希望用户在录入销售记录时，加快字段"ISBN"的录入速度和准确性，可以设置在该字段中显示表"图书"中的"ISBN"和"书名"供用户选择，如图 14-36 所示。

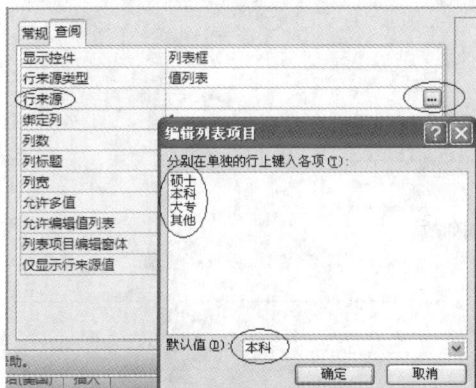

图 14-35 编辑列表选项

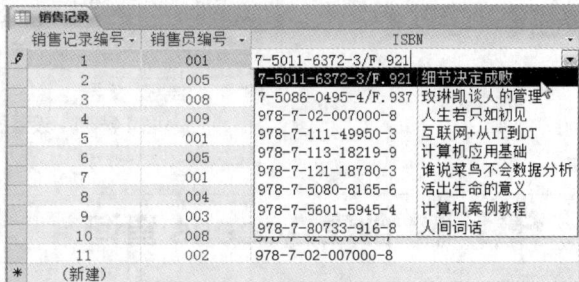

图 14-36 ISBN 选项

操作如下。

① 进入表"销售记录"的"设计视图"，选中"ISBN"字段，切换至【查阅】选项卡，将"显示控件"设置为【组合框】，如图 14-37 所示。

② 设置"行来源类型"为"表/查询"，如图 14-38 所示。

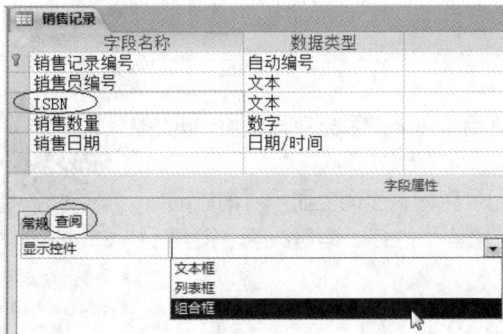

图 14-37 设置"ISBN"显示的控件为"组合框"

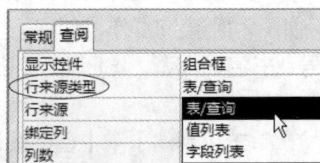

图 14-38 设置"行来源类型"为"表/查询"

③ 单击"行来源"右侧的 ⋯ 按钮，打开"销售记录：查询生成器"。

④ 将表"图书"添加到"查询生成器"上方窗口，并依次双击表"图书"的字段"ISBN"和"书名"，将其添加在"查询生成器"下方网格中，如图 14-39 所示。

⑤ 关闭"查询生成器"窗口，在弹出的对话框中单击【是】按钮，如图 14-40 所示。

⑥ 将"列数"设置为"2"（指刚才选择的 2 个字段"ISBN"和"书名"），如图 14-41 所示。

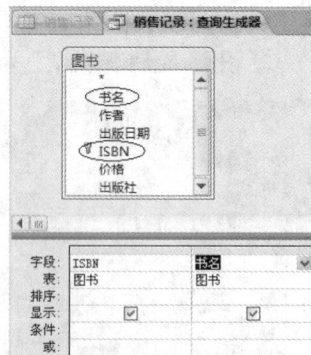

图 14-39　将上方字段"ISBN"和"书名"添加到下方网格中

图 14-40　保存查询的更改

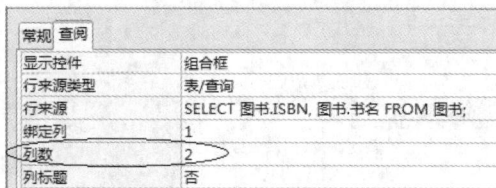

图 14-41　设置显示的列数

## 任务三　创建 Access 查询

查询就是根据给定的条件，从一个或多个数据表中找出用户需要的数据，形成一个新的数据集合。Access 查询种类较多，主要有：选择查询、交叉表查询、生成表查询、参数查询、更新查询。

创建查询有 2 种方法，一是使用"查询向导"，二是使用"查询设计"，如图 14-42 所示。

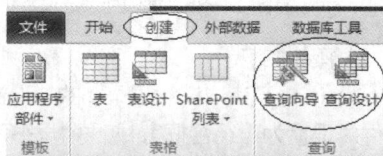

图 14-42　创建查询的 2 种方法

### 一、不带条件的选择查询

创建不带条件的查询，只需要确定查询的数据来自哪张表的哪些字段即可，非常简单，一般使用"查询设计"完成。

例如，利用查询操作，创建一个更详细的销售记录查询，查询上显示"销售记录编号、书名、作者、ISBN、价格、销售员编号、销售员姓名、销售数量、销售日期"。

不带条件的选择查询

（1）单击【创建】|【查询设计】命令，进入查询的设计视图。

（2）利用"显示表"对话框，将表"图书""销售记录""销售人员"全部添加到查询设计视图上方

窗口中；关闭"显示表"对话框后，依次双击表"销售记录"里的"销售记录编号"，表"图书"里的"书名""作者""ISBN""价格"，表"销售人员"里的"销售员编号""姓名"，表"销售记录"里的"销售数量""销售日期"，将这 9 个字段依次添加到下方网格中，如图 14-43 所示。

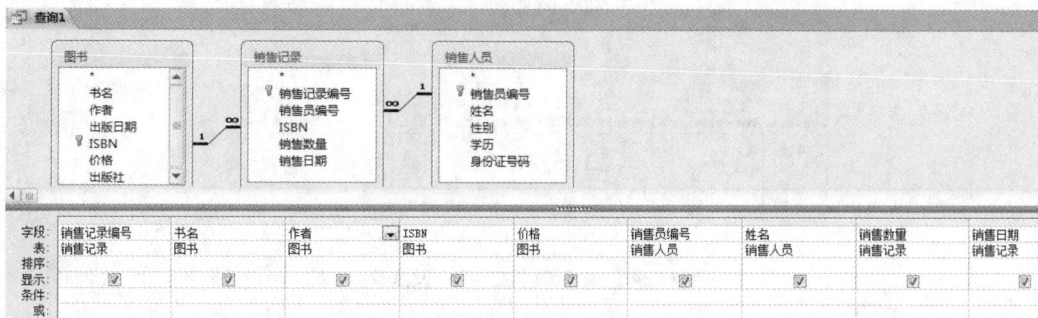

图 14-43　给查询添加字段

（3）将所得查询改名为"销售详细记录"，并查看其"数据表视图"（见图 14-44）。

图 14-44　销售详细记录

## 二、带条件的选择查询

在查询操作中，带条件的查询是大量存在的，这时可以在查询设计窗口下方网格中设置查询的具体条件。

查询条件举例如下。

| 表达式 | 含义 |
| --- | --- |
| >100 | 字段的值大于 100 |
| >100 and <=200 | 字段的值大于 100 且小于或等于 200 |
| <100 or >200 | 字段的值小于 100 或者大于 200 |
| Between 20 And 30 | 字段的值介于 20~30 之间（含 2 个端点） |
| "新华出版社" | 字段值为字符"新华出版社" |
| Like "*计算机*" | 字段值包含字符"计算机" |
| Len([姓名])=2 | "姓名"这个字段中字符长度为 2 |

例 1：查询价格在 20 到 30 元之间的图书，并列出书名、作者、ISBN、价格。

（1）单击【创建】|【查询设计】命令，进入查询设计窗口。

（2）将表"图书"添加到查询设计窗口上方窗口中。

（3）关闭"显示表"对话框后，依次双击表"图书"中的字段"书名""作者""ISBN""价格"，将这 4 个字段添加到下方网格中。最后，在字段"价格"的"条件"一栏中输入条件"Between 20 And 30"，如图 14-45 所示。

带条件的选择查询

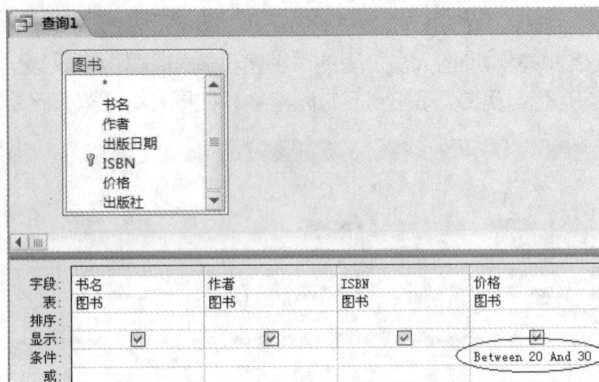

图 14-45　给查询添加字段、设置条件

（4）将查询命名为"20~30 元图书"，该查询的"数据表视图"如图 14-46 所示。

图 14-46　20~30 元图书

例 2：查询张天意的销售情况，并列出书名、ISBN、销售数量、销售日期。

（1）单击【创建】|【查询设计】命令，进入查询设计窗口。

（2）将表"图书""销售人员""销售记录"全部添加到查询设计窗口上方窗口中。

（3）关闭"显示表"对话框后，依次双击表"销售人员"中的"姓名"，表"图书"中的"书名"和"ISBN"，表"销售记录"中的"销售数量""销售日期"，将这 5 个字段添加到下方网格中。最后，在"姓名"字段的"条件"一栏中输入条件"张天意"，如图 14-47 所示。

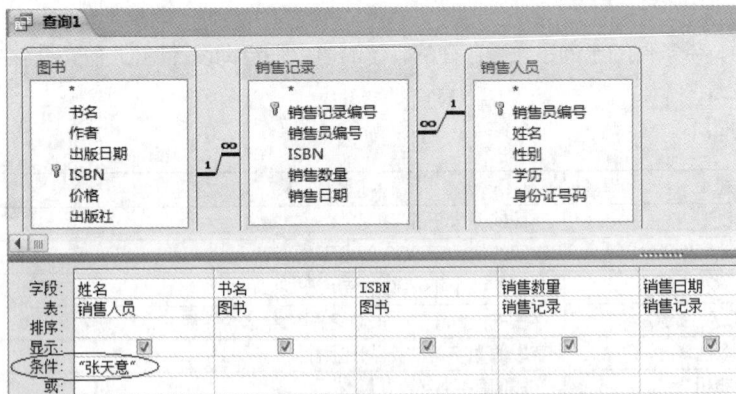

图 14-47　给查询添加字段、设置条件

（4）将查询命名为"张天意销售情况"，并查看其"数据表视图"效果，如图 14-48 所示。

图 14-48　张天意销售情况

### 三、带分组的选择查询

创建带分组的查询，一般使用"查询向导"实现。

例如，基于表"图书"和"销售记录"，创建一个统计每本图书总销售的查询，列出每本书的书名、ISBN、价格、总销售量。

（1）单击【创建】|【查询向导】命令。

（2）选择查询的类型为【简单查询向导】，如图 14-49 所示。

图 14-49 选择【简单查询向导】

（3）先从表"图书"中选择"书名""ISBN""价格"，将其移到右边列表框中，再从表"销售记录"中选择"销售数量"将其移到右边列表框中，如图 14-50 所示。

（4）因为同一本书可能重复销售，建议对其进行汇总。所以先选择【汇总】项，再单击【汇总选项】按钮，如图 14-51 所示。

带分组的选择查询

图 14-50 选择查询所需字段

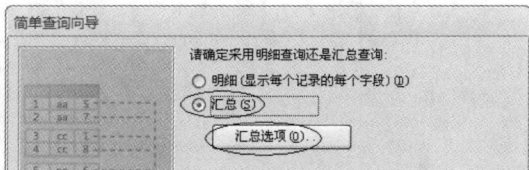

图 14-51 单击【汇总选项】按钮

（5）在"汇总选项"对话框中勾选【汇总】项，如图 14-52 所示。

（6）将查询的标题修改为"图书销量汇总"，并查看其数据表视图，如图 14-53 所示。

图 14-52 勾选【汇总】销售数量

图 14-53 图书销量汇总

| 书名 | ISBN | 价格 | 销售数量 |
| --- | --- | --- | --- |
| 互联网+从IT到DT | 978-7-111-49950-3 | ￥59.00 | 2000 |
| 活出生命的意义 | 978-7-5080-8165-6 | ￥39.80 | 12000 |
| 计算机应用基础 | 978-7-113-18219-9 | ￥39.80 | 3000 |
| 人间词话 | 978-7-80733-916-8 | ￥28.00 | 2000 |
| 人生若只如初见 | 978-7-02-007000-8 | ￥30.00 | 8000 |
| 细节决定成败 | 7-5011-6372-3/F.921 | ￥20.80 | 6000 |

## 任务四 创建 Access 窗体

窗体是用户与数据库系统交互的重要对象，通过窗体，用户可以方便地对数据进行浏览、编辑、查找等操作。使用窗体输入数据，比直接在表中输入数据更加直观方便，可以提高数据输入的准确性。

创建窗体的方式较多，本书给大家介绍 2 种简单的创建方式，一是利用"窗体"命令自动创建，二是利用"窗体向导"创建。

## 一、使用自动方式创建窗体

自动方式创建的窗体是基于一张表（或查询），由系统自动生成的，窗体将包含该表（或查询）的所有字段和记录，且布局结构简单，通常左边是字段名，右边是字段值。

例如，基于表"图书"创建窗体，操作如下。

（1）在对象窗口选择表"图书"，单击【创建】|【窗体】命令，如图 14-54 所示。

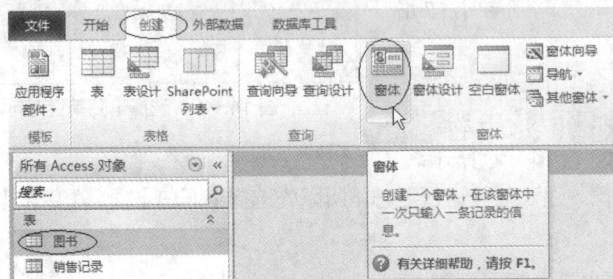

图 14-54 【创建】|【窗体】

（2）得到如图 14-55 所示窗体。

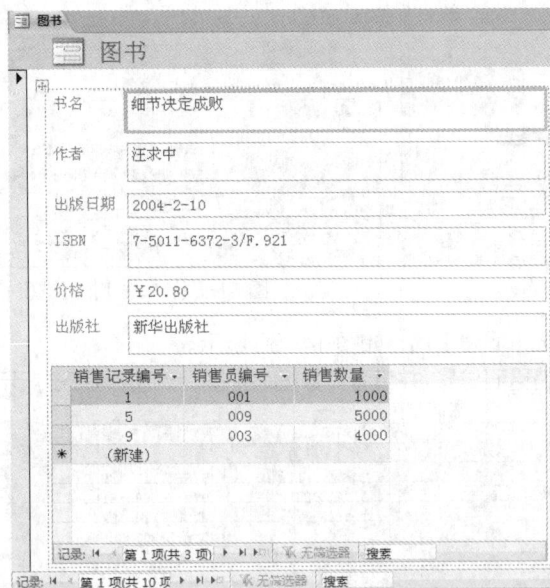

图 14-55 依据表"图书"自动创建的窗体

## 二、使用向导创建窗体

使用窗体向导，不仅可以基于一个表或多个表（或查询）创建窗体，还可以根据用户的需求选择部分字段来创建窗体。

例如，基于表"销售人员"创建一个显示"销售员编号""姓名""性别""身份证号码"的窗体，操作如下。

（1）在对象窗口选择表"销售人员"，单击【创建】|【窗体向导】命令，如图 14-56 所示。

（2）选择窗体所需的字段"销售员编号""姓名""性别""身份证号码"，如图 14-57 所示。

图 14-56 根据"窗体向导"创建窗体

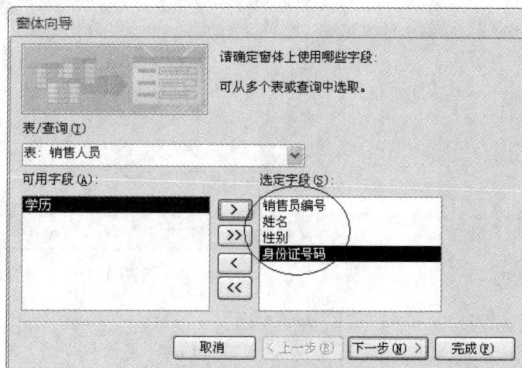

图 14-57 选择窗体所需字段

（3）下一步，确定窗体的布局为"表格"，如图 14-58 所示。

（4）下一步，为窗体指定标题"销售人员"，如图 14-59 所示。

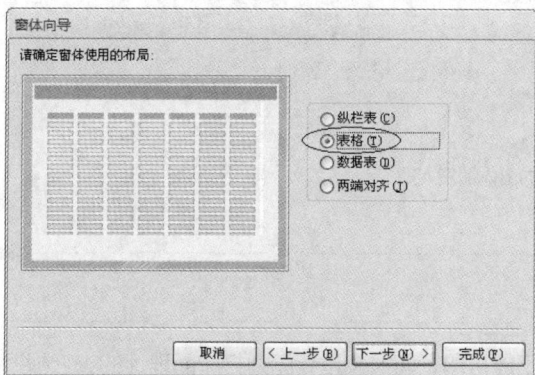

图 14-58 确定窗体的布局

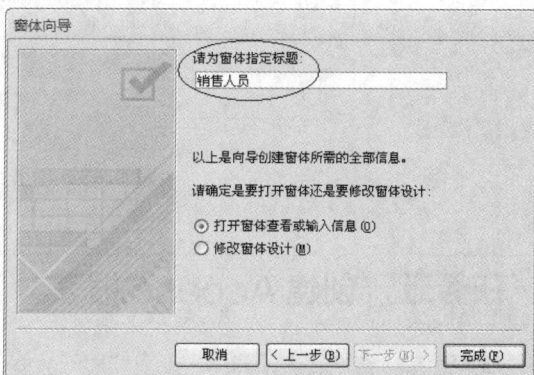

图 14-59 指定窗体的标题

（5）完成后如图 14-60 所示。

图 14-60 窗体销售人员

（6）考虑到身份证号码较长，建议修改各文本框大小。进入窗体的"设计视图"，利用鼠标调整各对象的位置和大小，如图 14-61 所示。

（7）查看其"窗体视图"，如图 14-62 所示。

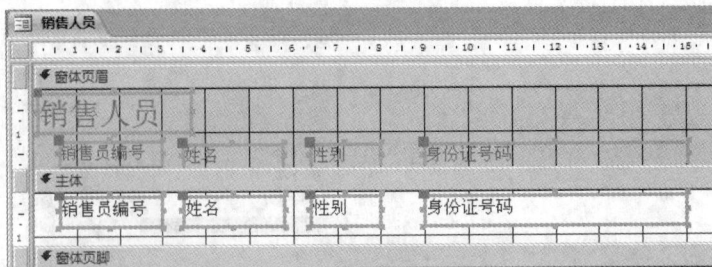

图 14-61　调整各对象的位置和大小

图 14-62　调整后的窗体销售人员

## 任务五　创建 Access 报表

　　无论是表、查询，还是窗体，都只能显示数据，不能打印，而报表是专门为打印而设计的，它根据指定规则打印输出格式化的数据信息。

　　报表和窗体的创建过程基本上是一样的，只是创建的目的不同而已，窗体是用于显示和交互，报表则用于浏览和打印。

### 一、使用自动方式创建报表

　　自动方式创建报表是基于一张表（或查询），由系统自动生成，报表将包含该表（或查询）的所有字段和记录。

　　例如，基于表"图书"创建自动报表，操作如下。

　　（1）在对象窗口选择表"图书"，单击【创建】|【报表】命令，如图 14-63 所示。

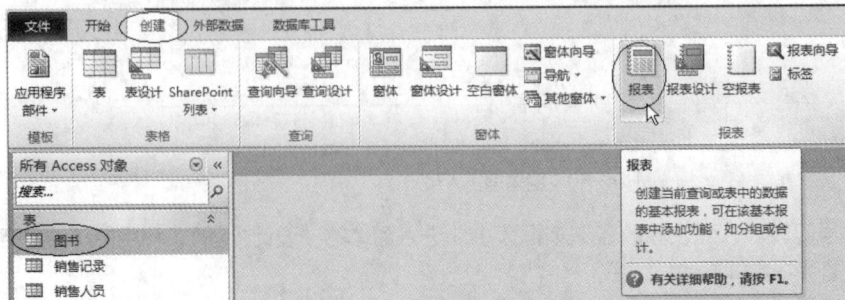

图 14-63　【创建】|【报表】

使用自动方式创建报表

（2）得到图 14-64 所示的报表。

| 书名 | 作者 | 出版日期 | ISBN | 价格 | 出版社 |
|---|---|---|---|---|---|
| 细节决定成败 | 汪求中 | 2004-2-10 | 7-5011-6372-3/F.921 | ￥20.80 | 新华出版社 |
| 玫琳凯谈人的管理 | 玫琳凯·艾施 | 2006-8-8 | 7-5086-0495-4/F.937 | ￥20.00 | 中信出版社 |
| 人生若只如初见 | 安意如 | 2011-8-1 | 978-7-02-007000-8 | ￥30.00 | 人民文学出版社 |
| 互联网+从IT到DT | 阿里研究院 | 2015-9-1 | 978-7-111-49950-3 | ￥59.00 | 机械出版社 |
| 计算机应用基础 | 侯冬梅 | 2014-9-1 | 978-7-113-18219-9 | ￥39.80 | 中国铁道出版社 |
| 谁说菜鸟不会数据分析 | 张文霖 | 2013-1-1 | 978-7-121-18780-3 | ￥49.00 | 电子工业出版社 |
| 活出生命的意义 | 维克多·弗兰克林 | 2009-9-28 | 978-7-5080-8165-6 | ￥39.80 | 华夏出版社 |
| 计算机案例教程 | 宁赛飞 | 2010-6-1 | 978-7-5601-5945-4 | ￥32.00 | 吉林大学出版社 |
| 人间词话 | 王国维 | 2012-11-1 | 978-7-80733-916-8 | ￥28.00 | 古昊轩出版社 |

图 14-64　根据"图书"创建的自动报表

## 二、使用向导创建报表

使用报表向导，可以基于一张表或多张表（或查询）创建报表，还可以根据用户的需求选择部分字段来创建报表。

下面，我们使用"报表向导"创建一个纵栏式报表，报表上显示图书的"书名、作者、ISBN、价格"，操作如下。

（1）对象窗口选择表"图书"，单击【创建】|【报表向导】命令，如图 14-65 所示。

使用向导创建报表

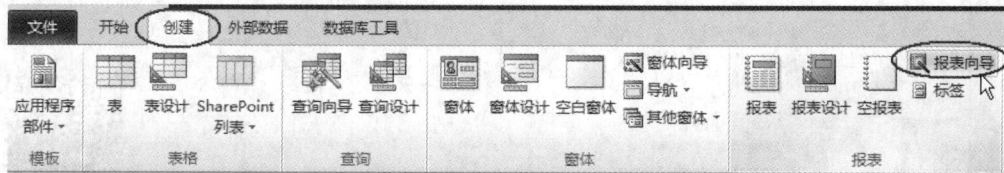

图 14-65　根据"报表向导"创建报表

（2）在"报表向导"对话框的"表/查询"中选择"表：图书"，将左边"可用字段"中的字段"书名、作者、ISBN、价格"移到右边，如图 14-66 所示。

（3）下一步，确定是否添加分组级别（此处保持默认），如图 14-67 所示。

（4）下一步，设置排序方式（此处保持默认），如图 14-68 所示。

（5）下一步，设置报表的布局为"纵栏表"，如图 14-69 所示。

（6）下一步，设置报表标题"图书报表（纵栏表）"，如图 14-70 所示。

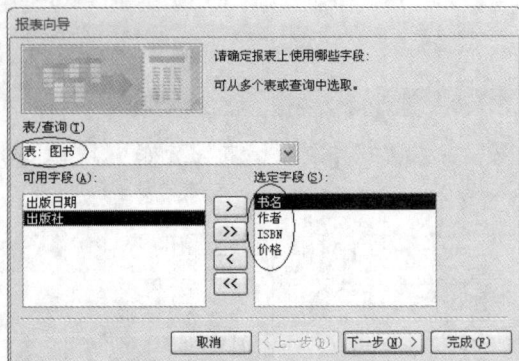

图 14-66  给报表添加字段

图 14-67  确定是否添加分组级别

图 14-68  设置排序方式

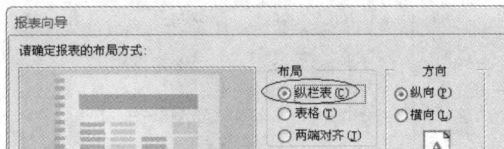

图 14-69  设置报表布局

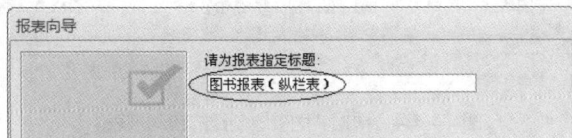

图 14-70  设置报表标题

（7）完成后报表的"打印预览"效果如图 14-71 所示。

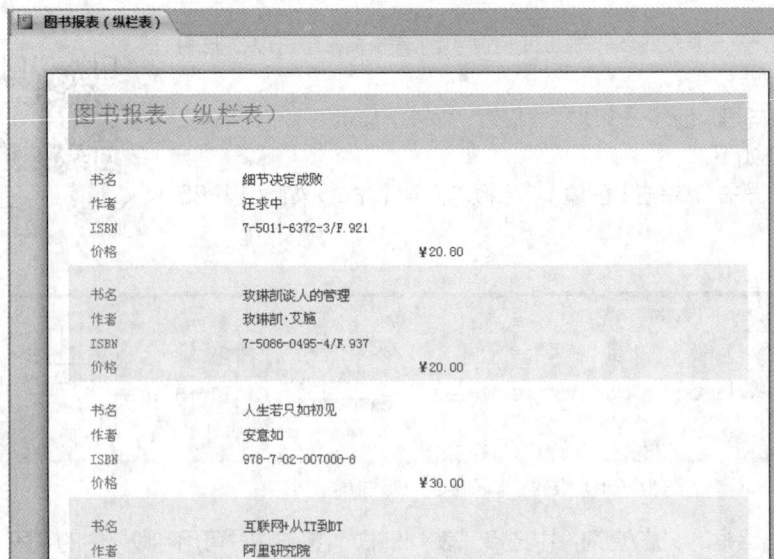

图 14-71  报表的"打印预览"效果

创建标签报表

## 三、创建标签报表

标签报表一般比较小，便于粘贴在某处。

下面我们来创建一个标签，标签上显示图书的"书名、作者、价格"，操作如下。

（1）在对象窗口选择表"图书"，单击【创建】|【标签】，如图 14-72 所示。

图 14-72　【创建】|【标签】

（2）选择标签的型号【C2180】（21mm×15mm），如图 14-73 所示。

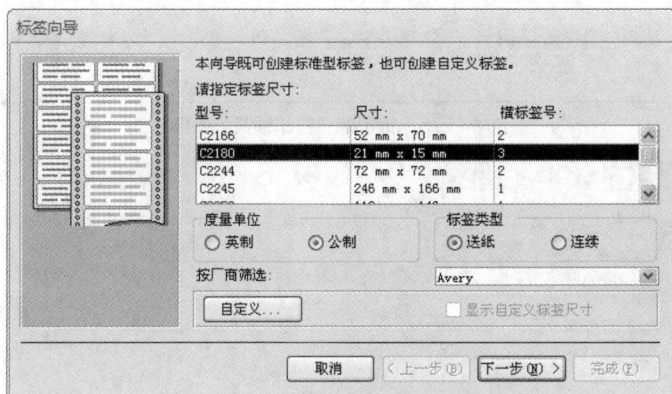

图 14-73　选择标签的型号

（3）下一步，在左边选择字段"书名"，单击中间的箭头将其移至右边；在右边文本框第 2 行输入文本"作者:"，并将左边的字段"作者"移至其后；在第 3 行输入文本"价格:"，并将左边的字段"价格"移至其后。效果如图 14-74 所示。

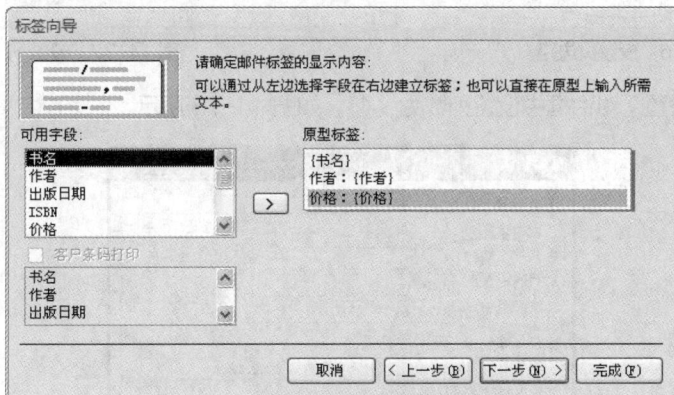

图 14-74　选择报表字段

（4）跳过后面的"排序"和"命名"步骤，直接单击【完成】按钮，标签的"打印预览"效果如图 14-75 所示。

（5）考虑到页边距过大，设置页边距为"窄"，如图 14-76 所示。

（6）页边距设为窄了之后，纸张右边空出较多空间，可以考虑设置一行打印 4 个标签。这时，单击【页面布局】组的【列】按钮，如图 14-77 所示。

**235**

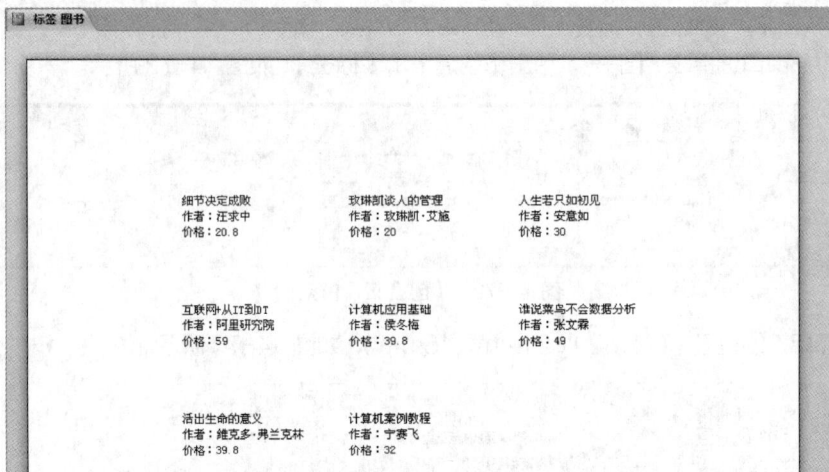

图 14-75　标签的"打印预览"效果

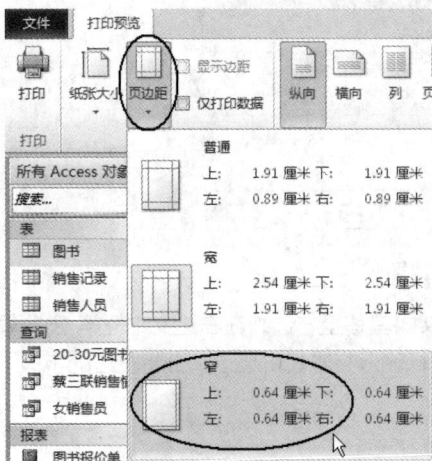

图 14-76　设置页边距

图 14-77　设置列

（7）在"页面设置"对话框中设置列数为"4"，如图 14-78 所示。

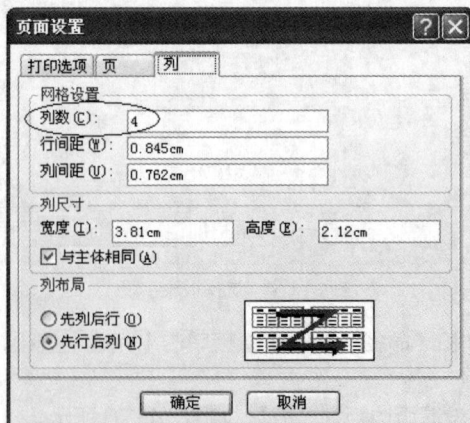

图 14-78　设置列数

（8）进入标签的"设计视图"，如图 14-79 所示，在设计视图中找到矩形控件，在标签处添加一个

矩形控件；然后右击矩形控件，在快捷菜单中选择【位置】|【置于底层】命令，将矩形置于底层，结果如图 14-80 所示。

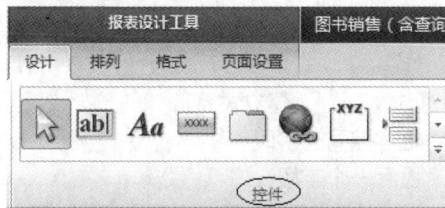

图 14-79　编辑列表项目

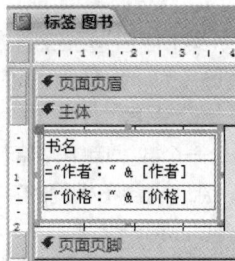

图 14-80　编辑列表项目

（9）最后，标签的"打印预览"效果如图 14-81 所示。

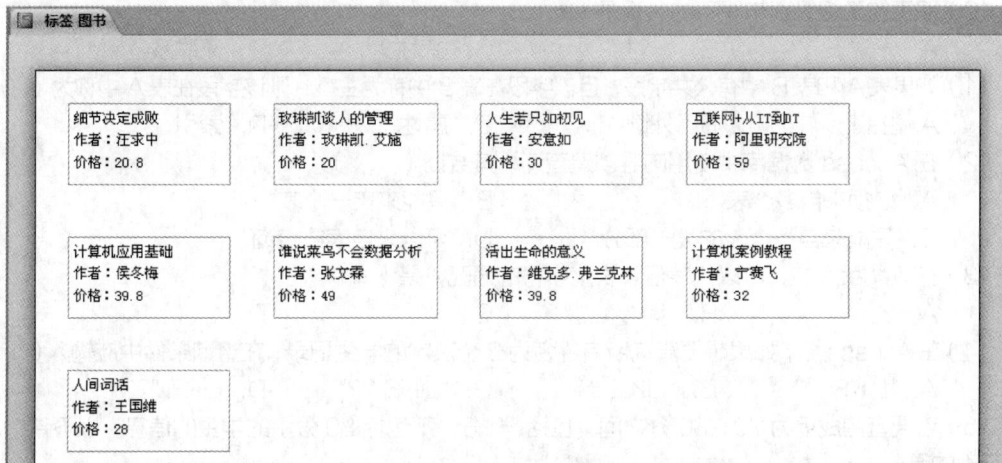

图 14-81　标签的"打印预览"

## 课后练习

### 一、单选题

（1）Access 数据库的类型是（　　　）。
　　A. 层次数据库　　　　　　　　　　B. 网状数据库
　　C. 关系数据库　　　　　　　　　　D. 面向对象数据库

（2）下列不是 Access 数据库对象的是（　　　）。
　　A. 表　　　　　　B. 查询　　　　　　C. 视图　　　　　　D. 模块

（3）Access 数据库是（　　　）的集合。
　　A. 数据　　　　　B. 数据库对象　　　C. 表　　　　　　　D. 关系

（4）下列关于表和数据库关系的叙述中，正确的是（　　　）。
　　A. 一个数据库可以包含多个表　　　B. 一个表可以包含多个数据库
　　C. 一个数据库只能包含一个表　　　D. 一个表只能包含一个数据库

（5）Access 数据库对象中，（　　　）是实际存放数据的地方。

A．表　　　　　B．模式　　　　　C．报表　　　　　D．窗体

（6）Access 管理的对象是（　　　）。

A．文件　　　　　B．数据　　　　　C．记录　　　　　D．查询

（7）某书店管理系统用（书号，书名，作者，出版社，出版日期，库存数量）一组属性来描述"图书"，宜选（　　　）作为主键。

A．书号　　　　　B．书名　　　　　C．作者　　　　　D．出版社

（8）一个数据库中存储若干个表，这些表之间可以通过（　　　）建立关系。

A．内容不相同的字段　　　　　　　　B．内容相同的字段

C．第一个字段　　　　　　　　　　　D．最后一个字段

（9）某高校数据库系统中，一个学生可以选修多门课程，一门课程也可以由多个学生选择，则学生与课程之间的关系类型为（　　　）。

A．一对一　　　　　B．一对多　　　　　C．多对一　　　　　D．多对多

（10）职工的工资级别与职工的关系是（　　　）。

A．一对一　　　　　B．一对多　　　　　C．多对多　　　　　D．无联系

（11）如果表 A 和表 B 中有公共字段，且该字段在表 B 中称为主键，则该字段在表 A 中称为（　　　）。

A．主键　　　　　B．外键　　　　　C．属性　　　　　D．索引

（12）在 Access 数据库中使用向导创建查询，其数据（　　　）。

A．必须来自多个表　　　　　　　　　B．只能来自一个表

C．只能来自一个表的某一部分　　　　D．可以来自表或查询

（13）在 Access 中，可以代表任意长度字符的通配符是（　　　）。

A．?　　　　　B．#　　　　　C．!　　　　　D．*

（14）在 Access 中，如果想要查询所有姓名为 2 个汉字的学生记录，在查询条件中应输入（　　　）。

A．"LIKE **"　　　B．"LIKE ##"　　　C．"LIKE ??"　　　D．LIKE "??"

（15）若要查询成绩为 70～80 分之间（包括 70 分，不包括 80 分）的学生的信息，以下查询准则设置正确的是（　　　）。

A．>69 or <80　　　　　　　　　　　B．Between 70 and 80

C．>=70 and <80　　　　　　　　　　D．IN(70,79)

（16）在 Access 数据表中有一个姓名字段，如果要查找该字段中姓李的记录，则查询条件的表达式为（　　　）。

A．not "李"　　　B．like "李*"　　　C．in("李")　　　D．"李"

（17）在 Access 中，下列关于主键的叙述中，不正确的是（　　　）。

A．主键可以唯一区分表中的每一条记录

B．每一条记录的主键是不允许重复的，也不允许为空

C．主键通常只允许用数字表示

D．多个字段主键也称为组合键，即主键由多个字段组成

（18）下列关于 Access 主键的叙述中，不正确的是（　　　）。

A．设置多个主键可以查找不同表中的信息

B．Access 并不要求在每一个表中都必须包含一个主键

C．设置主键的目的是保证表中所有记录都能被唯一识别

D．如表中没有可用作唯一识别的字段，可用多个字段来组合成主键

（19）在 Access 中，建立索引的作用是（　　　）。

A．节省数据库的存储空间

B．限制数据库中数据所必须遵守的规则

C. 唯一地标识表中的每一条记录

D. 在不同数据表之间建立联系，提高检索速度

（20）下列关于索引的叙述中，正确的是（　　　）。

A. 同一个表可以有多个唯一索引，且只能有一个主索引

B. 同一个表只能有一个唯一索引，且只能有一个主索引

C. 同一个表可以有多个唯一索引，且可以有多个主索引

D. 同一个表只能有一个唯一索引，且可以有多个主索引

## 二、操作题

（1）用 Access 创建"产品名称表"（内容如下表）。

| 产品型号 | 产品名称 |
| --- | --- |
| D10 | 圆凳 |
| D11 | 圆凳 |
| L10 | 长椅 |
| R10 | 圆桌 |
| R11 | 圆桌 |

（2）用 Access 创建"产品采购表"（内容如下表）。

| 产品型号 | 供应商 | 单价 | 采购数量 |
| --- | --- | --- | --- |
| D10 | 王牌家俱 | 70 | 25 |
| D11 | 蓝天家俱 | 72 | 28 |
| L10 | 王牌家俱 | 68 | 20 |
| R10 | 蓝天家俱 | 158 | 18 |
| R11 | 长久家俱 | 168 | 22 |

（3）通过 Access 的查询功能，生成"产品采购信息汇总表"（内容如下表）。

| 产品型号 | 产品名称 | 供应商 | 单价 | 采购数量 |
| --- | --- | --- | --- | --- |
| D10 | 圆凳 | 王牌家俱 | 70 | 25 |
| D11 | 圆凳 | 蓝天家俱 | 72 | 28 |
| L10 | 长椅 | 王牌家俱 | 68 | 20 |
| R10 | 圆桌 | 蓝天家俱 | 158 | 18 |
| R11 | 圆桌 | 长久家俱 | 168 | 22 |

# 项目十五
## 计算机网络应用

# 15

项目目标

21 世纪，互联网和移动互联网在国内迅速发展，社会各行各业结合互联网技术，衍生出各种生产模式和消费模式，彻底颠覆了传统行业。在人们的生活与工作中，在饮食、购物、交流等方面无处不在使用互联网。因此，了解网络的一些基本知识，熟悉互联网的应用，将是我们关注与学习的重点。

相关知识

※ 网络的定义和分类

※ 组网的硬件设备

※ 网络的拓扑结构

※ 网络协议

※ IP 地址

※ IE 浏览器的应用

※ 信息检索

※ 云盘的使用

※ 163 电子邮箱

※ 互联网交流工具

## 任务一 了解计算机网络基本知识

### 一、网络的定义和分类

计算机网络是指两台或更多具有独立功能的计算机通过通信设备和线路连接起来，且以功能完善的网络软件（网络协议、信息交换方式、网络操作系统等），实现资源共享的系统。

网络的主要目的就是实现资源共享，包括软件资源（共享数据及某些重要软件）和硬件资源（如打印机、传真机、高速调制解调器、大容量的存储设备）的共享。

计算机网络的分类有多种方法，按网络覆盖的地理范围来分，可将网络分为：局域网、城域网、广域网。

#### 1. 局域网

局域网（Local Area Network，LAN）规模比较小，通常装在一个建筑物内或一群建筑物内；计算机的硬件设备不大，通信线路不长，距离在几十千米内，采用单一的传输介质；局域网可以接入到城域网或广域网中。

#### 2. 城域网

城域网（Metropolitan Area Network，MAN）比局域网要大一些，通常覆盖一个地区或城市，距离可从几十千米到上百千米。城域网通常采用不同的硬件、软件和通信传输介质来构成。

### 3. 广域网

广域网（Wide Area Network，WAN）又称远程网，能跨越大陆海洋，直至形成全球性的网络。

## 二、组建局域网的硬件设备

计算机局域网的组成，主要包括以下 4 种硬件设备。

（1）计算机：至少 2 台。

（2）传输介质：可以是双绞线、同轴电缆、光缆等，如图 15-1 所示。局域网一般采用双绞线。

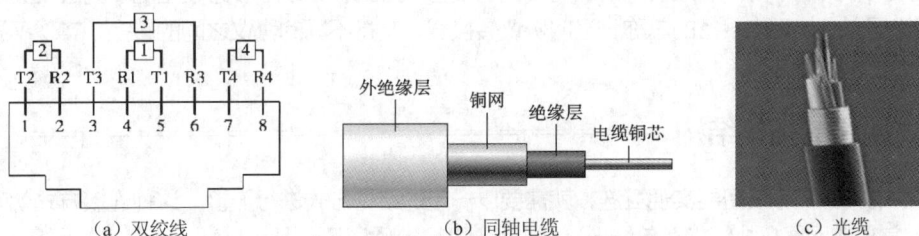

（a）双绞线　　　　　（b）同轴电缆　　　　（c）光缆

图 15-1　传输介质

（3）网卡：也称网络适配器，现在计算机一般都自带网卡。

（4）互连设备：将计算机与传输介质相连的各种连接设备，最常见的有集线器和交换机，如图 15-2 所示。一般来说，网线的一头插在计算机的网卡接口处，另一头插在交换机的 LAN 或 Ethernet 接口上。

（a）集线器　　　　　　　　　　　（b）交换机

图 15-2　局域网组网设备

## 三、网络互连的硬件设备

网络互连主要包括局域网与局域网、局域网与广域网、广域网与广域网的互连，这些网络通常都不能简单地直接相连，需要通过一个中间设备进行连接，常见的有路由器、网桥和网关等，如图 15-3 所示。

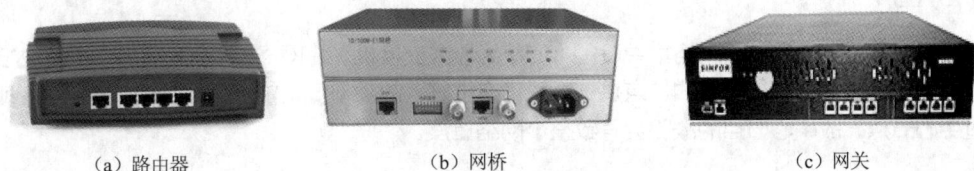

（a）路由器　　　　　　　（b）网桥　　　　　　　（c）网关

图 15-3　网络互连设备

### 1. 路由器

路由器是一台用于完成网络互连工作的专用设备，可用来连接多个同类或不同类的网络。路由器处于 OSI（Open System Interconnection，开放式系统互联）参考模型的网络层，具有智能化管理网络的能力，能在复杂的网络中自动进行路径选择和对信息进行存储与转发，具有强大的处理能力。

### 2. 网桥

网桥是一种在 OSI 参考模型的数据链路层实现局域网互连的设备，用来将两个相同类型的局域网连接在一起。

### 3. 网关

网关是用于实现不同体系结构网络之间互连的设备。它工作在 OSI 参考模型的传输层及其以上的层次，是网络层以上的互连设备的总称，又叫协议转换器，支持不同的协议之间的转换，实现不同协议网络之间的通信和信息共享。

## 四、网络的拓扑结构

网络中的计算机等设备要实现互连，就需要以一定的结构方式进行连接，这种连接方式就叫作"拓扑结构"。常见的网络拓扑结构有总线形、星形和环形，如图 15-4 所示。

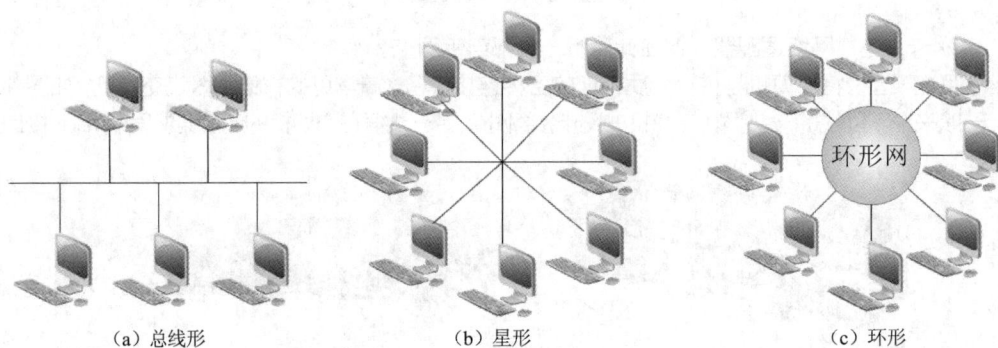

（a）总线形　　　　　　（b）星形　　　　　　（c）环形

图 15-4　常见的网络拓扑结构

### 1. 总线形

总线形网络是指所有计算机和共享设备（文件服务器、打印机等）都直接与总线相连，其特点是：结构简单、组网费用低、安装使用方便，某个设备的故障一般不会影响整个网络，但总线上的故障会导致全网瘫痪。

### 2. 星形

星形网络是指通过一个网络集中设备（如集线器或交换机）将网络设备连接起来，目前大多数局域网均采用星形结构。星形网络的特点是：系统稳定性好，故障率低；由于任何两个设备之间的通信都要经过中心节点，故中心节点的故障会导致整个网络瘫痪。

### 3. 环形

环形网络是指使用通信线路将所有主机构成一个闭合的环，其特点是：信息在网络中沿一个方向流动，两个设备之间有唯一的通路，可靠性高；由于整个网络构成闭合环，网络扩充起来不太方便。

除了上述的几种基本结构以外，还有树形拓扑结构、网状拓扑结构及混合拓扑结构等。

## 五、网络协议

网络协议是指为进行网络数据交换而建立的规则、标准或约定。网络中的计算机要进行数据通信就必须遵循共同的网络协议。

TCP/IP 是当今互联网广泛使用的标准网络通信协议，包括一套完整的网络通信协议，TCP 和 IP 是其最核心的 2 个协议，其主要协议解释如下。

（1）TCP（传输控制协议）。

（2）IP（网际协议）。

（3）HTTP（超文本传输协议）。

（4）SMTP（简单邮件传输协议）。

（5）POP3 协议（邮局协议）。

（6）FTP（文件传输协议）。

（7）Telnet 协议（远程登录协议）。

（8）UDP（用户数据报协议）。

（9）ARP（地址解析协议）。

（10）ICMP（控制报文协议）。

（11）RIP（路由协议）。

## 六、IP 地址

就像每位公民都有自己的身份证号码一样，网络为每一台接入其中的计算机都分配了一个 IP 地址，IP 地址是一个 32 位二进制数（如 11010110110100100100100100111111）。

也就是说，计算机网络使用 IP 地址标识每一台计算机，访问网络中的某一台计算机，就是通过访问其 IP 地址来实现的。

因为 32 位数二进制数既不便于记忆，也不便于书写，所以通常把它分为 4 组，并把每一组数转换为十进制数，每个数之间用点"."隔开（如 202.112.104.56）。根据数制的转换可知，每个数的取值范围为 0~255。

下面介绍如何给计算机设置 IP 地址，操作如下。

（1）右击桌面上的【网络】图标，选择快捷菜单中的【属性】命令，如图 15-5 所示。

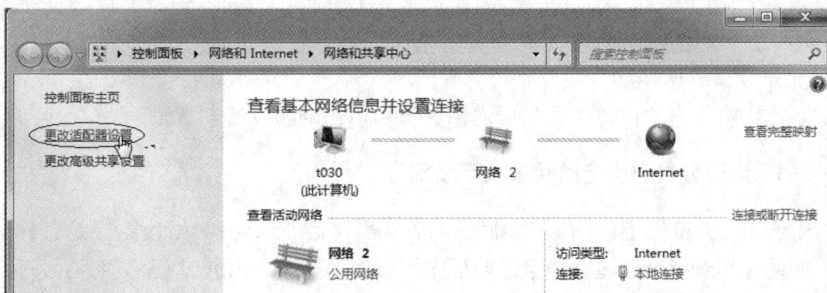

（2）单击图 15-6 所示的【更改适配器设置】链接。

图 15-5　设置"网络"属性　　　　图 15-6　更改适配器设置

（3）右击图 15-7 所示的【本地连接】图标，选择快捷菜单中的【属性】命令。

（4）双击图 15-8 所示的【Internet 协议版本 4（TCP/IPv4）】选项，打开"Internet 协议（ICP/IP）

属性"对话框。

（5）单击图 15-9 所示的【使用下面的 IP 地址】选项，并手动输入合适的 IP 地址。

一般来说，局域网的 IP 地址设置为 192.168.*.*，但是一些较大的单位或者学校也喜欢设置为 10.*.*.*。但同一局域网内的前 3 个数一般保持相同（表示属于同一网络），第 4 个取不同的数字（表示不同的主机）；在"子网掩码"文本框中单击鼠标可自动获取子网掩码（局域网的子网掩码一般是 255.255.255.0（其中前 3 个 255 映射 IP 地址中的前 3 个数为网络号、后面的 0 映射 IP 地址中的第 4 个数为主机号）。

如果希望计算机能接入因特网，可以设置网关和 DNS 服务器地址。

图 15-7　设置"本地连接"属性

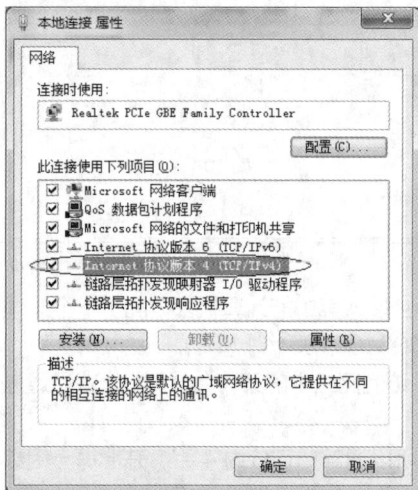

图 15-8　双击【Internet 协议版本 4（TCP/IPv4）】选项

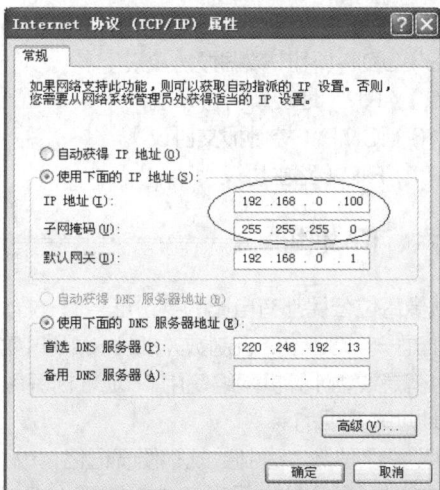

图 15-9　设置 IP 地址、子网掩码

## 任务二　接入互联网

将一台计算机以正确的方法接入互联网，并能使其在互联网上正常使用。

### 一、硬件接入

常用接入方法有 4 种，需要准备好计算机、网线、调制解调器（Modem）。

#### 1. 通过公共交换电话网接入互联网

通过公共交换电话网（Public Switched Telephone Network，PSTN）接入互联网是指用户计算机使用调制解调器通过普通电话与互联网服务商相连，再通过 ISP 接入互联网，如图 15-10 所示。

#### 2. 通过综合业务数字网接入互联网

综合业务数字网即 ISDN（Integrated Services Digital Network），采用 ISDN 的基本速率接口，可在各用户终端之间实现以 64kbit/s 速率为基础的端到端的透明传输，上网传输速度较慢，用来承载包括话音和非话音在内的各种通信业务，俗称"一线通"，如图 15-11 所示。

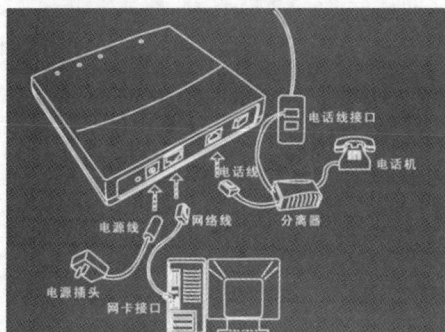

图 15-10　电话线接入

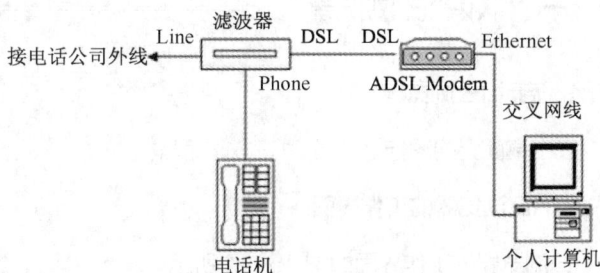

图 15-11　ISDN 接入

### 3. 通过非对称数字用户环路接入互联网

非对称数字用户环路（Asymmetric Digital Subscriber Line，ADSL）技术利用现有电话铜线为基础，几乎能为所有家庭和企业提供各种服务，用户能以比普通 Modem 高 100 多倍的速率通过数据网或 Internet 进行交互式通信或取得其他相关服务。其接入方式有 2 种：一是专线入网方式；二是虚拟拨号入网方式，如图 15-12 所示。

### 4. 通过局域网接入互联网

局域网使用路由器通过数据通信网与 ISP 相连接，再通过 ISP 接入互联网，如图 15-13 所示。

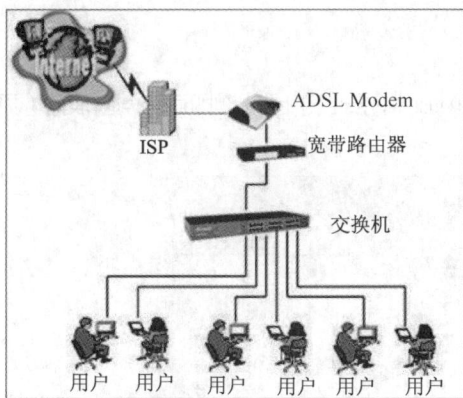

图 15-12　ADSL 接入

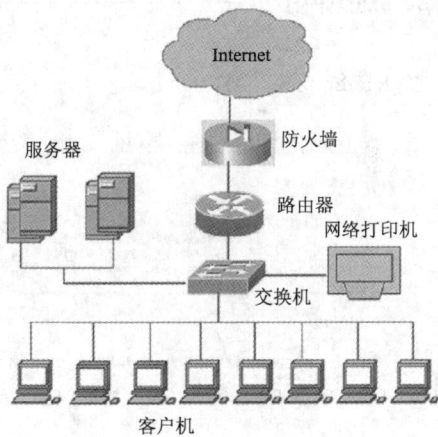

图 15-13　局域网接入

## 二、设置 IP 地址

打开"Internet 协议版本 4（TCP/IPv4）属性"对话框，自动获得 IP 地址或手动设置申请到的 IP 地址和 DNS 服务器地址。如果不知道本省和本市的首选 DNS 地址，可以从当地电信部门获取。

## 任务三　IE 浏览器应用

浏览器是一个把在互联网上找到的内容翻译成网页供用户查看的软件，常用的浏览器软件有 IE 浏览器、360 浏览器、百度浏览器等。IE 浏览器是美国微软公司推出的一款网页浏览器，下面我们就来介绍 IE 浏览器的应用。

## 一、认识 IE 浏览器

### 1. 启动 IE 浏览器

双击桌面上的图标 ，启动 IE 浏览器。

### 2. IE 浏览器的工作界面

IE 浏览器的工作界面如图 15-14 所示。

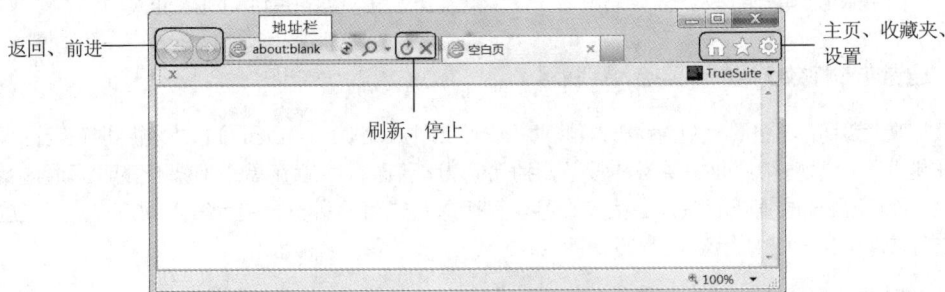

图 15-14　IE 浏览器主界面

## 二、浏览网页

### 1. 输入网址

在 IE 9 浏览器的地址栏输入网址"http://www.sina.com.cn"，按【Enter】键即可访问新浪网（见图 15-15）。

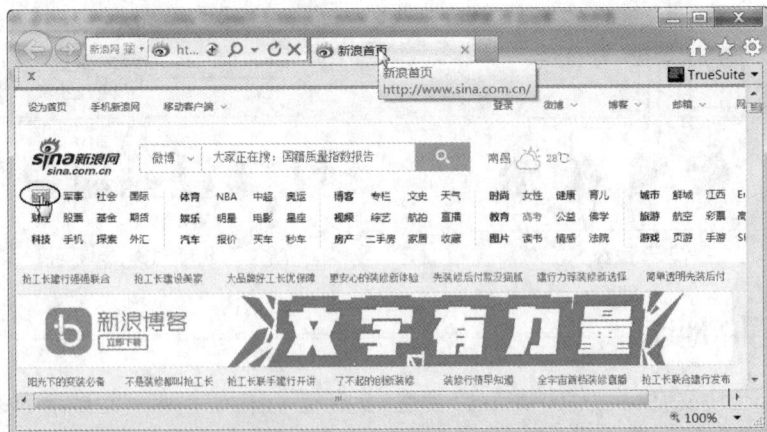

图 15-15　新浪网首页

网址是网络上用来标识网站的，每个网站都有一个网址，通过网址就能找到相应的网站，就像人们的家庭住址一样。例如，北京大学的网址是 http://www.pku.edu.cn，新浪网的网址是 http://www.sina.com.cn。

网址中的 www 是 World Wide Web（环球信息网）的缩写，也可以称为 Web，中文名字为"万维网"。要访问 Web 网页，必须使用超文本传输协议（Hyper Text Transport Protocol，HTTP）。

网址中的 pku、sina 是网站真正的名称，是区别于其他网站的依据。其中的 edu 表示该网站的性质是一个教育网站，com 表示网站的性质是一个商业网站，最后面的 cn 表示网址是在中国注册的。网址的标识及含义如表 15-1 所示。

**表 15-1　网址的标识及含义**

| 机构标识 | 含　义 | 地理标识 | 含　义 |
|---|---|---|---|
| com | 商业机构 | cn | 中国 |
| edu | 教育机构 | ru | 俄罗斯 |
| gov | 政府机构 | ca | 加拿大 |
| org | 非营利性组织 | uk | 英国 |
| net | 网络支持中心 | us | 美国 |
| mil | 军事网站 | jp | 日本 |

没记清网址也没关系，IE 9 浏览器的地址栏还具有搜索的功能，不用打开搜索引擎再进行搜索，直接在地址栏输入关键字，按【Enter】键即可自动搜索。

### 2. 设置主页

（1）单击 ⚙|【Internet 选项】，如图 15-16 所示。

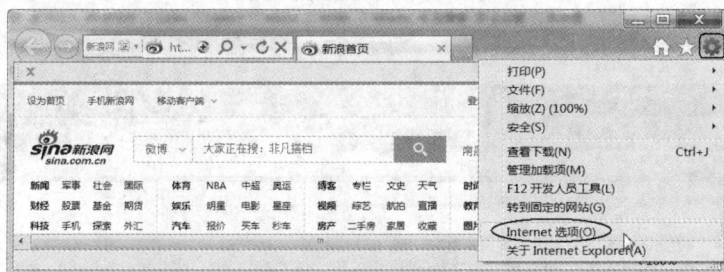

图 15-16　设置 Internet 选项

（2）在"Internet 选项"对话框的【常规】选项卡，单击【使用当前页】按钮（见图 15-17）。

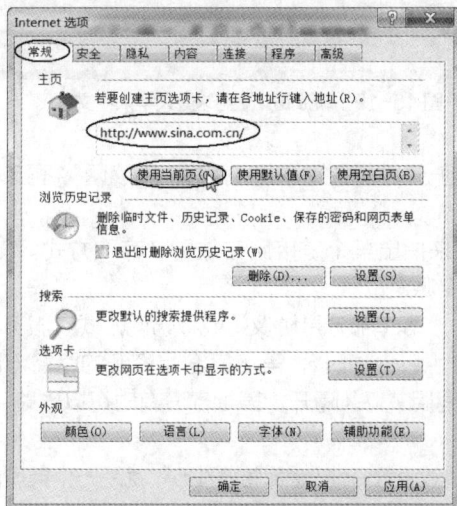

图 15-17　设置主页

### 3. 访问超链接

（1）把鼠标指针指向左侧的"新闻"栏目，鼠标指针变成 🖑 ，单击即可打开"新闻中心首页_新浪网"（见图 15-18）。

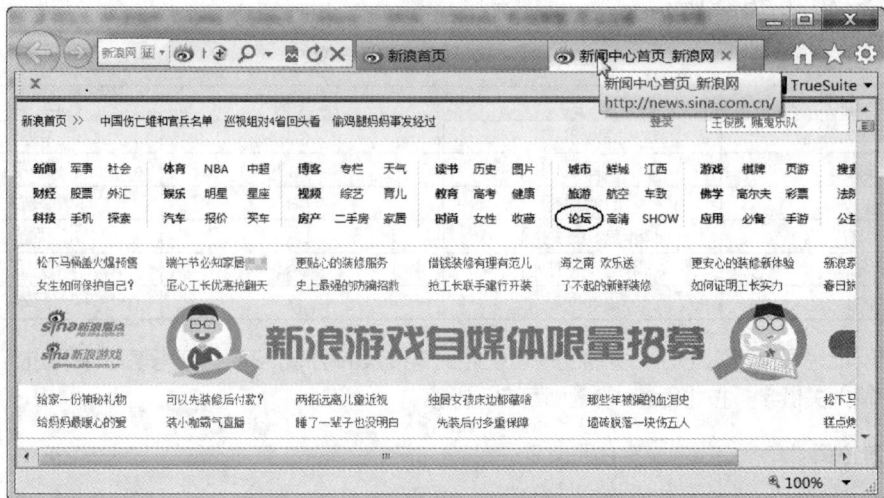

图 15-18　新闻中心首页-新浪网

（2）把鼠标指针指向"论坛"栏目，打开"新浪论坛_全球最大华人中文社区"（见图 15-19）。

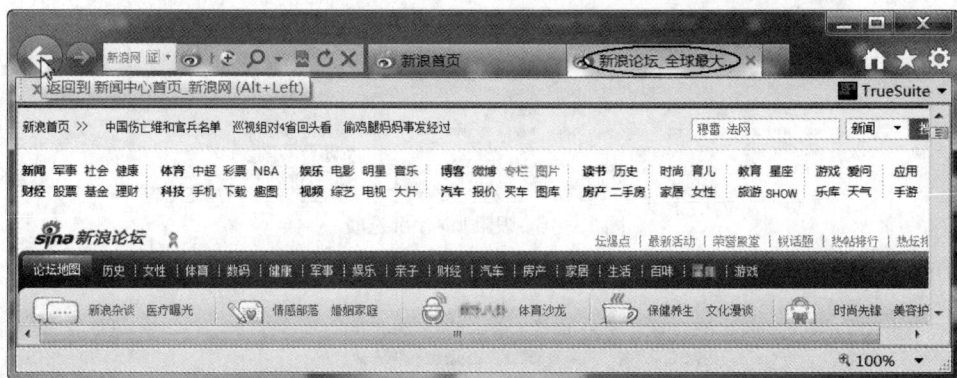

图 15-19　新浪论坛-全球最大华人中文社区

（3）单击 ← 按钮，后退到前一个页面"新闻中心首页_新浪网"，再单击 → 按钮前进到"新浪论坛_全球最大华人中文社区"。

互联网上，一般用 URL 来指出某个链接所在位置及存取方式。URL 是 Uniform Resource Location 的缩写，译为"统一资源定位器"。

URL 的格式由 3 部分组成：第 1 部分是协议（或称访问方式、服务方式）；第 2 部分是存有该资源的主机 IP 地址或域名（有时也包含端口）；第 3 部分是资源的路径（目录和文件名）。第 1 部分和第 2 部分是不可缺少的，且之间用"://"隔开；第 3 部分有时可以省略，第 2 部分和第 3 部分用"/"隔开。

例如"http://www.ryjiaoyu.com/book/details/8705"就是一个典型的 URL 地址。客户程序首先看到 http，便知道处理的是 HTML 链接。接下来的 www.ryjiaoyu.com 是站点地址，最后的

book/details/8705 是目录和文件。

### 4. 使用收藏夹

在浏览网页时，可以把喜爱的站点保存到收藏夹里面，以便日后访问。方法是：单击☆|【添加到收藏夹】，并设置收藏的位置和名称，如图 15-20 所示。

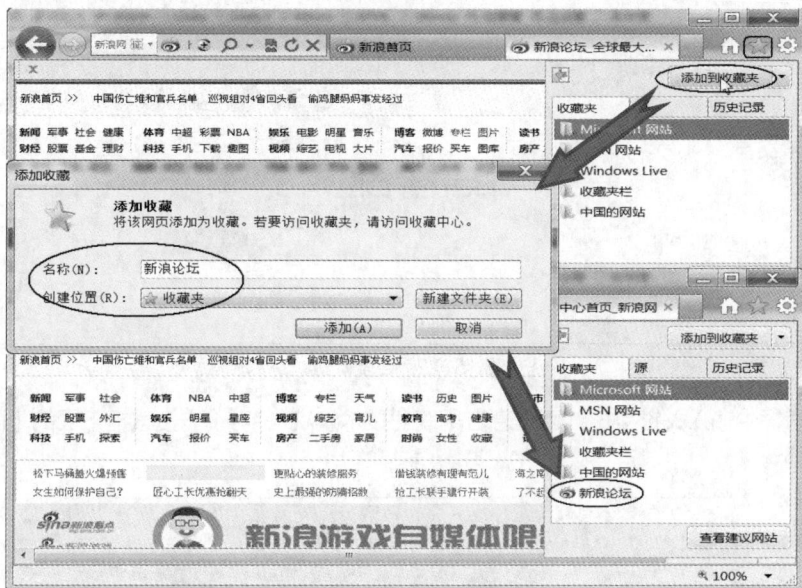

图 15-20　添加到收藏夹

### 5. 查看历史网页

单击☆|【历史记录】，打开"历史记录"窗格，找到相应的网页，如图 15-21 所示。

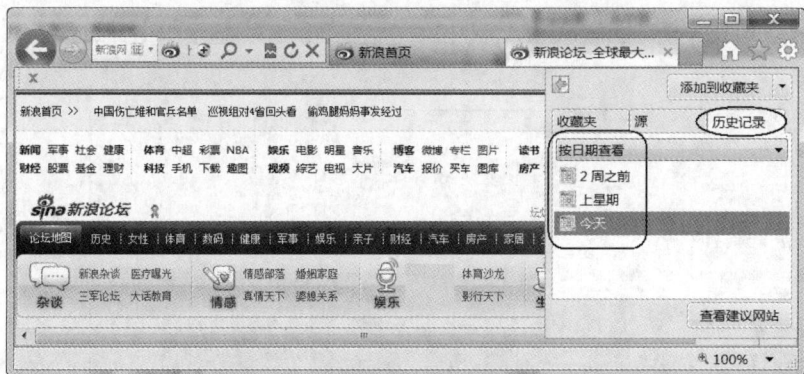

图 15-21　查看历史记录

## 任务四　信息检索

随着互联网的发展，网上的信息越来越多，普通用户想找到所需的资料如同大海捞针。为满足大众信息检索的需求，专业搜索网站便应运而生，常用的搜索网站有"百度"等。下面以百度搜索为例，简单介绍信息检索的方式。

## 一、检索图片

（1）打开浏览器，输入网址 www.baidu.com（或在导航中寻找"百度"），如图 15-22 所示。

图 15-22　百度首页

（2）在搜索框中输入关键字"江西信息应用职业技术学院"，再单击搜索框下面的【图片】选项，如图 15-23 所示。

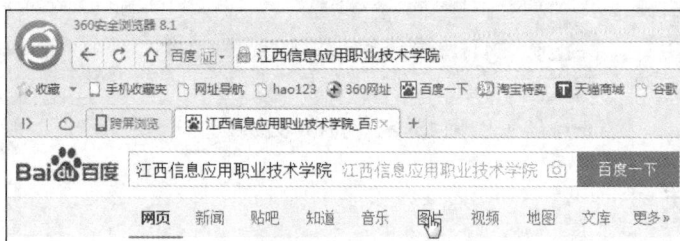

图 15-23　搜索图片

（3）单击【百度一下】，所有关于江西信息应用职业技术学院的图片都会显示出来，如图 15-24 所示。

图 15-24　搜索结果

## 二、检索某类文件

（1）在百度窗口的检索框中输入关键字及语言"计算机基础 filetype:pptx"，如图 15-25 所示。

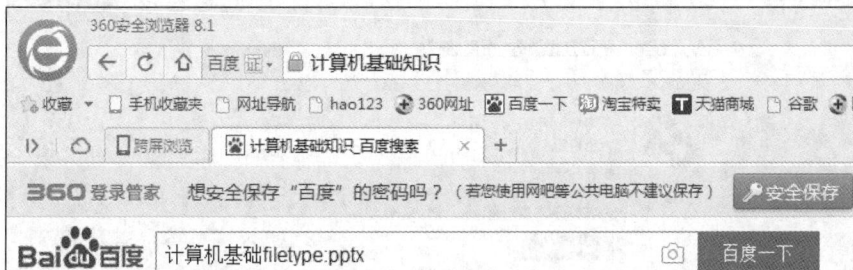

图 15-25　搜索 pptx 文件

（2）单击【百度一下】，就可得到所有关于"计算机基础"的 pptx 文件，如图 15-26 所示。

图 15-26　搜索结果

## 任务五　云盘的使用

云盘是互联网存储工具，是互联网云技术的产物。云盘相对于传统的实体磁盘来说更方便，用户不需要把储存重要资料的实体磁盘带在身上，却一样可以通过互联网，轻松从云端读取自己所存储的信息，具有安全稳定、存储量大的特点。

百度云作为云盘的一种，赢得众多商务办公人士的青睐，下面以百度云为例，介绍云盘的使用。

## 一、下载安装百度云

（1）启动 IE 浏览器，进入百度，搜索"百度云"，如图 15-27 所示。
（2）下载百度云安装包软件，双击完成安装，如图 15-28 和图 15-29 所示。

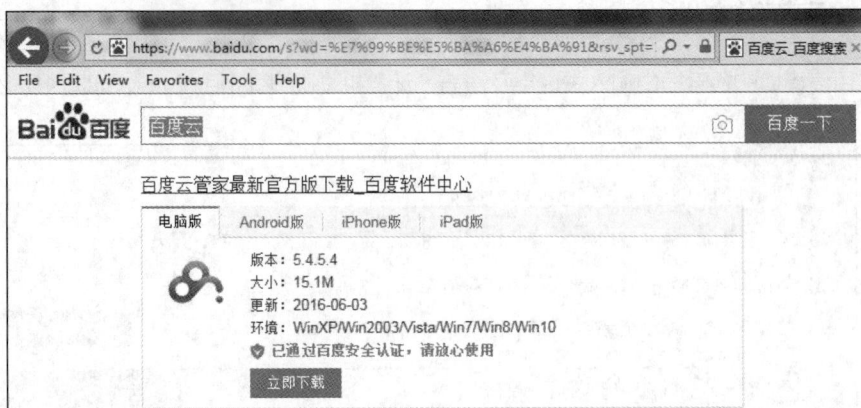

图 15-27 搜索"百度云"

图 15-28 百度云安装程序

图 15-29 百度云快捷方式

（3）打开百度云应用程序，新用户完成注册，老用户直接登录，登录后的界面如图 15-30 和图 15-31 所示。

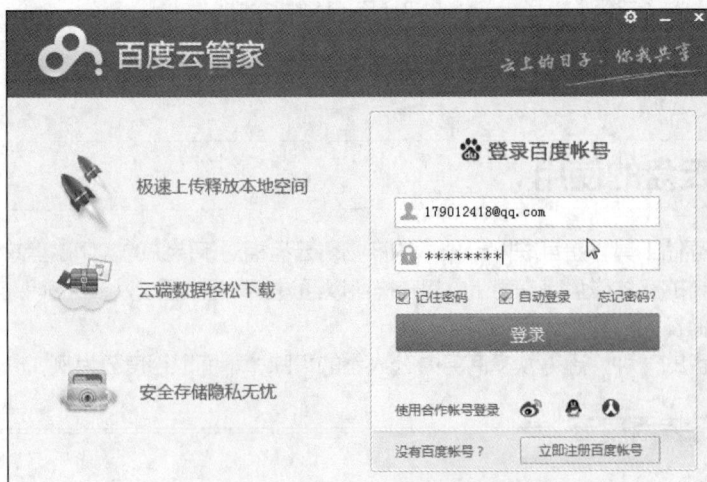

图 15-30 百度云登录界面

图 15-31　登录后的百度云界面

## 二、应用百度云

### 1. 查找已经存在云盘中的资源

单击文件夹"我的资源/2018 年慕课微课资料分享"，可查看相关资源，如图 15-32 所示。

图 15-32　百度云资源存储

### 2. 上传资源

如果要上传资源到百度云盘，可单击【上传】按钮，选择文件路径，找到文件，即可完成上传，如

图 15-33 和图 15-34 所示。

图 15-33　上传本地资源

图 15-34　上传后的界面

### 3. 移动云盘中的文件

上传到百度云盘中的文件可移动到指定的文件夹中，也可将其删除，如图 15-35 所示。

图 15-35　移动百度云资源

### 4. 资源下载

存储在百度云盘中的资源若要下载到本地计算机，可选择要下载的资源，单击【下载】按钮，设置下载存储路径，即可完成下载，如图 15-36 和图 15-37 所示。

图 15-36　将资源下载到本地计算机

图 15-37　从百度云下载的资源

#### 5. 在线分享资源

存储在云盘中的文件可在线完成资源分享，以供其他办公人员使用，从而促进协同办公的高效性。

## 任务六　163 电子邮箱的使用

电子邮件是互联网时代写信的方式，具有迅捷、高效、低成本等诸多优点。和传统写信一样，发送电子邮件也要知道收信人的地址和邮局。电子邮箱的格式是"用户名@域名"，其中用户名就相当于收信人的地址，域名则相当于邮局。

### 一、注册邮箱

（1）打开浏览器，输入网址 www.163.com，进入网易邮箱。

（2）单击【注册免费邮箱】超链接，如图 15-38 所示。

图 15-38　注册免费邮箱

（3）选择邮箱类型（字母邮箱或手机号码邮箱），录入申请邮箱所需资料，如图 15-39 所示。

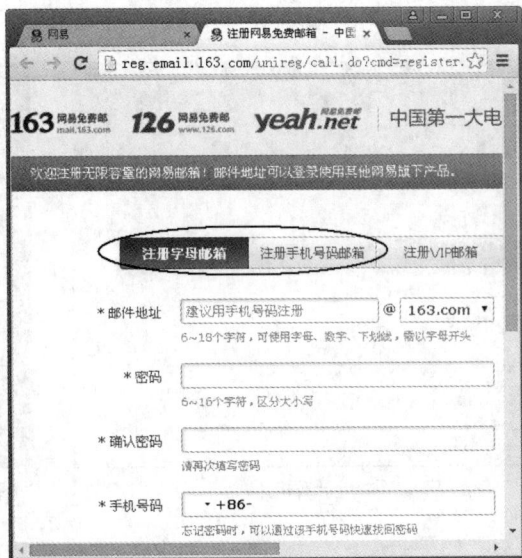

图 15-39　录入注册邮箱所需资料

## 二、收发邮件

（1）登录邮箱，进入 163 邮箱主页（见图 15-40）。

图 15-40　163 邮箱主页

（2）单击【写信】，进入写信状态（见图 15-41）。

① 输入收件人的邮箱。如果通讯录中保存有该收件人的邮箱，可单击【通讯录】打开通讯录列表，勾选联系人，再单击右上角的【写信】，如图 15-42 所示。

② 输入邮件的主题。主题应提纲挈领、简短、有意义，让收件人迅速了解邮件的内容并判断其重要性。

③ 输入正文。正文开头应恰当地称呼收件人；正文行文应通顺，多用简单词汇和短句，准确清晰地表达事情。如果具体内容确实很多，应单独写个文件进行详细描述，并将该文件作为附件发送。如果有附件，应在正文里面提示收件人查看附件。

④ 单击【添加附件】，选择好作为附件的文件。

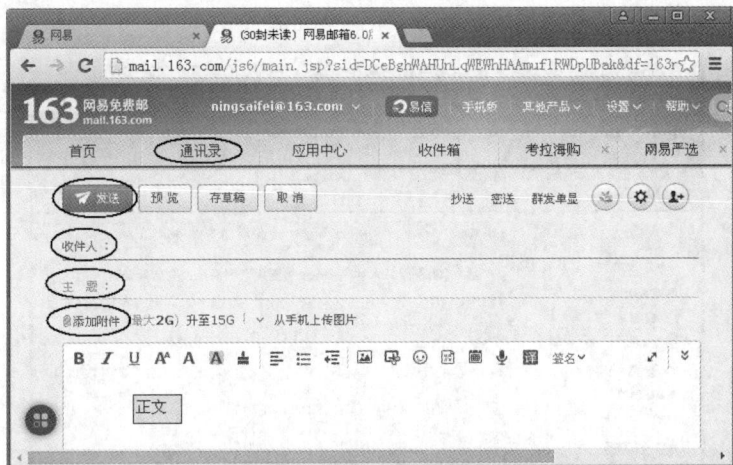

图 15-41　写信界面

图 15-42　选择给通讯录中的联系人写信

⑤ 单击【发送】。在邮件发送前，务必仔细阅读一遍，检查行文是否通顺，拼写是否有错误。

（3）单击【收信】，进入"收件箱"，单击想看的电子邮件，如图 15-43 所示。

图 15-43　收件箱

① 阅读邮件的正文，单击【查看附件】，如图 15-44 所示。

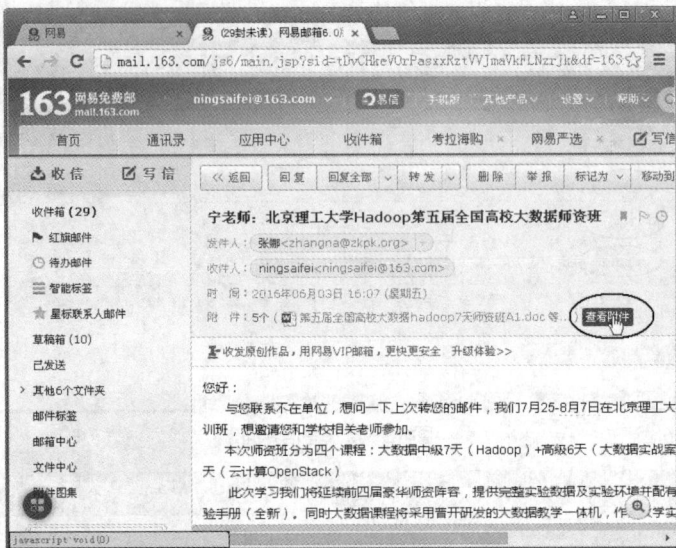

图 15-44　阅读邮件

② 当鼠标指针指向附件时，会有快捷菜单提示"下载"或"预览"，也可单击【打包下载】下载全部附件，如图 15-45 所示。

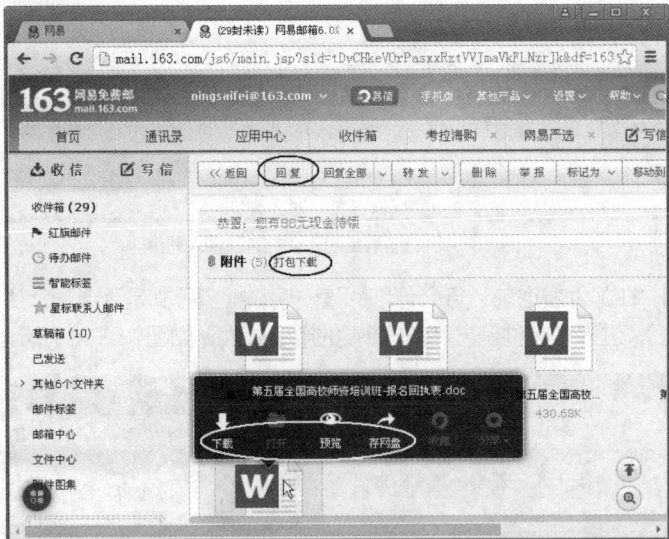

图 15-45　下载附件

③ 单击【回复】，给来信者回信。重要邮件应即刻回复（2 小时之内），普通邮件也应及时回复。

## 任务七　互联网交流工具的使用

互联网与移动互联网的快速发展，促使人与人之间的交往变得密切、便捷。目前，我国拥有 4 亿多网民、8 亿多手机用户，用于人们交流沟通的互联网工具种类繁多，各有特色。目前，主要的互联网交流工具有 QQ 和微信。

## 一、QQ

腾讯 QQ（简称 QQ）是腾讯公司开发的一款基于 Internet 的即时通信软件。腾讯 QQ 的主要应用体现在以下几个方面。

（1）聊天：支持在线聊天、视频聊天、群聊等多种聊天方式。

（2）发送文件：支持在线即时发送文件；如果对方不在计算机前，可以发送离线文件，当对方在线时可以下载文件。

（3）QQ 邮箱：离线文件存放的时间有限，腾讯 QQ 为每一个用户提供了一个免费邮箱，它的用法和 163 邮箱类似。

（4）QQ 空间：QQ 空间是一个个性化空间，具有博客（blog）的功能，自问世以来受到众多人的喜爱。在 QQ 空间上可以书写日志、上传用户个人的图片、听音乐等，通过多种方式展现自己。

## 二、微信

### 1. 安装微信 App

打开手机浏览器，进入百度搜索，查找微信手机 App，下载安装到手机，如图 15-46 所示。

### 2. 使用微信

（1）打开微信，在微信中可以查找好友，添加手机用户为微信好友（前提是手机用户开通了微信），如图 15-47 所示。

（2）与好友聊天（含语音、视频聊天），如图 15-48 所示。

图 15-46　微信安装后的手机界面　　　　图 15-47　微信添加朋友　　　　图 15-48　微信聊天

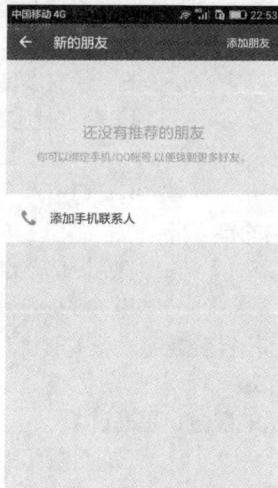

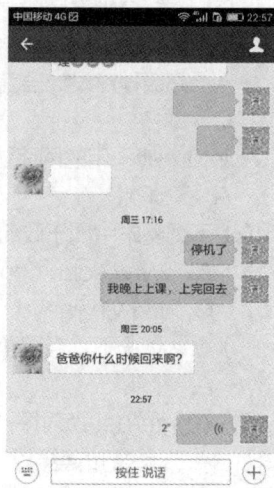

（3）发朋友圈。当想把自己的想法、照片、幸福感想等对外公开时，可选择微信发朋友圈。你的好友不仅可查看你发在朋友圈中的内容，同时也可转发，信息传递高效。

（4）用微信发红包、转账支付、扫二维码支付。

（5）给好友传输文件。

（6）共享地理位置。当好友想知道你所在的具体位置时，通过微信发送共享地理位置，对方可以很方便地查询到你的所在地。

## 课后练习

**一、单选题**

（1）组建计算机网络的目的是（　　　）。
    A. 数据处理        B. 文献检索        C. 资源共享        D. 信息转储

（2）网络有线传输介质中，不包括（　　　）。
    A. 双绞线        B. 红外线        C. 同轴电缆        D. 光纤

（3）在网络传输介质中，（　　　）是高速、远距离数据传输最重要的传输介质，不受任何外界电磁辐射的干扰。
    A. 双绞线        B. 同轴电缆        C. 光纤        D. 红外线

（4）常用的网络互连设备不包括（　　　）。
    A. 集线器        B. 路由器        C. 浏览器        D. 交换机

（5）计算机网络中，广域网和局域网的分类是以（　　　）来划分的。
    A. 信息交换方式        B. 网络使用者
    C. 网络连接距离        D. 传输控制方法

（6）（　　　）是一种网络客户端软件，它能显示网页，并实现网页之间的超级链接。
    A. 操作系统        B. 电子邮件
    C. 浏览器        D. HTTP 协议

（7）计算机网络中，通信双方为了实现通信而设计的需共同遵守的规则、标准和约定称为（　　　）。
    A. 网络协议        B. 网络架构
    C. 网络基础设施        D. 网络参考模型

（8）HTTP 是（　　　）。
    A. 高级程序设计语言        B. 超文本传输协议
    C. 域名        D. 网址超文本传输协议

（9）Internet 采用的网络协议是（　　　）。
    A. TCP/IP        B. ISO        C. OSI        D. IPX

（10）下列网站中属于政府机构网站的是（　　　）。
    A. www.sohu.com        B. www.miit.gov.cn
    C. www.ryjiaoyu.com        D. www.ptpress.com.cn

（11）默认情况下，当屏幕上的鼠标指针变成（　　　）形状时，单击该处就可以实现超级链接。
    A. 箭头        B. 双箭头        C. 沙漏        D. 手

（12）在 Internet 上对每一台计算机的区分，是通过（　　　）来识别的。
    A. 计算机的登录名        B. 计算机的域名
    C. 计算机用户名        D. IP 地址

（13）WWW 客户和 WWW 服务器间的信息传输使用（　　　）协议。
    A. HTML        B. HTTP        C. SMTP        D. IMAP

（14）电子邮件使用的传输协议是（　　　）。
    A. SMTP        B. TELNET        C. HTTP        D. FTP

（15）用网址 http://www.ptpress.com.cn/浏览网页时采用的网络协议是（　　　）。
    A. HTTP        B. FTP        C. WWW        D. HTTPS

（16）人们可以在搜索引擎中输入（　　　）以便在互联网上搜索所需的信息。

A. 关键词                          B. 文件后缀名

C. 文件类型                        D. 文件大小

（17）以下关于电子邮件的叙述中，不正确的是（　　　）。

A. 发送电子邮件时，通信双方必须都在线

B. 一封电子邮件可以同时发送给多个用户

C. 可以通过电子邮件发送文字、图像、语音等信息

D. 电子邮件比人工邮件传送迅速、可靠，且范围更广

## 二、操作题

（1）将笔记本电脑通过路由器接入互联网。

（2）登录本校的校园网站，并将其设为 IE 的主页。浏览校园网，将喜欢的内容添加到收藏夹中。

（3）搜索有关"天空"的歌曲，并下载喜欢的歌曲。

（4）搜索关于"个人简历"的所有"docx"文件，并下载喜欢的文档。

（5）注册一个 360 云盘，将下载的文件存储其中。

（6）练习电子邮件的使用。